高等学校基础化学实验系列教材

无机化学实验

第二版

李月云　张　慧　王　平　张道鹏　主编

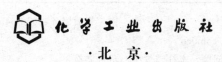

化学工业出版社

·北京·

《无机化学实验》（第二版）共分为四章，绪论介绍了无机化学实验的目的、要求及学习方法，列出了几类实验报告的基本格式。第一章介绍了无机化学实验基本知识，是学生进入无机化学实验室前必须学习的内容。第二章介绍了无机化学实验基本操作与技能。第三章为实验部分，共编写了 46 个实验项目，包括基础实验和综合设计性实验，涵盖了无机化学理论教学的主要内容。书后附录收集了各类实验常用数据表，便于查阅。

　　《无机化学实验》（第二版）可作为综合性大学化学化工类专业以及相关专业的教材，同时也适用于高职高专学校的学生以及实验室工作人员和科研人员。

图书在版编目（CIP）数据

　　无机化学实验/李月云，张慧，王平，张道鹏主编. —2 版.
北京：化学工业出版社，2017.8（2022.7重印）
　　高等学校基础化学实验系列教材
　　ISBN 978-7-122-29908-6

　　Ⅰ.①无… Ⅱ.①李…②张…③王…④张… Ⅲ. 无机化学-化学实验-高等学校-教材 Ⅳ.①O61-33

　　中国版本图书馆 CIP 数据核字（2017）第 135294 号

责任编辑：宋林青　　　　　　　　　　装帧设计：史利平
责任校对：王　静

出版发行：化学工业出版社（北京市东城区青年湖南街 13 号　邮政编码 100011）
印　　装：三河市双峰印刷装订有限公司
787mm×1092mm　1/16　印张 11¼　字数 273 千字　　2022 年 7 月北京第 2 版第 6 次印刷

购书咨询：010-64518888　　　　　　　售后服务：010-64518899
网　　址：http://www.cip.com.cn
凡购买本书，如有缺损质量问题，本社销售中心负责调换。

定　　价：25.00 元

前 言

　　《无机化学实验》是山东理工大学、青岛大学合编的系列基础化学实验教材中的一部，自 2009 年第一次出版以来，经过了 8 年的教学实践。在这段时间里，山东理工大学、青岛大学等高校教师使用该教材开展了大量的实验教学实践和研究，对教材提出了许多宝贵的意见和建议，在第二版中，我们吸收了大家的宝贵意见，对相关内容进行了相应的修改，例如氧化还原反应和氧化还原平衡实验中，增加了酸度、浓度对反应速率的影响；溶液的配制及酸碱滴定基本操作中增加了数据记录及处理的表格；硫酸亚铁铵的制备及纯度分析实验中，改变了物料的质量比；表面处理技术实验中修改了盐酸的浓度，以确保学生在实验中取得更好的结果；附录中增加了经常用到的不同温度下水的饱和蒸气压。

　　随着实验教学的改革和发展要求，为了更好地适应现阶段学生的特点，此次修订增加了部分综合性实验及趣味性实验，删除了第一版教材中的碱式碳酸铜的制备实验，替换成了更加综合性的铜系列化合物的制备与分析；元素部分增加了常见阳离子的分离、鉴定；增加了由易拉罐制备明矾及其纯度测定、从茶叶和紫菜中分离与鉴定某些元素、高温超导材料制备及性能测量等十二个新的实验，引入了目前常用的一些实验方法，更加重视无机化学实验方法在实践中的综合应用，同时也为广大师生提供了充分的选择余地，这也反映了无机化学教学的发展趋势。

　　此次修订过程中，青岛大学的张慧老师，山东理工大学的李月云老师、张道鹏老师等在修改实验内容、增加新实验及编写等方面做了大量的工作，本书再版得到了山东理工大学和青岛大学院领导和无机化学教研室老师们的大力支持，编者在此表示诚挚的谢意。

　　限于时间和水平，疏漏之处在所难免，请读者多提宝贵意见。

编者

2017 年 4 月

第一版前言

本书是山东理工大学和青岛大学等高校合作编写的高等学校基础化学实验系列教材中的一部。该系列教材的编写目的是为普通高等院校的化学、化工类专业以及相关专业的学生提供一套适用性强的实验教材。

无机化学实验是学生进入大学后的第一门实验课程，也是一门独立的基础化学实验课程，本书的编写宗旨是使学生加深对无机化学基本理论的理解，加深对元素及化合物性质的理解，学习掌握无机化学实验的基本操作方法，注重基本技能训练，养成严格、认真和实事求是的科学态度，提高其观察、分析和解决问题的能力。

本书的编写结合实验室实际情况，以加强基本操作训练为主线，编者结合十几年的无机化学教学经验，借鉴和汲取众家之长，精选实验内容，既注重基本技能训练，又增强教材的实用性。实验内容的安排是在基础实验的基础上，补充了综合性实验和设计性实验，综合设计性实验是为了培养学生独立进行实验的能力，为今后从事科研工作打下基础。

全书共分四部分：绪论介绍了无机化学实验的目的要求及学习方法，列出了几类实验报告的基本格式；第一章介绍了化学实验基础知识，是学生进入无机化学实验室前必须学习的内容；第二章介绍了无机化学实验的基本操作和技能；第三章是本书最重要的内容——实验部分，共编写了 35 个实验项目，包括基础实验、综合设计性实验，涵盖了无机化学理论教学的主要内容。每个实验包括目的、实验原理、仪器和试剂、实验内容、思考题等部分，有些实验还附有记录实验数据的规范格式，供学生参考使用。综合设计实验由学生选择适当的题目，自行拟订实验方案和步骤，在教师的协助下完成实验。书后附录收集各类实验常用数据表，便于查阅。

本书可作为综合性大学化学化工类专业以及相关专业本科生的无机化学实验教材，同时也适用于高职高专学校的学生以及实验室工作人员和科研人员。

本书由李月云（山东理工大学）、张慧（青岛大学）、王平（山东理工大学）担任主编，王凤云（青岛大学）、张丽鹏（山东理工大学）、王静霞（青岛大学）担任副主编，参加编写的还有庄淑娟、孟秀霞、胡环宗、吕忆民、王捷、张亚莉等，赵增典教授给予了很好的意见。全书由李月云负责筹划和统稿。本教材在编写过程中，得到了山东理工大学和青岛大学有关领导和同仁的大力支持，在此深表由衷的谢意。

限于编者水平，时间紧促，书中难免还有疏漏和不当之处，敬请读者批评指正。

编者
2009 年 1 月

目　录

绪　论

第一节　无机化学实验的目的与要求

化学是一门以实验为基础的学科。许多化学理论和规律是对大量实验资料进行分析、概括、综合和总结而形成的；实验又为理论的完善和发展提供了依据。化学实验教学是全面实施化学教育的有效教学形式之一。

无机化学实验是大学阶段的第一门化学实验课程，它不仅是化学实验的重要分支，也是学生学习其他化学实验的重要基础，是学生必修的一门独立的基础实验课程。通过无机化学实验，要达到以下几方面的目的：

① 通过实验使学生对无机化学中的一些基本概念和原理能进一步理解和应用。培养通过实验获取新知识的能力。

② 通过实验使学生掌握无机化学实验中的一些基本操作，正确使用某些玻璃仪器和测量仪器，具备安装实验装置的初步能力。

③ 通过无机化学实验基本技能的训练，使学生获得大量物质变化的感性认识，在此基础上能达到掌握一般无机化合物的制备和提纯方法，养成独立思考、独立准备和进行实验的能力，养成细致的观察和记录实验现象的习惯，达到正确归纳综合处理数据和分析实验结果的能力。

④ 通过元素性质实验使学生对无机化学中一些常见元素的单质或化合物的主要性质有较牢固的掌握，培养严格的科学态度、良好的实验素养以及分析和解决问题的能力，为后续实验课奠定良好的基础。

第二节　无机化学实验的学习方法

要使无机化学实验取得良好效果，不仅要求学生有正确的学习态度和良好的学习习惯，还需要有正确的实验方法，本教材将化学实验的学习方法归纳为以下三个环节。

一、课前预习

课前预习是做好化学实验的前提和保证。预习主要包括：阅读实验教材、教科书和参考资料中的有关内容；明确本实验的目的；了解实验的内容、步骤、操作过程和实验时应注意的安全知识、操作技能和实验现象；在预习的基础上，写好预习笔记。

特别需要注意的是，若教师发现学生不预习和预习不够充分，有权让学生停止实验，要求其在了解实验内容之后再进行实验。

二、实验过程

在良好实验预习的基础上，在教师的指导下独立完成实验是至关重要的一步，实验过程中，根据实验教材上所规定的方法、步骤和试剂用量进行操作，并应该做到下列几点。

① 认真操作，细心观察现象，并及时、如实地做好详细记录。

② 如果发现实验现象和理论不符合，应首先尊重实验事实，并认真分析和检查原因，可以做对照试验、空白试验或自行设计的实验来核对，必要时应多次重做验证，从中得到有益的科学结论和学习科学思维的方法。

③ 实验过程中应勤于思考，仔细分析，力争自己解决问题。但遇到疑难问题而自己难以解决时，可提请教师讨论解决。

④ 在实验过程中应保持肃静，严格遵守实验室工作规则；实验结束，应清理好自己的实验台，洗净、整理好玻璃仪器。

三、实验报告

实验完毕应对实验现象进行解释并作出结论，或根据实验数据进行处理和计算，独立完成实验报告；还可对本次实验提出自己的见解和建议。

第三节　实验报告的撰写要求

实验报告是对每次所做实验的概括和总结，必须严肃认真如实填写。并严格按照格式书写，书写实验报告应字迹端正，简明扼要，整齐清洁。

一、实验报告的内容

一份合格的报告应该包括以下内容。

① 实验目的：具体写该次实验要达到的要求和实现的任务。

② 实验原理：简述实验的基本原理和主要的化学方程式、结果计算公式。要注意简明扼要。

③ 实验内容或步骤：简述实验过程，尽量利用表格、框图、流程图等形式，只需简单明了地说明实验过程，避免抄书。

④ 实验现象、数据记录及结果处理：记录实际的实验现象，数据记录要真实完整。特别强调，实验记录要尊重实验事实，不允许编造和抄袭，若发现主观臆造或抄袭者取消实验成绩。

⑤ 问题分析及讨论：包括针对实验中遇到的疑问提出见解；分析实验误差产生的原因；对实验方法，实验内容等提出的意见或建议。

二、不同类型实验报告格式示例

1. 无机化学测定类实验报告格式

课程名称：_____　____年____月____日

_____学院_____专业_____班　姓名_____学号_____同组人_____

实验名称：_____成绩_____

一、实验目的：

二、实验原理：（简述）

三、实验内容：（简写）

四、数据记录及结果处理：

五、问题与讨论：（根据具体情况，该部分可以不写）

2. 无机化学制备类实验报告格式

课程名称：_____ _____年_____月_____日

_____学院_____专业____班 姓名_____学号____同组人_____

实验名称：_____成绩_____

一、实验目的：

二、实验原理：（简述）

三、实验步骤：（用框图表示基本流程）

四、实验结果：

1. 实验过程中主要现象

2. 产品外观

3. 产量及产率

4. 产品纯度检验

五、问题与讨论：（根据具体情况，该部分可以不写）

3. 无机化学性质类实验报告

课程名称：_____ _____年_____月_____日

_____学院_____专业____班 姓名_____学号_____同组人_____

实验名称：_____成绩_____

一、实验目的：

二、实验内容：（最好用表格表示）

序号	实验内容	实验现象	结论或解释

三、实验小结

四、问题与讨论：（根据具体情况，该部分可以不写）

第一章　无机化学实验基本知识

第一节　实验室基本常识

化学实验室是开展实验教学的主要场所，涉及许多仪器、仪表、化学试剂甚至有毒的药品。教学过程中，保证教学人员的安全、实验室设备的完好、安全防火和保护环境是贯穿整个实验过程的十分重要的任务，也是要求学生掌握的重要课程内容。

本章对无机化学实验室中经常遇到的一些问题加以介绍，以引起实验教师和学生的注意。

一、实验室规则

实验室规则是人们从长期的实验室工作中归纳总结出来的，它是保持正常的实验环境和工作秩序，防止意外事故，做好实验的一个重要前提，必须做到人人遵守。

① 实验前一定要做好预习和实验准备工作，检查实验所需的药品、仪器是否齐全。做规定以外的实验，应先经教师允许。

② 实验时要集中精力，认真操作，仔细观察，积极思考，如实详细地做好记录。

③ 实验中必须保持肃静，不准大声喧哗，不得到处乱走。不得无故缺席，因故缺席未做实验应该补做。

④ 爱护仪器和设备，小心使用仪器和实验室设备，注意节约水、电和煤气。每人应取用自己的仪器，不得动用他人的仪器；公用仪器和临时公用的仪器用毕应洗净，并立即送回原处。如有损坏，必须及时登记补领并按照规定赔偿。

⑤ 加强环境保护意识，采取积极措施，减少有毒气体和废液对大气、水和周围环境的污染。

⑥ 剧毒药品必须有严格的管理、使用制度，领用时要登记，用完后要回收或销毁，并把落有毒物的桌子和地面擦净，洗净双手。

⑦ 实验台上的仪器、药品应整齐地放在一定的位置上并保持台面的清洁。每人准备一个废品杯，实验中的废纸、火柴梗和碎玻璃等应随时放入废品杯中，待实验结束后，集中倒入垃圾箱。酸性溶液应倒入废液缸，切勿倒入水槽，以防腐蚀下水管道。碱性废液倒入水槽并用水冲洗。

⑧ 按规定的量取用药品，注意节约。称取药品后，及时盖好原瓶盖。放在指定地方的药品不得擅自拿走。

⑨ 使用精密仪器时，必须严格按照操作规程进行操作，细心谨慎，避免粗枝大叶而损坏仪器。如发现仪器有故障，应立即停止使用，报告教师，及时排除故障。

⑩ 在使用煤气、天然气时要严防泄漏，火源要与其他物品保持一定的距离，用后要关闭煤气阀门。

⑪ 如果发生意外事故，应保持镇静，不要惊慌失措；遇有烧伤、烫伤、割伤时应立即

报告教师，及时救治。

⑫ 实验后，应将所用仪器洗净并整齐地放回实验柜内。实验台和试剂架必须擦净，最后关好电门、水和煤气龙头。实验柜内仪器应存放有序，清洁整齐。

二、实验室工作安全操作

进行化学实验时，要严格遵守关于水、电、煤气和各种仪器、药品的使用规定。化学药品中，很多是易燃、易爆、有腐蚀性和有毒的。因此，重视安全操作，熟悉一般的安全知识是非常必要的。

注意安全不仅是个人的事情。发生了事故不仅损害个人的健康，还会危及周围的人，并使国家财产受到损失，影响工作的正常进行。因此，首先需要从思想上重视实验安全工作，决不能麻痹大意。其次，在实验前应了解仪器的性能和药品的性质以及本实验中的安全事项。在实验过程中，应集中注意力，并严格遵守实验室安全守则，以防意外事故的发生。再次，要学会一般救护措施。一旦发生意外事故，可进行及时处理。最后，对于实验室的废液，也要知道一些处理的方法，以保持实验室环境不受污染。

1. 实验室的安全操作

① 不要用湿手、物接触电源。水、电、煤气一经使用完毕，就立即关闭水龙头、煤气开关，拉掉电闸。点燃的火柴用后立即熄灭，不得乱扔。

② 严禁在实验室内饮食、吸烟，严禁把食具带进实验室。实验完毕，必须洗净双手。

③ 绝对不允许随意混合各种化学药品，以免发生意外事故。

④ 金属钾、钠和白磷等暴露在空气中易燃烧，所以金属钾、钠应保存在煤油中，白磷则可保存在水中，取用时要用镊子。一些有机溶剂（如乙醚、乙醇、丙酮、苯等）极易引燃，使用时必须远离明火、热源，用毕立即盖紧瓶塞。

⑤ 含氧气的氢气遇火易爆炸，操作时必须严禁接近明火。在点燃氢气前，必须先检查并确保纯度符合要求。银氨溶液不能留存，因久置后会变成氮化银，也易爆炸。某些强氧化剂（如氯酸钾、硝酸钾、高锰酸钾等）或其混合物不能研磨，否则将引起爆炸。

⑥ 应配备必要的护目镜。倾注药剂或加热液体时，容易溅出，不要俯视容器。尤其是浓酸、浓碱具有强腐蚀性，切勿使其溅在皮肤或衣服上，眼睛更应注意防护。稀释酸、碱时（特别是浓硫酸），应将它们慢慢倒入水中，而不能反向进行，以避免迸溅。加热试管时，切记不要使试管口向着自己或别人。

⑦ 不要俯向容器去嗅放出的气味。面部应远离容器，用手把逸出容器的气体慢慢地扇向自己的鼻孔。能产生有刺激性或有毒气体（如 H_2S、HF、Cl_2、CO、NO_2、SO_2、Br_2 等）的实验必须在通风橱内进行。

⑧ 有毒药品（如重铬酸钾、钡盐、铅盐、砷的化合物、汞的化合物，特别是氰化物）不得进入口内或接触伤口。剩余的废液也不能随便倒入下水道，应倒入废液缸或教师指定的容器里。

⑨ 金属汞易挥发，并通过呼吸道而进入人体内，逐渐积累会引起慢性中毒。所以做金属汞的实验应特别小心，不得把金属汞洒落在桌上或地上。一旦洒落，必须尽可能收集起来，并用硫黄粉盖在洒落的地方，使金属汞转变成不挥发的硫化汞。

⑩ 实验室所有药品不得携出室外。用剩的有毒药品应交还给教师。

2. 实验室事故急救的处理

为了对实验室内意外事故进行紧急处理，应该在每个实验室内准备一个急救药箱。药箱内可准备下列药品：

红药水	碘酒（3%）
獾油或烫伤膏	碳酸氢钠溶液（饱和）
饱和硼酸溶液	醋酸溶液（2%）
氨水（5%）	硫酸铜溶液（5%）
高锰酸钾晶体（需要时再制成溶液）	氯化铁溶液（止血剂）
甘油	消炎粉

另外，消毒纱布、消毒棉（均放在玻璃瓶内，磨口塞紧）、剪刀、氧化锌橡皮膏、棉花棒等，也是不可缺少的。

在实验过程中，若不慎发生意外，要保持镇静，采取措施紧急处理。

① 创伤　伤处不能用手抚摸，也不能用水洗涤。若是玻璃创伤，应先把碎玻璃从伤处挑出。轻伤可涂以紫药水（或红汞、碘酒），必要时撒些消炎粉或敷些消炎膏，用绷带包扎。

② 烫伤　不要用冷水洗涤伤处。伤处皮肤未破时，可涂擦饱和碳酸氢钠溶液或用碳酸氢钠粉调成糊状敷于伤处，也可抹獾油或烫伤膏；如果伤处皮肤已破，可涂些紫药水或1%高锰酸钾溶液。

③ 受碱腐蚀致伤　先用大量水冲洗，再用2%醋酸溶液或饱和硼酸溶液洗，最后用水冲洗。如果碱液溅入眼中，用硼酸溶液洗。

④ 受溴腐蚀致伤　用苯或甘油洗涤伤口，再用水洗。

⑤ 受磷灼伤　用1%硝酸银、5%硫酸铜或浓高锰酸钾溶液洗涤伤口，然后包扎。

⑥ 吸入刺激性或有毒气体　吸入氯气、氯化氢气体时，可吸入少量酒精和乙醚的混合蒸气解毒。吸入硫化氢或一氧化碳气体而感到不适时，应立即到室外呼吸新鲜空气。但应注意氯气、溴中毒不可进行人工呼吸，一氧化碳中毒不可施用兴奋剂。

⑦ 毒物进入口内　将5~10mL稀硫酸铜溶液加入一杯温水中，内服后，用手指伸入咽喉部，促使呕吐，吐出毒物，然后立即送医院。

⑧ 触电　首先切断电源，然后在必要时进行人工呼吸。

⑨ 起火　起火后，要立即一面灭火，一面防止火势蔓延（如采取切断电源，移走易燃药品等措施）。灭火的方法要针对起因选用合适的方法和灭火设备。

一般的小火用湿布、石棉布或砂子覆盖燃烧物，即可灭火。火势大时可使用泡沫灭火器。但电器设备所引起的火灾，只能使用二氧化碳或四氯化碳灭火器灭火，不能使用泡沫灭火器，以免触电。实验人员衣服着火时，切勿惊慌乱跑，赶快脱下衣服，或用石棉布覆盖着火处。

⑩ 伤势较重者，应立即送医院。

三、实验室"三废"的处理

实验中经常会产生某些有毒的气体、液体和固体，都需要及时排弃，特别是某些剧毒物质，如果直接排出就可能污染周围空气和水源，损害人体健康。因此，对废液和废气、废渣要经过一定的处理后，才能排弃。

1. 废气

产生少量有毒气体的实验应在通风橱内进行。通过排风设备将少量毒气排到室外，使排出气在外面大量空气中稀释，以免污染室内空气。

产生毒气量大的实验必须备有吸收或处理装置。如二氧化氮、二氧化硫、氯气、硫化氢、氟化氢等可用导管通入碱液中，使其大部分吸收后排出，一氧化碳可点燃转成二氧化碳。

2. 废液

① 无机实验中通常大量的废液是废酸液。废酸缸中废酸液可先用耐酸塑料网纱或玻璃纤维过滤，滤液加碱中和，调 pH 至 6～8 后就可排出。少量滤渣可埋于地下。

② 废铬酸洗液可以用高锰酸钾氧化法使其再生，重复使用。氧化方法：先在 110～130℃ 下将其不断搅拌、加热、浓缩，除去水分后，冷却至室温，缓缓加入高锰酸钾粉末。每 1000mL 加入 10g 左右，边加边搅拌直至溶液呈深褐色或微紫色，不要过量。然后直接加热至有三氧化硫出现，停止加热。稍冷，通过玻璃砂芯漏斗过滤，除去沉淀；冷却后析出红色三氧化铬沉淀，再加适量硫酸使其溶解即可使用。少量的废铬酸洗液可加入废碱液或石灰使其生成氢氧化铬(Ⅲ) 沉淀，将此废渣埋于地下。

③ 氰化物是剧毒物质，含氰废液必须认真处理。对于少量的含氰废液，可先加氢氧化钠调至 pH>10，再加入几克高锰酸钾使 CN^- 氧化分解。大量的含氰废液可用碱性氯化法处理。先用碱将废液调至 pH>10，再加入漂白粉，使 CN^- 氧化成氰酸盐，并进一步分解为二氧化碳和氮气。

④ 含汞盐废液应先调 pH 至 8～10，然后，加适当过量的硫化钠生成硫化汞沉淀，并加硫酸亚铁生成硫化亚铁沉淀，从而吸附硫化汞共沉淀下来。静置后分离，再离心，过滤。清液的汞含量降到 $0.02mg \cdot L^{-1}$ 以下可排放。少量残渣可埋于地下，大量残渣可用焙烧法回收汞，但要注意一定要在通风橱内进行。

⑤ 含重金属离子的废液，最有效和最经济的处理方法是加碱或加硫化钠把重金属离子变成难溶性的氢氧化物或硫化物沉积下来，然后过滤分离，少量残渣可埋于地下。

3. 废渣

实验室产生的少量固体废渣，绝不能与生活垃圾混倒。固体废弃物经回收，提取有用物质后，少量有毒的废渣常埋于地下（应有固定地点）。填埋场应该远离水源，场地底层不透水，不能渗入地下水层。

第二节　绿色化学简介

一、绿色化学的概念

绿色化学（green chemistry），又称清洁化学（clean chemistry）、环境无害化学（enviromentally benign chemistry）、环境友好化学（environmentally friendly chemistry）。绿色化学有三层含义：第一，是清洁化学，绿色化学致力于从源头制止污染，而不是污染后的再治理，绿色化学技术应不产生或基本不产生对环境有害的废弃物，绿色化学所产生出来的化学品不会对环境产生有害的影响；第二，是经济化学，绿色化学在其合成过程中不产生或少产生副产物，绿色化学技术应是低能耗和低原材料消耗的技术；第三，是安全化学，在绿色化学过程中尽可能不使用有毒或危险的化学品，其反应条件尽可能是温和的或安全的，其发生意外事故的可能性是极低的。

总之，绿色化学是用化学的技术和方法去减少或消灭对人类健康、社区安全、生态环境有害的原料、溶剂和试剂、催化剂、产物、副产物、产品等的产生和使用。

二、绿色化学的发展

不可否认，人类进入 20 世纪以来创造了高度的物质文明，从 1990 年到 1995 年的 6 年间合成的化合物数量就相当于有记载以来的 1000 多年间人类发现和合成化合物的总量（1000 万种），这是科技的发展、是社会的进步；但同时也带来了负面的效应：资源的巨大浪费，日益严重的环境问题等。人们开始重新认识和寻找更为有利于其自身生存和可持续发展的道路，注意人与自然的和谐发展，绿色意识成了人类追求自然完美的一种高级表现形式。

1995 年 3 月，美国成立"绿色化学挑战计划"并设立"总统绿色化学挑战奖"。1997 年中国国家科委主办第 72 届香山科学会议，主题为"可持续发展对科学的挑战——绿色化学"。近些年来，各国化学家在绿色化学的研究领域里，运用物理学、生态学、生物学等的最新理论、技术和手段，取得了可喜的成绩。

三、绿色化学的思维方式

绿色化学的核心是"杜绝污染源"，防治污染的最佳途径就是从源头消除污染，一开始就不要产生有毒、有害物。事实上，实现化学实验绿色化的关键是建立绿色化学的思维方式。在化学实验教学中，应在教师和学生的头脑中确立这种意识，要树立绿色化学的思维方式，应从环境保护的角度、从经济和安全的角度来考虑各个实验的设置、实验手段、实验方法等，并遵循以下原则。

① 设计合成方法时，只要可能，不论原料、中间产物还是终产品，均应对人体健康和环境无毒害（包括极小毒性和无毒）。

② 合成方法必须考虑能耗、成本，应设法降低能耗，最好采用在常温常压下的合成方法。

③ 化工产品要设计成在其使用功能终结后，它不会永存于环境中，要能分解成可降解的无害产物。

④ 选择化学生产过程的物质时，应使化学意外事故（包括渗透、爆炸、火灾等）的危险性降低到最低程度。

⑤ 在技术可行和经济合理的前提下，原料要采用可再生资源以代替消耗性资源。

第三节　微型化学实验简介

一、微型化学实验的概念

微型化学实验（microscale chemical experiment 或 microscale laboratory，M. L.）是近年来国外日益广泛使用的一种实验方法。所谓微型化学实验，即在一些专门设计的微型化的仪器装置中进行的化学实验。

微型化学实验的试剂用量比对应的常规实验节约 90% 以上。微型实验有两个基本特征：试剂用量少和仪器微型化。微型化实验不是常规实验的简单缩微或减量，而是在微型化的条件下对实验进行重新设计和探索，以尽可能少的试剂来获取尽可能多的化学信息。可以达到准确、明显、安全、方便和防止环境污染等目的。

微型化学实验与微量化学实验是不同的概念。微量化学指组分的微量或痕量的定量测定、理论、技术和方法，即微量分析化学。而微型化学实验尽管会包含一些微量化学的技术，但实验的对象和内容却超越了微量化学的范围。用于化学教学的微型实验还要具备现象明显、操作简单、效果优良、成本低等特点。

二、微型化学实验的发展

随着科学技术的发展、实验仪器精确程度的提高，化学实验的试剂和样品用量逐渐减少。16 世纪中叶，冶金工业中化学分析的样品用量为数公斤，19 世纪 30～40 年代，0.5mg 精度分析天平的问世，使重量分析样品量达 1g 以下；0.01mg 精度的扭力天平，让 Nernst 尝试做 1mg 样品的分析；1μg 精度天平的出现，使 Frilz Pregl 成功地用 3～5mg 有机样品做了碳、氢等元素的微量分析。

20 世纪，半微量有机合成、半微量的定性分析已广泛出现在教材中。1925 年，埃及 E. C. Grey 出版的《化学实验的微型方法》是较早的一本微型化学实验大学教材。1955 年在维也纳国际微量化学大会上，马祖圣教授就建议以 mg 作为微量实验的试剂用量单位。自 1982 年始，美国的 Mayo 等着眼于环境保护和实验室安全的需要，研究微型有机化学实验，并在基础有机化学实验中采用主试剂在 mmol 量级的微型制备实验取得成功。可见化学实验小型化、微型化是化学实验方法不断变革的结果。

中国微型化学实验的研究是由无机化学、普通化学的微型实验和中学化学的研究开始的。国内自编的首本《微型化学实验》于 1992 年出版。此后，天津大学沈君朴主编的《无机化学实验》、清华大学袁书玉主编的《无机化学实验》、西北大学史启祯等主编的《无机与分析化学实验》等教材已收载了一定数量的微型实验。1995 年华东师大陆根土编写的《无机化学教程（三）实验》将微型实验与常规实验并列编入；2000 年周宁怀主编了《微型无机化学实验》。迄今为止，国内已有 800 余所大、中学校开始在教学中应用微型实验，显示了微型实验在国内已进入大面积推广阶段。

三、微型化学实验与绿色化学

微型化学实验是在可能的条件下，用"尽可能少的化学试剂"进行的实验，符合绿色化学倡导的原则，是绿色化学的新概念在化学实验中的具体体现，是绿色化学的组成部分；同时，微型化学实验是绿色化学的一项方法和技术，利用微型化学实验能真正体现绿色化学预防污染，而不是治理污染。积极进行微型化学实验的研究与探索，不仅可以节约化学试剂，大大减少环境污染，而且还能树立教师和学生的环保意识和绿色化学意识，从而有效地保护我们赖以生存的环境。

第二章　无机化学实验基本操作与技能

第一节　玻璃仪器的洗涤与干燥

一、玻璃仪器的洗涤

化学实验所使用的玻璃仪器是否干净，常常会影响实验结果，严重时可导致实验失败。这里所说干净主要指不含妨碍实验结果准确性的杂质。实验结束后，要及时清洗仪器。否则，长期放置后，将使洗涤工作更加困难。玻璃仪器干净的标准是用水冲洗后，其内壁能均匀地被水湿润而无水珠附着。凡是已经洗净的仪器，绝不能用布或纸擦干，否则，布或纸上的纤维将会附着在仪器上。

玻璃仪器的洗涤方法很多，一般来说，应根据实验的要求、污物的性质和沾污程度来选择方法。附着在仪器上的污物既有可溶性物质，也有尘土、不溶物及有机油污等。可分别采用下列方法洗涤。

(1) 用水刷洗　用毛刷蘸水刷洗仪器，可以去掉仪器上附着的尘土、可溶性物质和易脱落的不溶性杂质。自来水洗涤的仪器，往往还残留一些 Ca^{2+}、Mg^{2+}、Cl^- 等离子，若实验中不允许这些离子存在，可用蒸馏水或去离子水冲洗三次。遵循"少量多次"原则。一般使用洗瓶。

(2) 用去污粉、肥皂、合成洗涤剂洗　去污粉是由碳酸钠、白土、细沙等混合而成的。使用时，首先用水湿润仪器，然后用湿的毛刷蘸少量去污粉，由里向外刷仪器各个部位，再用自来水冲洗，直到洗净为止。必要时，用蒸馏水洗三次。

(3) 用铬酸洗液洗　铬酸洗液是由浓硫酸和重铬酸钾配制而成的（通常将 25g 重铬酸钾放于烧杯中，加 50mL 水溶解，然后在不断搅拌下，慢慢加入 450mL 浓硫酸），呈深红褐色，具有强酸性、强氧化性，对有机物、油污等的去污能力特别强。

一些较精密的玻璃仪器，如滴定管、容量瓶、移液管等，由于口小、管细，难以用刷子刷洗，且容量准确，不宜用刷子摩擦内壁。常用铬酸洗液来洗。

洗涤时装入少量洗液，将仪器倾斜转动，使管壁全部被洗液湿润。转动一会儿后将洗液倒回原洗液瓶中，再用自来水把残留在仪器中的洗液洗去，最后用少量的蒸馏水洗三次。

沾污程度严重的玻璃仪器用铬酸洗液浸泡十几分钟，再依次用自来水和蒸馏水洗涤干净。把洗液微微加热浸泡仪器效果会更好。

使用铬酸洗液时，应注意以下几点。

① 尽量把仪器内的水倒掉，以免将洗液稀释，影响洗涤效果。

② 洗液用完应倒回原瓶内，可反复使用。

③ 洗液具有强的腐蚀性，会灼伤皮肤、破坏衣物，如不慎把洗液洒在皮肤、衣物和桌面上，应立即用水冲洗。

④ 已变成绿色的洗液（重铬酸钾还原为硫酸铬的颜色，无氧化性）不能继续使用。

⑤ 铬(VI)有毒，清洗残留在仪器上的洗液时，第一、二遍的洗涤水不要倒入下水道，

应回收处理。

⑥ 能用其他方法洗干净仪器，就不要用铬酸洗液洗，以防环境污染。

（4）特殊污垢的洗涤　用上述方法无法洗去的污垢，要依其性质采取适当的化学试剂来处理。如 MnO_2、$Fe(OH)_3$ 污垢，要用盐酸处理。

（5）超声波清洗器　除了上述清洗方法外，现在又有了先进的仪器——超声波清洗器，它利用声波产生的振动洗涤仪器，既省时又方便。

超声波清洗器的原理如下：由超声波发生器发出的高频振荡信号，通过换能器转换成高频机械振荡而传播到介质——清洗溶剂中，超声波在清洗液中疏密相间地向前辐射，使液体流动而产生数以万计的直径为 $50\sim500\mu m$ 的微小气泡，这些气泡在超声波纵向传播的负压区形成、生长，而在正压区迅速闭合，在这种被称为"空化"效应的过程中，气泡闭合可形成几百摄氏度的高温和超过 1000atm（1atm 即 1 大气压，1atm＝101.325kPa）的瞬间高压，连续不断地产生的瞬间高压就像一连串小"爆炸"不断地冲击物件表面，使物件的表面及缝隙中的污垢迅速剥落，从而达到物件表面清洗净化的目的。

二、仪器的干燥

洗净的仪器有的可直接用来做实验，而有些实验则要求所用仪器必须是干燥的。所以，对洗净的仪器要进行干燥。其干燥方法如下：

（1）晾干　让仪器在空气中自然干燥。即把洗净的仪器倒置于干净的仪器柜中或木钉上。

（2）烘干　将洗净的仪器放在电热恒温干燥箱内（图 2-1）加热烘干（控制烘箱温度在 105℃左右）。仪器放进烘箱前应尽量把水沥干，平放或仪器口朝下，并在烘箱的最下层放一个搪瓷盘，接受从容器上滴下的水珠，以免直接滴在电炉丝上损坏炉丝。放仪器的顺序应从上往下，从里向外。干燥好后拿出应从外向里，从下往上。

图 2-1　电烘箱

（3）烤干　不同的仪器选用不同的烤干设备，如煤气灯、酒精灯、电炉等。烤前应将仪器外壁水珠擦干。若是试管，管口应向下倾斜，以防水珠倒流炸裂试管。烤时应从管底开始，慢移至管口，无水珠后再管口向上，把水汽赶尽。

（4）吹干　利用热或冷的空气流将玻璃仪器干燥。常用工具是吹风机、气流干燥器。

（5）有机溶剂的快速干燥　利用有机溶剂的挥发性干燥仪器。即先用少量酒精、丙酮等有机溶剂淋洗一遍，然后晾干。

第二节　常用加热器及加热操作

一、常用加热器及使用方法

1. 酒精灯

酒精灯的加热温度通常为 400～500℃，酒精灯灯焰分外焰、内焰、焰心三部分，在给物质加热时，应用外焰加热，因为外焰温度最高。

使用酒精灯（图 2-2）时，先要检查灯芯，如果灯芯顶端不平或已烧焦，需要剪去少许使其平整（见图 2-3）。然后检查灯里有无酒精，灯里酒精的体积应大于酒精灯容积的 1/2，少于 2/3。酒精量过少时，应在使用前用漏斗添加酒精，严禁在酒精灯点燃时添加酒精，以

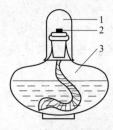

图 2-2 酒精灯的构造
1—灯帽；2—灯芯；
3—灯壶

免引发事故（图 2-4）。在使用酒精灯时，应注意：绝对禁止用酒精灯引燃另一盏酒精灯，而应用燃着的火柴或木条来引燃（图 2-5）。如果点燃后，酒精灯的火焰不稳定，可在火焰外加金属网罩，使火焰稳定（图 2-6）。用完酒精灯，必须用灯帽盖灭，不可用嘴去吹灭，否则可能将火焰沿灯颈压入灯内，引起着火或爆炸（图 2-7）。不要碰倒酒精灯，万一洒出的酒精在桌上燃烧起来，不要惊慌，应立即用湿抹布扑盖。

用酒精灯对物质加热时应该注意：

① 对盛有酒精长期未使用的灯，在点燃之前，先打开灯帽，把灯头的瓷管往上提，并用洗耳球向灯内吹，使灯内的酒精蒸气逸出，以免点燃时酒精蒸气因燃烧膨胀而将瓷管连同灯芯一起弹出，造成事故。

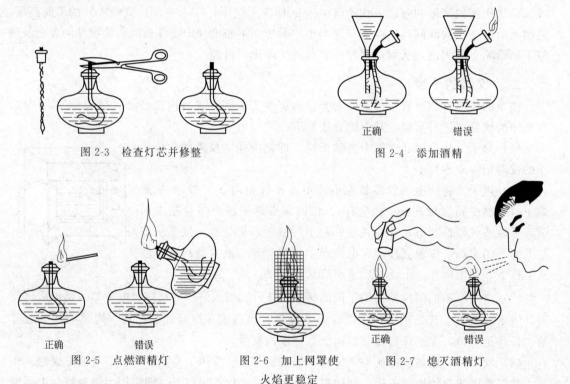

图 2-3 检查灯芯并修整   图 2-4 添加酒精

图 2-5 点燃酒精灯   图 2-6 加上网罩使   图 2-7 熄灭酒精灯
火焰更稳定

② 在用酒精灯加热时，可以用试管、烧瓶、烧杯、蒸发皿来给液体加热，在加热固体时可用干燥的试管、蒸发皿等。有些仪器如集气瓶、量筒、漏斗等不允许用酒精灯加热（烧杯不可直接放在火焰上加热）。

③ 如果被加热的玻璃容器外壁有水，应在加热前擦拭干净，然后加热，以免容器炸裂。

④ 加热的时候，不要使玻璃容器的底部与灯芯接触，也不要离得很远，距离过近或过远都会影响加热效果。烧得很热的玻璃容器，不要立即用冷水冲洗，否则可能破裂；也不要立即放在实验台上，以免烫坏实验台。

2. 酒精喷灯

（1）类型和构造

酒精喷灯分为挂式和座式两种（图 2-8），加热温度可达到 $800\sim900℃$。

（2）使用方法（图 2-9）

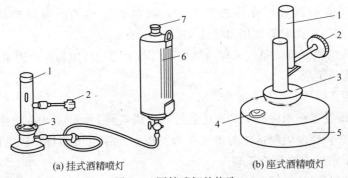

(a) 挂式酒精喷灯　　　　　　　(b) 座式酒精喷灯

图 2-8　酒精喷灯的构造

1—灯管；2—空气调节器；3—预热盘；4—铜帽；5—酒精壶；6—酒精贮罐；7—盖子

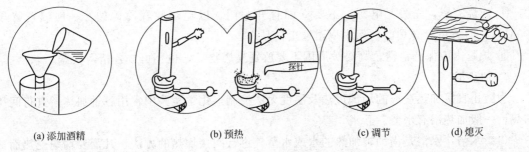

(a) 添加酒精　　　　　(b) 预热　　　　　(c) 调节　　　　　(d) 熄灭

图 2-9　酒精喷灯的使用

① 添加酒精　注意关好下口开关，座式喷灯内酒精量不能超过酒精壶的 2/3。

② 预热　预热盘中加少量酒精点燃。在点燃前，灯管必须充分灼烧，使酒精全部汽化，否则，会导致液态酒精从管口喷出，形成"火雨"。若如此，将事先备好的湿布盖灭即可。预热可多次进行，但是若两次不出气，应用探针疏通酒精蒸气出口后方可再预热。

③ 调节　旋转调节器调节火焰至正常火焰。

④ 熄灭　可盖灭，也可旋转调节器熄灭。

（3）灯焰的性质

空气和酒精蒸气的进入量不合适，会产生不正常的火焰（图 2-10）。

① 侵入火焰　酒精蒸气过小，空气量过大，会产生侵入火焰。在实验时，酒精蒸气突然中断或减少，也会产生。

② 临空火焰　酒精蒸气和空气进入量过大，使气流冲出管外，在灯管上空燃烧。

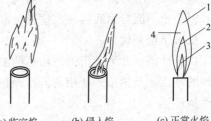

(a) 临空焰　　(b) 侵入焰　　(c) 正常火焰

图 2-10　灯焰的性质

1—氧化焰；2—还原焰；3—焰心；4—最高温度

遇到不正常火焰应把火焰熄灭，冷却后，重新预热、调节。酒精喷灯一般能达到与煤气灯一样的高温。座式喷灯连续使用不能超过 0.5h，如果要超过 0.5h，必须到 0.5h 时暂先熄灭喷灯。冷却，添加酒精后再继续使用。挂式喷灯用毕，酒精贮罐的下口开关必须关闭好。

3. 电炉

电炉有普通电炉和万用电炉，常用的是万用电炉。各种电炉均是用电炉丝加热，温度的高低通过调节电阻来控制，加热温度一般在 500～1000℃，使用时要注意，电炉丝上不能沾有酸碱等试剂；容器与电炉丝之间要放置石棉网。

4. 高温炉

高温炉有利用电炉丝和硅碳棒加热两种，用电炉丝加热的高温炉最高使用温度为950℃；用硅碳棒加热的高温炉使用温度达1300～1500℃。

高温炉分为箱式和管式，箱式又称马福炉。高温炉的炉温由高温计测量，高温计由一对热电偶和一只毫伏表组成。

使用注意事项：

① 高温炉应该放置在水泥台上，不可放置在木质桌面上，以免引起火灾。

② 使用前先看高温炉所接电源电压是否与电炉所需电压相符；热电偶是否与测量温度相符，热电偶正负极连接是否正确。

③ 调节温度控制器的定温调节按钮，使定温指针指在所需温度处。打开电源开关升温，当温度升至所需温度时即能恒温。

④ 灼烧完毕，先关上电源，不要立即打开炉门，以免炉膛骤冷碎裂，一般温度降至200℃以下时方可打开炉门，用坩埚钳取出样品。

⑤ 炉膛内应保持清洁，高温炉周围不要放置易燃物品，也不可放置精密仪器。

5. 加热浴

为防止直接加热造成的局部过热及温度无法控制，化学实验中常用各种加热浴进行间接加热，一般加热浴有水浴、砂浴。

（1）水浴　水浴是借助被加热的水或水蒸气进行间接加热的方法，凡需要均匀受热而又不超过100℃的加热都可以利用水浴进行。水浴加热的专用仪器是水浴锅。水浴锅常用铜或铝制成，锅盖是由一组由大到小的同心圆水浴环组成。可根据受热器底部受热面积的大小选择适当口径的水浴环。使用时，水浴锅的盛水量不得超过其容积的2/3。在加热过程中，由于水分不断蒸发，可酌情向锅内添加热水，切勿将水蒸干。

加热温度在90℃以下时，可把受热器浸入水浴锅的热水中，但不得与锅底接触，以免受热器受热不均匀而炸裂；加热温度为100℃时，可把受热器放在水浴环上或者悬挂于沸水中，但一定不能与锅底接触，这样可利用沸水的蒸气或沸水进行加热。如果实验室没有水浴锅，也可用烧杯代替。

（2）砂浴　砂浴是借助被加热的细砂进行间接加热的方法。砂浴盘是一个铺有一层均匀细砂的铁盘，盘内细砂使用前需洗净煅烧除去有机杂质，凡加热温度在100～140℃均可使用砂浴。

使用时，把要加热的容器埋入砂中，对盘中的砂加热，砂中插入温度计以便控制温度，温度计的水银球应该紧靠被加热的容器壁。因为砂的传热能力较差，容易造成温度分布不均匀，故容器底部的砂要适当薄些，以使容器容易受热，而容器周围的砂要厚些，以利于保温。

6. 电热板、电热套

电热板与电热套有控制开关和外接调压变压器调节加热温度。

电炉为封闭式的为电热板，电热板升温速度较慢，且受热面是平面的，不适合加热圆底容器。电热套是为加热圆底容器而设计的，使用时应该根据圆底容器的大小选择合适的型号，电热套相当于一个均匀加热的空气浴，为有效地保温，可在电热套口部和容器间围上玻璃布。

二、实验室常用的加热

1. 烧杯的加热

为了加速烧杯内物质的溶解或促进物质的蒸发，加热较多量的液体时常用烧杯。加热时，烧杯内液体的量应以容积的 1/3～2/3 为宜，加热前要把烧杯外壁擦干，然后把烧杯放在垫有石棉网的铁三脚架或铁架台的铁环上加热。

2. 烧瓶的加热

对较多的液体加热可用烧瓶，液体的量应以容积的 1/3～1/2 为宜；加热前外壁应该擦干，保持干燥。烧瓶须采用石棉网和铁架台固定。

3. 蒸发皿的加热

从少量液体中结晶出晶体、稀溶液的浓缩、对某些物质进行灼烧或烘干（如灼烧不纯的二氧化锰、烘干氯化钙等）时，常对蒸发皿进行加热。

蒸发皿可直接用火加热。蒸发皿通常放在泥三角或铁架台的铁环上加热，加热时液体的量应以少于容积的 2/3 为宜。加热时为使液体均匀受热，可用玻璃棒搅拌。若要得到晶体，当出现较多固体时，停止加热，用余热使极少量的液体烘干。加热要用氧化焰，如果用还原焰，底部会出现炭黑。

4. 坩埚的加热

在高温下加热固体或灼烧沉淀时，选用坩埚加热，加热时，把坩埚放在三脚架上的泥三角上直接加热。使用酒精喷灯加热时，为了达到更高温度，可把坩埚斜放在泥三角上，半盖盖子，使灯焰直接喷在坩埚盖上，再反射到坩埚里面的反应物上直接加热。

取放坩埚时应用坩埚钳。取高温坩埚要预热坩埚钳的尖端或待坩埚冷却后再夹取。瓷坩埚受热温度不应该超过 1200℃；也不能用来熔化烧碱、纯碱及氟化物，以防瓷釉遭到破坏。坩埚耐高温，但不宜骤冷。

加热后的坩埚可放在石棉网上冷却，或冷却到近室温时放于干燥器中冷却。

还要注意的是，应根据加热物质的性质不同，选用不同材料的坩埚。实验室常用坩埚有铂坩埚、金坩埚、银坩埚、镍坩埚、聚四氟乙烯坩埚、瓷坩埚、刚玉坩埚、石英坩埚等。

5. 锥形瓶的加热

作为反应容器，需要加热时，垫上石棉网，可以在小火上直接微热。

6. 试管的加热

(1) 给试管里的固体加热　加热前需先将试管外壁擦干，以防止加热时试管炸裂。应该先进行预热。预热的方法是：在火焰上来回移动试管，对已固定的试管，可移动酒精灯。待试管均匀受热后，再把灯焰固定在放固体的部位加热。

给试管里的固体药品加热时，往往有水汽产生（反应过程中生成的水或药品中的湿存水），因此试管口必须微向下倾斜（图 2-11）。在整个加热过程中，不要使试管跟灯芯接触，以免试管炸裂。

(2) 给试管里的液体加热　也要进行预热，同时注意液体体积最好不要超过试管容积的 1/3。加热时，使试管倾斜一定角度（约 45°），在加热过程中要不时地移动试管（图 2-12）。为避免试管里的液体沸腾喷出伤人，加热时切不可让试管口朝着自己和有人的方向。

加热时，先使试管均匀受热，后加热液体的中上部再慢慢向下移，不时地移动试管，以免局部过热而暴沸。用酒精灯加热时要用外焰加热，试管底部不能与灯芯接触，热的试管不能立即用水冲洗或放在桌面上，防止骤冷炸裂。

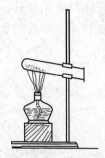

图 2-11 试管中的固体加热

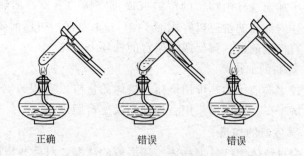

正确　　　　错误　　　　错误

图 2-12 用酒精灯给试管里的液体加热

如果试管已固定在铁架台上，则可用手持酒精灯在试管下移动，以保证试管受热均匀。

试管夹应夹在试管的中上部，手应该持试管夹的长柄部分，以免大拇指将短柄按下，造成试管脱落。特别注意在夹持时应该从试管底部往上套，撤除时也应该由试管底部撤出。

第三节　玻璃量器及使用方法

一、量筒和量杯

量筒和量杯是容量精度不太高的最普通的玻璃量器。量筒分为量出式和量入式（有磨口塞子）两种，见图 2-13。它有不同的规格，依所需的体积选择。使用前需洗净。量取液体时，左手持量筒，右手持试剂瓶，将液体小心倒入量筒内。读数时，量筒垂直，视线与量筒内液体的弯月面下缘最低处保持同一水平，见图 2-14。

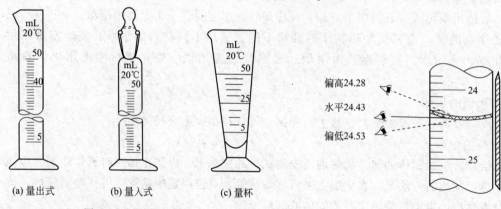

(a) 量出式　　　　(b) 量入式　　　　(c) 量杯

图 2-13　量筒和量杯

图 2-14　读数视线的位置

二、移液管和吸量管

移液管（无分度吸管）是用于准确量取一定体积溶液的量出式玻璃量器，如图 2-15 所示。管颈上部刻有一标线，此标线的位置是由放出纯水的体积所决定的。其容量定义为：在 20℃时按规定方式排空后所流出纯水的体积。单位为 mL。

吸量管的全称是分度吸量管，是带有分度线的量出式玻璃量器（图 2-15），用于移取非固定量的溶液。有以下几种规格。

① 完全流出式　有两种形式，零点刻度在上面，及零点刻度在下面。

② 不完全流出式　零点刻度在上面。

③ 规定等待时间式　零点刻度在上面。使用过程中液面降至流液口处后，要等待 15s，

再从受液容器中移走吸量管。

④ 吹出式　有零点在上和零点在下两种，均为完全流出式。使用过程中液面降至流液口并静止时，应随即将最后一滴残留的溶液一次吹出。目前，市场上还有一种标有"快"的吸量管，与吹出式吸量管相似。

移液管和吸量管的使用方法如下：

1. 润洗

使用前用铬酸洗液将其润洗，再用自来水洗去洗液，最后用少量蒸馏水冲洗三次，使其内壁及下端的外壁不挂水珠。移取溶液前，用待取溶液润洗 3 次。

2. 正确量取

移取溶液的正确操作姿势见图 2-16。右手将移液管插入烧杯内液面以下 1~2cm 深度，左手拿洗耳球，排空空气后紧按在移液管管口上，然后借助吸力使液面慢慢上升，管中液面上升至标线以上约 2cm 时，迅速用右手食指按住管口移出。左手拿滤纸擦干下端的外壁液体，再持烧杯并使其倾斜 30°角，将移液管流液口靠到烧杯的内壁，稍松食指并用拇指及中指捻转管身，使液面缓缓下降，直到调定零点，使溶液不再流出。将移液管插入准备接收溶液的容器中，仍使其流液口接触倾斜的器壁，松开食指，使溶液自由地沿壁流下，再等待 15s，拿出移液管。不得将管内尖端处残留的液滴吹出，因为在校正移液管的容量时，就没有考虑这一部分溶液。当使用标有"吹"字样的移液管时，则必须把管内尖端处残留的液滴吹入接收器内。

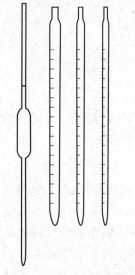

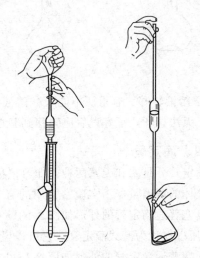

图 2-15　移液管和分度吸量管　　　　　图 2-16　移液管的正确操作

三、容量瓶

容量瓶的主要用途是配制准确浓度的溶液或定量地稀释溶液。是细颈梨形平底玻璃瓶，由无色或棕色玻璃制成，带有磨口玻璃塞或塑料塞，颈上有一标线。容量瓶均为量入式，其容量定义为：在 20℃ 时，充满至标线所容纳水的体积，以 mL 计。常和移液管配合使用。

容量瓶的使用：

① 首先选取所需容积的容量瓶。

② 检查瓶口是否漏水：在瓶中放水到标线附近，塞紧瓶塞，左手捏住瓶颈上端，食指

压住瓶塞，使其倒立 2min 左右，用干滤纸片沿瓶口缝处检查，看有无水珠渗出。如不漏，再把塞子旋转 180°，同样倒置，看有无水珠渗出。配套的瓶塞最好用橡皮圈系在瓶颈上，以防跌碎或搞混。

③ 洗涤：使用前用铬酸洗液将其润洗，再用自来水洗去洗液，最后用少量蒸馏水冲洗三次，使其内壁不挂水珠。

④ 配制溶液：将固体物质（基准试剂或被测样品）配成溶液时，先在烧杯中将固体物质全部溶解后，再转移至容量瓶中。转移时要使溶液沿玻棒缓缓流入瓶中，如图 2-17 所示。烧杯中的溶液倒尽后，烧杯不要马上离开玻棒，而应在烧杯扶正的同时使杯嘴沿玻棒上提 1~2cm，随后烧杯离开玻棒（这样可避免烧杯与玻棒之间的一滴溶液流到烧杯外面），然后用少量溶剂（水）冲洗 3~4 次，每次都冲洗杯壁及玻棒，按同样的方法转入瓶中。可将容量瓶沿水平方向摆动几周以使溶液初步混合。再加溶剂（水）至标线以下约 1cm 处，等待 1min 左右，最后用滴管（或洗瓶）沿壁缓缓加溶剂（水）至标线。盖紧瓶塞，左手捏住瓶颈上端，食指压住瓶塞，右手三指托住瓶底，将容量瓶颠倒 15 次以上，并且在倒置状态时水平摇动几周。

   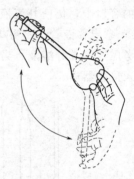

图 2-17　容量瓶的使用

⑤ 溶液转移：容量瓶不能久贮溶液，尤其是有腐蚀作用的溶液。如碱性溶液，会粘住瓶塞，无法打开。配好以后应转移到其他容器（试剂瓶）中存放。

四、滴定管

滴定管分具塞和无塞两种（即习惯称的酸式滴定管和碱式滴定管），是可放出不同定量滴定液体的玻璃量器。实验室常用的有 10.00mL、25.00mL、50.00mL 等容量规格的滴定管。具塞普通滴定管的外形如图 2-18(a) 所示，它不能盛放碱性溶液（避免腐蚀磨口和活塞），所以惯称为酸式滴定管。它可以盛放非碱性的各种溶液及氧化性液体。

无塞普通滴定管的外形如图 2-18(b) 所示，由于它可盛放碱性溶液，故通常称为碱式滴定管。管身与下端的细管之间用乳胶管连接，胶管内放一粒玻璃珠，用手指捏挤玻璃珠周围的橡皮时会形成一条狭缝，溶液即可流出，并可控制流速。玻璃珠的大小要适当，过小会漏液或使用时上下滑动，过大则在放液时手指吃力，操作不方便。碱式滴定管不宜盛放对乳胶管有腐蚀作用的氧化性溶液，如 $KMnO_4$、I_2、$AgNO_3$ 等溶液。

1. 滴定管的使用

（1）洗涤　滴定管使用前必须洗涤干净，要求滴定管洗涤到装满水后再放出时，管的内壁全部被一层薄水膜湿润而不挂有水珠。无明显油污的滴定管，可直接用自来水冲洗。若有油污，可用滴定管刷蘸肥皂液刷洗。若不行，则用铬酸洗液洗涤。洗时应事先关好活塞，每

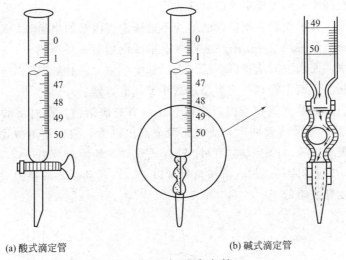

(a) 酸式滴定管　　　　　　　(b) 碱式滴定管

图 2-18　各种滴定管

次将 10～15mL 洗液倒入滴定管中，两手平端滴定管，并不断转动，直至洗液布满全管为止。然后打开活塞，将洗液放回原瓶中。若油污严重，可倒入温洗液浸泡一段时间。用洗液洗过的滴定管，先用自来水冲洗，再用少量蒸馏水润洗几次。碱式滴定管的洗涤方法同上，但要注意铬酸洗液不能直接接触橡皮管。为此可将碱式滴定管倒立于装有铬酸洗液的玻璃槽内浸泡；或用橡皮管接于水泵上，轻捏玻璃珠，将洗液徐徐抽至近橡皮管处，让洗液浸泡一段时间后，再把洗液放回原瓶中，然后用自来水冲洗，蒸馏水润洗几次。

（2）涂凡士林　酸式滴定管洗净后，玻璃活塞处要涂凡士林（起密封和润滑作用）。涂凡士林的方法（见图 2-19）是：将管内的水倒掉，平放在台上，取下玻璃活塞，用滤纸或纱布擦干活塞及活塞槽。用手指蘸少量凡士林抹在活塞粗的一端，沿圆周涂一薄层，尤其在孔的近旁，不能涂多。涂活塞另一端的凡士林最好是涂在活塞槽内壁上，涂完以后将活塞插入槽内，插时活塞孔应与滴定管平行。然后转动活塞，从外面观察活塞与活塞槽接触的地方是否呈透明状态，转动是否灵活。如不合要求则需要重新涂凡士林。为避免活塞被碰松动脱落，涂凡士林后的滴定管应在活塞末端套上小橡皮圈。

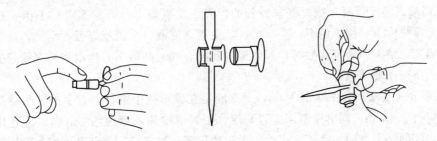

图 2-19　活塞涂凡士林的方法

（3）检漏　将酸式滴定管装满水，安置在滴定管架上直立静置 2min，观察有无水滴漏下。然后，将活塞旋转 180℃，再静置 2min，观察有无水滴漏下。如均不漏水，滴定管即可使用。

若碱式滴定管漏水，可将橡皮管中的玻璃珠稍加转动，或略微向上推或向下移动一下，若进行处理后仍然漏水，则需要更换玻璃珠或橡皮管。

（4）装入溶液　为了使装入滴定管的溶液不被滴定管内壁的水稀释，要先用所装溶液润洗滴定管。注入所装溶液约 5～6mL，然后两手平端滴定管，慢慢转动，使溶液流遍全管。打开滴定管的活塞，使润洗液从管口下端流出。如此润洗 2～3 次后，即可装入溶液。装液时要直接从试剂瓶注入滴定管，不要再经过漏斗等其他容器。

（5）排气　当溶液装入滴定管时，出口管还没有充满溶液。此时将酸式滴定管倾斜约 30°。左手迅速打开活塞使溶液冲出，就能充满全部出口管。假如使用碱式滴定管，则把橡皮管向上弯曲，玻璃尖嘴斜向上方，用两指挤压玻璃珠，使溶液从出口管喷出，气泡随之逸出（见图 2-20）。气泡排除后，加入溶液至刻度以上，再转动活塞或挤捏玻璃珠，把液面调节在"0.00"刻度处或略低于"0.00"刻度处。

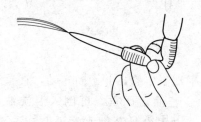

图 2-20　滴定管排气泡法

（6）读数　在读数时，要把滴定管从架上取下，用右手大拇指和食指夹持在滴定管液面上方，使滴定管与地面呈垂直状态。

读数不准确是滴定误差的主要来源之一。由于溶液的表面张力，滴定管内的液面形成下凹的弯月面，弯月面下常有一虚影，此虚影与读数无关。读数时，视线应在弯月面下缘最低处的同一水平位置上。注意初读数与终读数应采用同一标准。必须读到小数点后第二位，即要求估计到 0.01mL。初读取前，应将管尖悬挂着的液滴除去；终了读取前，应将管尖悬挂着的液滴靠入锥形瓶中。为了使弯月面下边缘更清晰，调零和读数时可在液面后衬一白纸板。深色溶液的弯月面不清晰时，应观察液面的上边缘。

2. 滴定操作

① 滴定管要垂直，操作者要坐正或站正。

② 使用碱式滴定管时，把握好捏胶管的位置。位置偏上，调定零点后手指一松开，液面就会降至零线以下；位置偏下，手一松开，尖嘴（流液口）内就会吸入空气，这两种情况都直接影响滴定结果。滴定读数时，若发现尖嘴内有气泡必须小心排出（轻轻抬起尖嘴玻璃管，并用手指挤压玻璃球）。

③ 握塞方式及操作如图 2-21 所示，通常滴定在锥形瓶中进行，右手前三指持瓶颈，使瓶底离滴定台 2～3cm。同时调节滴定管高度，使其下端伸入瓶内约 1cm。右手运用腕力摇动锥形瓶，朝同一个方向，边滴边摇动。无论使用哪种滴定管，都要掌握好加液速度。开始时可稍快，连续滴加，但不能流成"水线"；接近终点时，应逐滴滴加，加一滴，摇几下；最后，半滴滴加，每加半滴（即使液滴悬而未落，用锥形瓶内壁将其沾落），摇几下，直到出现颜色变化。终点前，用蒸馏水冲洗瓶壁，再继续滴至终点。

④ 实验完毕后，滴定溶液不宜长时间放在滴定管中，应将管中的溶液倒掉，用水洗净后再装满纯水挂在滴定台上。

图 2-21　滴定操作

聚四氟乙烯活塞滴定管既可以避免酸式滴定管因活塞涂油不匀带来的下口堵塞或漏液等问题；又可以避免碱式滴定管安装的麻烦，所以聚四氟乙烯活塞滴定管将逐渐取代酸式和碱式滴定管。

第四节　天平与称量

天平是化学实验最重要、最常用的仪器之一。实验中根据不同的称量要求，常用的有托盘天平、电光天平和电子天平。本节主要介绍托盘天平和电子天平的结构及使用方法。

一、托盘天平（台秤）

台秤（图 2-22）用于精度不高的称量，一般能称准至 0.1g 或 0.01g。它主要由台秤座和横梁两部分组成。横梁以一个支点架在台秤座上，左右各有一个盘子，中部有指针与刻度盘相对，依指针在刻度盘前的摆动情况，看台秤的平衡状态。

在称量前，首先调整台秤的零点。将游码拨到游码尺的"0"位处，检查指针是否停在刻度盘上中间的位置。否则，须调节托盘下面的螺丝，使指针正好停在中间的位置上，此位置称为零点。

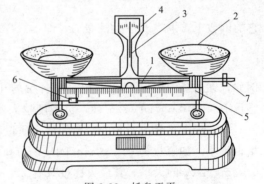

图 2-22　托盘天平

1—横梁；2—托盘；3—指针；4—刻度盘；
5—游码标尺；6—游码；7—平衡调节螺丝

称量时，左盘放称量物，右盘放砝码。砝码放在砝码盒内，10g 以下的砝码可由移动游码尺上的游码来添加。当两边平衡时，指针停在中间位置，称为停点。停点和零点之间允许偏差 1 格。此时砝码和游码所示质量之和即为称量物的质量。

称量时注意事项：

① 不能称量热的物体。

② 称量物不能直接放在托盘上。依不同情况放在称量纸上、表面皿上或其他容器内。

③ 称量完毕，砝码要放回原处，台秤恢复原状。

④ 保持台秤整洁。

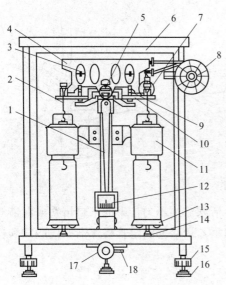

图 2-23　TG328B 型光电天平

1—指针；2—吊耳；3—平衡螺母；

4—横梁；5—支点刀；6—框罩；

7—圈码；8—指数盘；9—支柱；

10—梁托架；11—阻尼筒；12—投影屏；

13—秤盘；14—盘托；15—螺旋脚；

16—脚垫；17—开关旋钮；18—零点微调杆

二、分析天平

分析天平是一种十分精确的称量仪器，根据天平的构造，可分为机械天平和电子天平。根据天平的使用目的，可分为通用天平和专用天平。根据天平的分度值大小，可分为常量天平（0.1mg）、半微量天平（0.01mg）、微量天平（0.001mg）等。

1. 结构与调整

分析天平的结构与物理天平基本相同，其结构如图 2-23 所示。玻璃罩的作用是防尘和防止气流对测量的影响。分析天平使用前必须作适当的调整。首先通过调节底脚螺丝，使中央支柱铅直；其次将开关旋钮逆时针旋转，呈半开状态，使左右两个托盘升起而指针在刻度尺上左右摆动。为使摆动中心大致在标尺的中央，可调节天平梁两端的平衡螺母。调节天平平衡或确定天平指针的静止停点时，必须关闭天平，待指针接近标尺的中央时再把开关旋钮完全打开，这是使用天平的重要方法之一。

2. 分析天平的主要性能指标

（1）灵敏度和感量　设天平平衡时，如在右盘上加上 1mg 砝码，指针将偏转一定的格数 Δn，则天平的灵敏度 S 定义为

$$S = \Delta n \ (\text{DIV/mg})$$

它的倒数 $1/S$ 称为天平的感量 L，即

$$L = \frac{1}{S} = \frac{1}{\Delta n} \ (\text{mg/DIV})$$

例如，在右盘中增加 1mg 砝码，指针偏转 10.0 个格（DIV），则灵敏度 $S = 10.0\text{DIV/mg}$，感量 $L = 0.10\text{mg/DIV}$。显然，灵敏度越大或感量越小，天平越精密。

（2）最大称量　天平能称衡的最大质量称为最大称量。通常，天平的感量越小其最大称量也越小。如感量为 $0.1\sim1\text{mg/DIV}$ 的分析天平最大称量一般为 $100\sim200\text{g}$，感量为 $0.01\sim0.03\text{mg/DIV}$ 的天平，其最大称量只有 $2\sim30\text{g}$。各种天平的最大称量总是与它所附砝码的总质量一致。分析天平不能称衡超过最大称量的质量，否则天平是要受损伤的。

3. 操作步骤

（1）水平调整　调节底盘平台下面左右两侧的支脚，使平台水平。

（2）零点调节　在秤盘空载时要求光学屏幕上标尺的读数为零。较大的调整，可在天平关闭的情况下轻微转动横梁两端的平衡螺母；较小的调整，可转动设在底盘下面的零点微调杆。

读数方法：测量值 = 砝码读数 + 指数盘 + 投影盘读数。

4. 注意事项

① 启动和关闭天平时，应缓慢地转动开关旋钮，最好在光学屏幕的指示接近零点时关闭天平，以免刀口受震动。

② 比较待测物体和砝码的质量时，只要稍微启动天平便能判断哪边轻哪边重，不必把旋钮旋到底。

③ 尽量少开启天平的前门，取放砝码及样品时，可以通过左右门进行。开门、关门时务必轻、缓。

④ 取放圈码时要轻、缓，不能过快转动指示盘旋钮，以免圈码跳落错位。

⑤ 要随时保持天平内部清洁，不能把湿或脏的物品放在秤盘上。对吸湿及腐蚀性物体必须放在密封的容器内称量。在称比重瓶时，必须擦净比重瓶上的水珠。称取一定量的固体试剂时，可根据其性质选不同的器皿盛放。把固体放在称量纸、表面皿上或称量瓶里，依要求选用不同精度的称量天平（托盘天平、分析天平、电子天平）称量。颗粒较大的固体应在研钵中研碎后再称量，研钵中所盛固体的量不得超过容积的三分之一。

三、电子天平

电子天平是新一代的天平，它是利用电子装置完成电磁力补偿的调节，使物体在重力场中实现力的平衡；或通过电磁力矩的调节，使物体在重力场中实现力矩的平衡。电子天平最基本的功能是自动调零、自动校准、自动扣除空白和自动显示称量结果。

按照称量的精度，实验室中通常使用 0.1g 精度的电子台秤和 0.1mg 精度的电子天平。

1. 电子台秤（0.1g 精度）

电子台秤（图 2-24）的称量操作分为预热、校准、称量和关机四步。首先用毛刷清扫秤盘，然后接通电源，按下 Zero On，预热 5min。台秤位置移动或长期不用，使用前要进行校准：按住 Zero On 键，至显示屏显示"Cal"松开，出现"—C—"。随后显示所需砝码质量"C300.0g"，即校准模式。将校准砝码放到塑料托盘上，注意轻拿轻放，以免损坏台秤。按下 Zero On 键，显示"300.0g"。拿掉砝码，显示屏上应该出现"0.0g"。校准完毕。如果不出现"0.0g"，则需要清零，并再次校准。校准过的台秤方可用来称量。

称量操作有以下注意事项。

① 台秤不能称量热的东西。

② 使用前，将塑料托盘或金属托盘刷干净。

③ 看清台秤的称量模式。如果屏幕显示不是"0.0g"，出现"0.000oz"、"0.000ozt"、"0.0dwt"几个模式，则不在称量状态，需要调至"0.0g"模式。要按 Mode Off 键，调至显示"0.0g"。

④ 使用完毕，应该关闭仪器。按住 Mode Off，直至"OFF"出现，松开，台秤关闭（"OFF"消失）。

2. 电子天平（0.1mg 精度）

电子天平（0.1mg 精度）（图 2-25）是实验室经常用来准确称量的仪器，一般应放在专门实验室稳定的台面上。其结构设计一直在不断改进和提高，向着功能多、平衡快、体积小、质量轻和操作简便的趋势发展。但就其基本结构和称量原理而言，各种型号的都相差不多。以梅特勒-托利多 AB204-S 型电子天平为例说明校准。

（1）水平调节 使用前观察水平仪是否水平（水泡应位于水平仪中心），若不水平，调整水平调节脚。

（2）校准 因长时间不使用、位置移动或环境变化，天平在使用前或使用一段时间后都应进行校准。

图 2-24 电子台秤

图 2-25 电子天平

AB204-S 型电子天平（最大称量值 220g，精度 0.1mg）是内校砝码，因为气候或其他条件的变化，天平会自动校准。自动校准时天平发出嗤嗤的响声，显示器显示 "‾‾‾‾‾‾ CAL" 开始校正，等到显示器出现 "CAL DONE" 状态，最后显示 "0.0000g" 表示自动校正完成。

四、称量方法

称量时要根据不同的称量物和称量要求，选用不同的称量方法。通常分为加重法（直接称量法）、指定质量称量法和减重法（又称差减法）。

（1）直接称量法　对某些在空气中无吸湿性的物质，如洁净干燥的器皿、无腐蚀性的金属（或合金）等，可用直接称量法。如称取镁条：开启天平，待其稳定后，先用镊子夹取一片称量纸称其质量，清零，再取一片镁条称其质量，待数显稳定后，读数即为镁条质量。

（2）指定质量称量法又称固定称量法　如用基准物质配制指定浓度的标准溶液或在进行分析工作中为简化计算，往往需要称出某一指定量的试剂或试样。可以在称量去皮重的容器内直接投放待称试样，直至达到所需质量为止。

（3）差减法　又称减重法，是常用的称量方式之一，应该熟练掌握，做到既快速又准确地称出所需样品量。如准确称取 0.4～0.6g 邻苯二甲酸氢钾的操作。

① 将内装约 2g 邻苯二甲酸氢钾的洁净干燥的称量瓶放在秤盘的中央，关好边门，待数显稳定后，读数并记录其质量 m_1(g)。

② 从称量瓶中小心倾出 0.4～0.6g 邻苯二甲酸氢钾于一洁净干燥的小烧杯中（图 2-26），然后再称出称量瓶与剩余的邻苯二甲酸氢钾的质量 m_2，计算倾出的邻苯二甲酸氢钾的质量 m。

$$m = m_1 - m_2$$

(a) 称量瓶拿法

(b) 从瓶中倾出样品

图 2-26 称量瓶的使用

如果小于 0.4g，可再倾一次，再称量，直至倾出的邻苯二甲酸氢钾质量在 0.4～0.6g 范围内为止。

③ 除皮调零。若使用调零键更为方便：即在开始称出总质量 m_1 后，按清零键归零，数显为 0.0000g 后，取出称量瓶，倾出适量的样品后，再次称量，此时的数显为负数，而该数的绝对值即为倾入锥形瓶的样品质量 m。

称量结束后关好边门，关闭天平，罩上天平罩。在使用记录本上登记使用情况。

五、酸度计（pH 计）

pH 计，又称为酸度计，是测定溶液 pH 值最常用的仪器之一。pH 计因生产厂家不同而型号和结构各异，但测量原理和使用方法基本相同。

下面以 pHS-2C 型数显酸度计为例来介绍 pH 计的用法。

pHS-2C 型酸度计是一种数显式 pH 计，它采用蓝色背光、双排数字液晶显示，可同时显示 pH 值、温度值或电位（mV）值。该仪器适用于测定水溶液的 pH 值和电位（mV）值，配上 ORP 电极可测量溶液 ORP（氧化-还原电位）值，配上离子选择性电极可测量该电极的电极电位值。仪器外观见图 2-27。

pHS-2C 型数显酸度计新配备的复合电极是一种只对氢离子浓度敏感的离子选择电极，它对被测溶液中的不同氢离子浓度可以产生不同的直流电位，通过阻抗变换和放大，再由 AD 转换器将直流被测电位转换成数字直接显示出 pH 值。

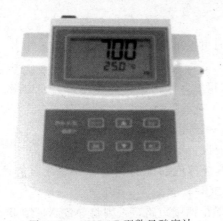

图 2-27　pHS-2C 型数显酸度计

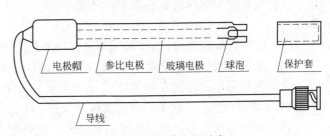

图 2-28　复合电极示意

仪器工作条件如下。

（1）环境温度：10～35℃；

（2）相对湿度：≤80%；

（3）被测溶液温度：5～60℃；

（4）仪器工作时附近无显著磁场及振动。

pHS-2C 型数显酸度计的使用方法如下。

溶液 pH 值的测量：

（1）接通电源，打开仪器开关，选择开关置"pH"挡，将"斜率"旋钮向顺时针方向旋足。

（2）取下电极座短路针，将电极入座。

（3）测量混合磷酸盐缓冲溶液的温度，将温度补偿旋钮调在该温度位置上。

（4）复合电极（图 2-28）用蒸馏水冲洗干净，用滤纸吸干水珠，插入混合磷酸盐标准缓冲溶液中，一分钟后调动"定位"旋钮，使仪器显示该缓冲溶液在当前温度时的 pH 标准值。

（5）取出复合电极用蒸馏水冲洗干净，用滤纸将电极外部的水珠吸干，插入邻苯二甲酸氢钾标准缓冲液。当仪器显示的 pH 值与表中标准值不一致时，可将"斜率"钮向逆时针旋转，使仪器显示值同表中标准值一致，如"4.00"为止。

（6）反复（4）～（5）步骤，直至重现性可靠为止。

（7）被测溶液测量时，要注意溶液温度与上述两个标准缓冲液的温度相同（被测溶液一定要与标准溶液温度一致，防止因溶液温度不同产生测量误差）。

（8）电极洗净吸干后，插入酸性被测溶液，仪器的显示值即为被测液 pH 值。

（9）如测偏碱性溶液，则用硼砂标准缓冲溶液定位，调斜率，操作参照（3）～（6）步骤。

电极电位值的测量：

（1）将选择开关拨至"mV"挡。

（2）接上离子选择性电极，用蒸馏水冲洗干净，用滤纸吸干水珠后插入被测溶液内，即显示出相应的电极电位（mV 值），并自动显示正负极性。

复合电极的特点及使用注意事项如下。

（1）电极的易碎部分有塑料栅保护，不易破碎。

（2）电极为全屏蔽式，防止测量时外电场的干扰。

（3）电极塑料保护栅与电极杆外壳用螺丝连接，随时可取下保护栅，清除连接螺丝中各种混合液残留的"死角"。

（4）塑料保护栅内的敏感玻璃泡不能与脏手、硬物接触，任何破损和擦毛都会使电极失效。

（5）电极反应速度快，pH 敏感部分到达平衡值的 95% 所需时间小于一分钟。

（6）电极在测量前必须用已知 pH 值的标准缓冲溶液进行定位校准。

（7）测量完毕，浸泡在饱和 KCl 溶液内，以保持电极球泡的湿润和吸补外参比溶液，饱和 KCl 溶液内加三滴邻苯二钾酸氢钾，保证 pH 为 4.00～4.50。

（8）电极的引出端必须保持清洁和干燥，绝对防止输出两端短路，否则将导致测量结果失准或失效。

（9）电极避免长期浸在蒸馏水中或蛋白质溶液和酸性氟化物溶液中，并防止和有机硅油脂接触。

六、分光光度计

分光光度计的基本工作原理是基于物质对光（波长）的吸收具有选择性。不同的物质都有各自的吸收光谱，所以，当经色散后的光通过某一溶液时，其中某些波长的光就会被溶液吸收。光波通过后，溶液中物质的浓度与光能量减弱的程度有一定的比例关系，即符合比尔定律。

$$T = \frac{I}{I_0} \qquad A = \lg \frac{I_0}{I} = \varepsilon b c$$

式中，T 为透光率；I_0 为入射光强度；I 为透射光强度；A 为吸光度（消光值）；ε 为吸收系数；b 为溶液的光径长度；c 为溶液的浓度。

从以上公式可以看出，当入射光、吸收系数和溶液厚度一定时，吸光度与溶液浓度成正比关系。

1. 721 型分光光度计

721 型分光光度计是国产光学仪器，是理化实验室常用的基础分析仪器之一，允许的测定波长范围在 $360\sim800nm$，其构造比较简单，测定的灵敏度和精密度较高。因此应用比较广泛。721 型分光光度计的仪器构造见图 2-29。

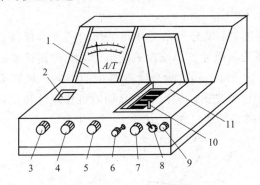

图 2-29　721 型分光光度计示意

1—微安计；2—波长刻度盘；3—波长调节器；4—零点调节器；5—100%调节器；
6—比色皿定位拉杆；7—灵敏度调节器；8—电源开关；9—指示灯；
10—光门杠杆；11—比色皿暗箱

721 型分光光度计的使用方法如下。

(1) 打开电源开关，预热仪器 20min。

(2) 选定所需波长，灵敏度挡调至 1 挡。

(3) 打开样品室暗盒盖，调零（用"0 透光率"调节旋钮将仪器表头指针调节到透光率为"0"处，常称此操作为调节机械零点）。

(4) 盖上样品室盖，将参比液装入比色皿，放入比色架中，盖上暗盒盖，此时光路开启，让参比溶液置于光路中，用"100%透光率"调节旋钮使电表指针指在透光率"100%"位置（即 $A=0.00$）。

(5) 将待测液推入光路，读取吸光值，记录。读数后将暗盒盖打开，使光路中断，防止检测器因光照过久而疲劳。

(6) 每当改变波长测量时，必须重新校正透光率 100%。

(7) 仪器使用完毕，取出比色皿，洗净、晾干，关闭电源开关，拔下电源插头，复原仪器。

比色皿的使用注意事项如下。

(1) 每台仪器所配置的比色皿，不能与其他仪器上的比色皿调换。

(2) 拿取比色皿时，手指不能接触其透光面。

(3) 测量前先用该溶液润洗比色皿内壁 $2\sim3$ 次。

(4) 被测溶液以装至比色皿的 3/4 高度为宜。溶液不要装满，防止洒在仪器暗盒内。实验中勿将盛有溶液的比色皿放在仪器面板上，以免沾污和腐蚀仪器。

(5) 装好溶液后，先用滤纸轻轻吸去比色皿外部的液体，再用擦镜纸小心擦拭透光面，直到洁净透明。

(6) 一般参比溶液的比色皿放在第一格，待测溶液放在后面三格。测定系列溶液时，通常按由稀到浓的顺序测定。

（7）比色皿应保持清洁，如有污物，可用稀洗洁精液浸泡或稀盐酸清洗后，再用1∶1的酒精与乙醚清洗晾干。严禁用手指触摸透光面，因指纹油渍不易洗净。严禁用硬纸和抹布擦拭透光面，只能使用滤纸吸干水珠，再用镜头纸轻轻擦拭。

（8）实验完毕，及时把比色皿洗净、晾干，放回比色皿盒中。

2. 722型分光光度计

722型分光光度计是与721型分光光度计同系列国产光学仪器，不同的是，722型是以碘钨灯为光源、衍射光栅为色散元件、端窗式光电管为光电转换器的单光束、数显式可见光分光光度计。波长范围330～800nm，吸光度范围0～1.999，试样架有4个吸收池，具有浓度直读功能。在近紫外和可见光谱区域内对样品物质可作定性和定量分析。

722型分光光度计的仪器构造见图2-30。

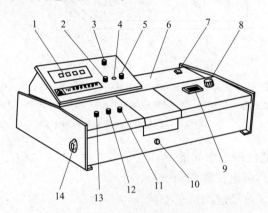

图 2-30　722 型分光光度计的仪器构造

1—数字显示器；2—吸光度调零旋钮；3—选择开关；4—吸光度调斜率电位器；

5—浓度旋钮；6—光源室；7—电源开关；8—波长手轮；

9—波长刻度窗；10—试样架拉手；11—100%T旋钮；12—0%T旋钮；

13—灵敏度调节旋钮；14—干燥器

722型分光光度计的使用方法如下。

（1）连接仪器电源线，确保仪器供电电源有良好的接地性能。

（2）接通电源，使仪器预热20min。

（3）用波长选择旋钮设置所需的分析测量波长。

（4）用"MODE"键设置测量方式：如"吸光度A"。

（5）将参比溶液和样品溶液分别倒入比色皿中，打开样品室盖，将比色皿分别插入比色皿槽中，盖上样品室盖。一般情况下，参比溶液放在第一个槽位中。

（6）将参比溶液推入光路中，按"0A/100%T"键调0A/100%T值，此时显示器显示"BLA"，直至显示"0.000A"为止。

（7）当仪器显示器显示出"0.000A"后，将被测样品推入光路，这时便可从显示器上得到被测样品的吸光度值。准确记录吸光度值，注意有效数字位数。

（8）仪器使用完毕，取出比色皿，洗净、晾干。登记使用记录本，关闭电源开关，拔下电源插头，盖好仪器罩。

722型分光光度计的使用保养与注意事项如下。

（1）在电压波动较大的地方，可用200V电子稳压器预先稳压。

（2）当仪器工作不正常时，数字标示无亮光，光源不亮，开关指示灯无信号，应检查仪器后盖保险丝是否损坏，然后查电源是否接通，再查电路。

（3）如果大幅度改变测试波长时，在调整"0.00"和"100％"后稍等片刻（因光能量变化急剧，光电管受光后响应缓慢，需一段光响应平衡时间），当稳定后，重新调整"0.00"和"100％"即可工作。

（4）每次测定均需重新调0％T、100％T。

（5）硅胶干燥剂要经常更换。

七、电导率仪

电导是电阻的倒数，因此电导值的测量，实际上是通过电阻值的测量再换算的，也就是说电导的测量方法应该与电阻的测量方法相同。但在溶液电导的测定过程中，当电流通过电极时，由于离子在电极上会发生放电，产生极化而引起误差，故测量电导时要使用频率足够高的交流电，以防止电解产物的产生。另外，所用的电极镀铂黑是为了减少超电位，提高测量结果的准确性。

测量溶液电导率的仪器，目前广泛使用的是DDS-11A型电导率仪（图2-31）。

DDS-11A型电导率仪是基于"电阻分压"原理的不平衡测量方法，它测量范围广，可以测定一般液体和高纯水的电导率，操作简便，可以直接从表上读取数据，并有0～10mV信号输出，可接自动平衡记录仪进行连续记录。

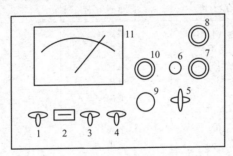

图2-31　DDS-11A型电导率仪面板图

1—电源开关；2—指示灯；3—高周、低周开关；4—校正、测量开关；5—量程选择开关；
6—电容补偿调节器；7—电极插口；8—10mV输出插口；9—校正调节器；10—电极常数调节器；11—表头

使用方法如下。

（1）打开电源开关前，应观察表针是否指零，若不指零时，可调节表头的螺丝，使表针指零。

（2）将"校正、测量开关"拨在"校正"位置。

（3）打开电源开关，此时指示灯亮。预热数分钟，待指针稳定后。调节校正调节器，使表针指向满刻度。

（4）根据待测液电导率的大致范围选用低周或高周，并将"高周、低周开关"拨向所选位置。

（5）将量程选择开关拨到测量所需范围。如预先不知道被测溶液电导率的大小，则由最大挡逐挡下降至合适范围，以防表针打弯。

（6）根据电极选用原则，选好电极并插入电极插口。各类电极要注意调节好配套电极常数，如配套电极常数为 0.95（电极上已标明），则将电极常数调节器调节到相应的位置 0.95 处。

（7）倾去电导池中电导水，将电导池和电极用少量待测液洗涤 2～3 次，再将电极浸入待测液中并恒温。

（8）将"校正、测量开关"拨向"测量"，这时表头上的指示读数乘以量程开关的倍率，即为待测液的实际电导率。如果选用 DJS-10 型铂黑电极时，应将测得的数据乘以 10，即为待测液的电导率。

（9）当量程开关指向黑点时，读表头上刻度（0～1.0μS•cm^{-1}）的数；当量程开关指向红点时，读表头下刻度（0～3.0μS•cm^{-1}）的数。

（10）当用 0～0.1μS•cm^{-1} 或 0～0.3μS•cm^{-1} 这两挡测量高纯水时，在电极未浸入溶液前，调节电容补偿调节器，使表头指示为最小值（此最小值是电极铂片间的漏阻，由于此漏阻的存在，使调节电容补偿调节器时表头指针不能达到零点），然后开始测量。

（11）如要想了解在测量过程中电导率的变化情况，将 10mV 输出接到自动平衡记录仪即可。

电极选择原则列在表 2-1 中。

表 2-1　电极选择

量程	电导率/μS•cm^{-1}	测量频率	配套电极
1	0～0.1	低周	DJS-1 型光亮电极
2	0～0.3	低周	DJS-1 型光亮电极
3	0～1	低周	DJS-1 型光亮电极
4	0～3	低周	DJS-1 型光亮电极
5	0～10	低周	DJS-1 型光亮电极
6	0～30	低周	DJS-1 型铂黑电极
7	0～10^2	低周	DJS-1 型铂黑电极
8	0～3×10^2	低周	DJS-1 型铂黑电极
9	0～10^3	高周	DJS-1 型铂黑电极
10	0～3×10^3	高周	DJS-1 型铂黑电极
11	0～10^4	高周	DJS-1 型铂黑电极
12	0～10^5	高周	DJS-10 型铂黑电极

光亮电极用于测量较小的电导率（0～10μS•cm^{-1}），而铂黑电极用于测量较大的电导率（10～10^5 μS•cm^{-1}）。实验中通常用铂黑电极，因为它的表面比较大，这样降低了电流密度，减少或消除了极化。但在测量低电导率溶液时，铂黑对电解质有强烈的吸附作用，出现不稳定现象，这时宜用光亮铂电极。

注意事项如下。

（1）电极的引线不能潮湿，否则测不准。

（2）高纯水应迅速测量，否则空气中 CO$_2$ 溶入水中变为 CO$_3^{2-}$，使电导率迅速增加。

（3）测定一系列浓度待测液的电导率，应注意按浓度由小到大的顺序测定。

（4）盛待测液的容器必须清洁，没有离子沾污。

（5）电极要轻拿轻放，切勿触碰铂黑。

第五节 化学试剂的取用

一、化学试剂的规格

化学试剂的种类很多，其分类和分类标准也不尽一致。我国化学试剂的标准有国家标准（GB）、原化工部标准（HG）及企业标准（QB）。试剂按用途可分一般试剂、标准试剂、特殊试剂、高纯试剂等多种；按组成、性质、结构又可分无机试剂、有机试剂。且新的试剂还在不断产生，没有绝对的分类标准。我国国家标准是根据试剂的纯度和杂质含量，将常用试剂分为四个等级，并规定了试剂包装的标签颜色及应用范围（表 2-2）。

表 2-2 试剂的等级

等级	名称	符号	适用范围	标签颜色
一级品	优级品（保证试剂）	GR	精密的分析及研究工作	绿色
二级品	分析纯（分析试剂）	AR	多数的分析及研究工作	红色
三级品	化学纯	CP	一般的分析及教学工作	蓝色
四级品	实验试剂	LR	工业及化学制备	黄色或棕色

不同级别的试剂，其价格相差很大。因此，在满足实验要求的前提下，为降低实验成本，应尽量选用较低级别的试剂。

二、试剂的存放

存放试剂，常根据其性质及取用方便的原则来确定。

固体试剂一般都用广口瓶贮放。液体试剂则盛在细口的试剂瓶中。一些用量少而使用频繁的试剂，如指示剂、定性分析试剂等常用滴瓶来盛放。见光易分解的试剂（如 $AgNO_3$ 等）应装在棕色瓶中。

试剂瓶的瓶盖一般都是磨口的，密封性好，可使长时间保存的试剂不变质。但盛强碱性试剂（如 NaOH、KOH）的瓶塞应换用橡皮塞，以防粘连而打不开。

每个试剂瓶上都应贴上标签，并标明试剂的名称、纯度、浓度和配制日期，绝不能在试剂瓶中装入与标签不符合的试剂，以免造成差错。标签外面应涂蜡或用透明胶带保护。

对于易燃、易爆、强氧化性、强腐蚀性及剧毒品的存放，应分类单独存放，并有专人保管。

三、试剂的取用

1. 固体试剂取用

① 取用固体试剂一般用牛角匙。牛角匙两端为大小两个匙，取大量固体时用大匙，取小量固体时用小匙。牛角匙必须干净且应专匙专用。

② 试剂取用后，要立即把瓶塞盖严（注意瓶塞不允许任意放置，且不要盖错），并将试剂瓶放回原处。

③ 多取出的药品，不要再倒回原瓶。可将其放入指定的容器以供其他人使用。

④ 往试管中加固体试剂的方法如图 2-32 所示。

(a) 用药匙往试管里放固体试剂   (b) 用纸往试管里放固体试剂   (c) 用镊子将块状固体沿管壁滑落

图 2-32   往试管中加固体试剂

2. 液体试剂取用

① 从细口试剂瓶中取用试剂采用倾注法。先将瓶塞取下，反放在操作台面上。左手拿接收器（量筒、试管等），右手握住试剂瓶上贴标签的一面，逐渐倾斜瓶子，让试剂沿洁净的瓶口流入量筒或沿洁净的玻璃棒注入烧杯中。倒出所需量后，将试剂瓶口在容器上靠一下，再逐渐竖直瓶子，以免瓶口上的液滴流到瓶的外壁（图 2-33）。

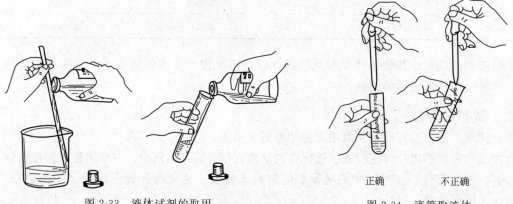

图 2-33   液体试剂的取用

图 2-34   滴管取液体

正确   不正确

② 从滴瓶中取用试剂，右手先提起滴管，使管口离开液面，用手指紧捏滴管上部的橡皮胶头，赶走里面的空气，再把滴管伸入瓶中，松开手指，吸取试剂。将试剂滴加到试管或其他盛器内（图 2-34）。滴管不能插入试管、盛器，只能在管器口上方滴加。滴管只能专用，用完后放回原处。装有试剂的滴管不能横放或滴管口向上斜放，以防试剂流入橡皮胶头内。

③ 如需更准确地量取，则用移液管、滴定管。

④ 取易挥发性的试剂（浓盐酸、浓硝酸），应在通风橱中进行。

3. 特殊化学试剂的存放与取用

（1）汞的存放   汞易挥发，在人体内会积累起来，引起慢性中毒。因此，不要让汞直接暴露在空气中，汞要存放在厚壁器皿中，保存汞的容器内必须加水将汞覆盖，使其不能挥发。玻璃瓶装汞只能至半满。

（2）金属钠、钾   通常应保存在煤油中，放在阴凉处。使用时先在煤油中切割成小块，再用镊子夹取，并用滤纸把煤油吸干。切勿与皮肤接触，以免烧伤。未用完的金属碎屑不能乱丢，可加少量酒精，令其缓慢反应掉。

（3）白磷   白磷的着火点很低，通常保存在带磨口塞的盛水棕色瓶中，取用时，用镊子将白磷取出，立即放到水槽中水面以下，用长柄小刀切取。水温最好为 25～30℃，水温太低，白磷会遇冷变脆；水温太高，白磷易熔化。在温水中切下的白磷应该先在冷水中冷却，然后用滤纸吸干水分。

取用白磷时还必须注意：严防与皮肤接触；如果白磷碎块掉在地上，应立即处理，以防引起火灾。

（4）液溴　液态的溴通常储存在具磨口坡璃塞的试剂瓶中。取用少量液溴，要在通风橱或通风的地方进行，把接收器的口靠在储溴瓶的瓶口上，用长吸管吸取液溴，迅速将其转移入接收器。

第六节　常用试纸的制备及用法

一、试纸的种类

试纸包括石蕊试纸、酚酞试纸、pH 试纸、沉淀-碘化钾试纸、碘-淀粉试纸、醋酸铅试纸等。

（1）石蕊试纸和酚酞试纸　用来定性检验溶液的酸碱性，有红色和蓝色两种。

（2）pH 试纸　包括广泛 pH 试纸和精密 pH 试纸两类，用来检验溶液的 pH 值。广泛 pH 试纸的变色范围是 pH 1～14，它只能粗略地估计溶液的 pH 值。精密 pH 试纸可以较精确地估计溶液的 pH 值，根据其变色范围可分为多种。如变色范围为 pH 3.8～5.4、pH 8.2～10 等。根据待测溶液的酸碱性，可以选用某一变色范围的试纸。

（3）淀粉-碘化钾试纸、碘-淀粉试纸　用来检验氧化性、还原性气体，如 Cl_2、Br_2 等，当氧化性气体遇到润湿的淀粉-碘化钾试纸后，则将试纸上的 I^- 氧化成 I_2，I_2 立即与试纸上的淀粉作用变成蓝色；如气体的氧化性很强，而且浓度大时，还可以进一步将 I_2 氧化成 IO_3^- 使试纸的蓝色褪去。使用时须仔细观察试纸颜色的变化，否则会得出错误的结论。

（4）醋酸铅试纸　用来定性检验硫化氢气体。当含 S^{2-} 的溶液被酸化时，逸出的硫化氢气体遇到润湿的醋酸铅试纸后，即与试纸上的醋酸铅反应，生成褐色的硫化铅沉淀，使试纸呈褐色，并有金属光泽。当溶液中 S^{2-} 浓度较小时，则不易检出。

二、试纸的制备

（1）酚酞试纸（白色）　溶解 1g 酚酞在 100mL 乙醇中，振摇后，加入 100mL 蒸馏水，将滤纸浸渍后，放在无氨蒸气处晾干。

（2）淀粉-碘化钾试纸（白色）　把 3g 淀粉和 25mL 水搅匀，倾入 225mL 沸水中，加入 1g 碘化钾和 1g 无水碳酸钠，再用水稀释至 500mL，将滤纸浸泡后，取出放在无氧化性气体处晾干。

（3）醋酸铅试纸（白色）　将滤纸浸入 3% 的醋酸铅溶液中浸渍后，取出放在无硫化氢气体处晾干。

三、试纸的使用方法

（1）石蕊试纸、酚酞试纸、pH 试纸

① 先将试纸剪成大小合适的小纸条。

② 将小纸条放在干燥洁净的表面皿上。

③ 再用玻璃棒蘸取要检验的溶液，滴在试纸小纸条上。

④ 然后观察试纸的颜色。切不可将试纸条投入溶液中试验。

(2) 醋酸铅试纸、淀粉-碘化钾试纸、碘淀粉试纸等　用于检验挥发性试剂。

① 先将试纸剪成大小合适的小纸条。

② 将小纸条放在干燥洁净的表面皿上，用蒸馏水润湿。

③ 悬空放在挥发性试剂的上方，观察试纸颜色变化。

第七节　气体的发生、收集和洗涤

一、气体的产生

实验室常用分解固体或者液体与固体作用等方法来制备少量的气体。

1. 用分解固体的方法制备气体

如用氯酸钾分解制备氧气。如图 2-35 的装置。

2. 用液体与固体反应制备气体

装置如图 2-36(a) 的启普发生器，特别适合用来制备 H_2、CO_2、H_2S 等气体。启普发生器是由中间狭窄的球形玻璃容器和大的球形漏斗所组成，二者以磨口相配合。容器的上半球有一侧口，用橡皮管与导气管相连接（气体出口），下半球有一排液口（液体出口），球形漏斗上装有安全漏斗。固体试剂放在中间圆球内，关闭活塞，从球形漏斗中将酸加入。使用时打开活塞，酸液自动下降进入球内，与固体试剂接触而产生气体。停止使用时关闭活塞，产生的气体将酸压入到球形漏斗，使酸与固体样品不再接触而停止反应，下次再用时，只需打开活塞即可。

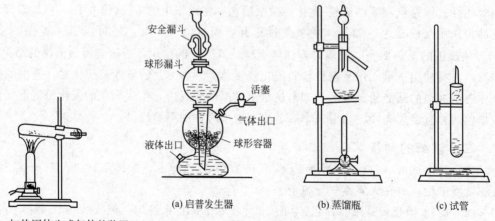

图 2-35　加热固体生成气体的装置

图 2-36　固液反应产生气体的装置

(a) 启普发生器　　(b) 蒸馏瓶　　(c) 试管

当固体样品颗粒很小或呈粉末状时，或者当反应须在加热情况下才能进行（如 Cl_2 的制备）时，不能使用启普发生器，可采用图 2-36(b) 的装置，固体装在蒸馏瓶内，液体装在（恒压）漏斗中，使用时打开滴液漏斗的活塞，使液体滴在固体上产生气体，液体不宜滴加过快过多，控制滴加速度，使气体不断缓慢地产生。

如是制备少量的气体，可以使用具有支口的试管，如图 2-36(c) 所示，缺点是不易控制。

实验室中还经常利用气体钢瓶直接获得各种气体。气体钢瓶是特制的耐压钢瓶，使用时通过减压器（气压表）有控制地将气体放出。钢瓶内压很大（有时高达 150atm❶以上），使

---

❶　1atm＝101.325kPa。

用时应注意安全，操作要特别小心。

二、气体的干燥和净化

利用上述方法制取的气体常常带有水汽、酸雾等杂质，因此对于气体纯度要求较高的实验，在使用前必须进行净化和干燥。通常选用洗气瓶和干燥塔等仪器（图 2-37），配合特别的试剂达到净化和干燥气体的目的。一般气体先用水洗去酸雾（也可用玻璃棉），然后再通过浓硫酸（或无水氯化钙、硅胶等）除去水汽，如 CO_2 的干燥就是采用这一法（图 2-38）。H_2 的净化则要复杂一些，因为制备 H_2 的原料中含有 As 和 S 等杂质，故产生的 H_2 中常夹杂 H_2S、AsH_3 等气体，常需要通过 $KMnO_4$ 溶液和 $Pb(Ac)_2$ 溶液除去，最后才通过硫酸干燥。对于具有还原性、碱性的气体（如 H_2S、NH_3 等）则不能用浓硫酸干燥。总之对于不同性质的气体应根据其特性，采用不同的洗涤液和干燥剂进行处理（表 2-3）。一般液体（如水、浓硫酸）装在洗气瓶中，固体（如无水氯化钙、硅胶）装在干燥塔或 U 形管内。

表 2-3　常用气体干燥剂

气　体	常用干燥剂	气　体	常用干燥剂
H_2、O_2、N_2、CO、CO_2、SO_3 Cl_2、HCl、H_2S NH_3	H_2SO_4(浓)、$CaCl_2$、P_2O_5 $CaCl_2$ CaO($CaO+KOH$)	HI、HBr NO	CaI_2、$CaBr_2$ $Ca(NO_3)_2$

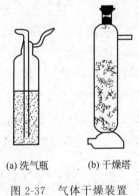

(a) 洗气瓶　　(b) 干燥塔

图 2-37　气体干燥装置

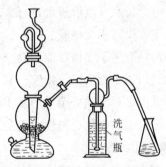

图 2-38.　气体产生净化装置

三、气体的收集

① 难溶于水的气体（如 O_2、H_2 等），可用排水集气法收集［图 2-39(a)］。

② 易溶于水且密度比空气大者（如 Cl_2、CO_2），可用瓶口向上排气集气法收集

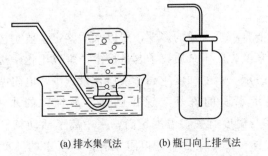

(a) 排水集气法　　(b) 瓶口向上排气法　　(c) 瓶口向下排气法

图 2-39　气体的收集方法

［图 2-39(b)］。

③ 易溶于水且密度比空气小者（如 NH_3），可用瓶口向下排气法收集［图 2-39(c)］。

第八节　水的纯化及水质鉴定

一、水的纯化

生活中离不开水，化学实验更需要水，洗涤仪器、配置药品溶液、洗涤产品等均需使用大量的水。不同的化学实验，对水的纯度的要求不同。有时候水的纯度直接影响实验结果的准确度。因此了解水的纯度，掌握水的净化及鉴定方法非常重要。

天然水中含有悬浮物（有机质、腐殖质及泥沙等不溶物）和溶于水的气体及其他无机盐类（如 Na^+、K^+、Ca^{2+}、Mg^{2+}、Fe^{3+}、CO_3^{2-}、HCO_3^-、Cl^-、SO_4^{2-} 等），经过简单的物理化学处理而得到的自来水中，虽除掉了悬浮物及部分无机盐类，但仍有许多杂质，不能在化学实验中作纯水使用。化学实验中的"纯水"主要有以下几种：

（1）蒸馏水　将自来水在蒸馏装置中加热汽化，再将水蒸气冷凝即得蒸馏水。由于杂质离子难挥发，所以蒸馏水中所含的杂质比自来水中少得多，比较纯净。虽然由于蒸馏时蒸汽夹带少量的水雾和可溶性气体的溶解、蒸馏装置的腐蚀等会带来一定的杂质，但蒸馏水仍然是实验室中最常用的纯净而价廉的洗涤剂和溶剂。其电阻率为 $1\times10^5\,\Omega\cdot cm$ 左右，常用来洗净仪器、配置溶液及作为分析化学用水等。

（2）电渗析水　电渗析水是自来水经过电渗析器，除去水中的阴、阳离子后得到的水。电渗析器主要由离子交换膜、隔板、电极等组成，其中离子交换膜是整个电渗析器的关键部分，它是由具有离子交换性能的高分子材料制成的薄膜，其特点是对于阴、阳离子的通过具有选择性。阳离子交换膜（阳膜）只允许阳离子通过，阴离子交换膜（阴膜）只允许阴离子通过，所以电渗析法除去杂质的基本原理是：在外电场的作用下，利用阴、阳离子交换膜对水中阴、阳离子的选择透过性，而达到净化水的目的。电渗析水的电阻率在 $10^4\sim10^5\,\Omega\cdot cm$ 之间，比蒸馏水纯度低。

（3）去离子水　将自来水通过离子交换柱以除去杂质而得到的较为纯净的水为去离子水，其电阻率为 $5\times10^6\,\Omega\cdot cm$。目前离子交换法常与电渗析法配合使用，先将自来水经电渗析法处理，除去大部分的杂质离子，再由离子交换法进一步纯化。如果需要纯度更高的水（电阻率在 $10^7\sim10^8\,\Omega\cdot cm$），可将去离子水用石英蒸馏器多次蒸馏而得到。

二、水质鉴定

水质的好坏主要表现在水中杂质离子含量的多少，所以水质鉴定主要是检查水中离子的含量情况。对于蒸馏水和高纯水来说，由于杂质离子含量极微，难以用化学法鉴定，因此通常用水的电阻率（或电导率）来表示。水的纯度越高，杂质含量越少，电阻率就越高。故通过所测电阻率的大小，可以确定水质的好坏。现在已知"最纯"的水的电阻率可达 $10^8\,\Omega\cdot cm$。另外，由于水的电阻率与温度有关，温度越高，水中离子活动越剧烈，电阻率越低。一般水的纯度测量指的是在 $18\sim25\,^\circ C$ 条件下的电阻率。去离子水的纯度是用"水质纯度仪"测量的。

第九节　试管反应与离子的检出

一、试管反应基本操作

试管是无机化学实验中应用较多的玻璃仪器之一，试管反应具有取样少、操作以及观察方便等优点。其基本操作包括试剂的加入、振荡、加热等。

（1）试剂的加入　虽然试管中进行的许多实验试剂用量少，不需准确用量，但是能够较准确地估计取用液体的量却是非常重要的。因此有必要知道利用滴管取用液体时，多少滴相当于 1mL；2mL 液体在试管中占有多大的体积等。一般在实验中加到试管中试剂的量不能超过试管总容量的 1/2。

（2）试管的振荡　用拇指、食指和中指握住试管的中上部，略向外倾斜，用手腕的力量振荡试管，这样既不会将试管中的液体振荡出来，也有利于观察试管的现象。也可以用玻棒搅拌，反应中有胶体形成，或多相反应时用玻棒搅拌更加有效。

（3）试管的加热　试管中的液体可在火焰上直接加热，但必须用试管夹夹住试管（夹在距试管口 3～4cm 处），且溶液量不得超过 1/3 试管。试管加热的注意事项见本章第二节"试管的加热"部分。

离心试管不能直接在火焰上加热，可采用水浴法加热。

二、离子检出基本操作

1. 沉淀的制备

（1）在离心管或试管中进行沉淀　将试液放入离心管，滴加沉淀剂，每加入一滴沉淀剂都要用玻棒充分搅拌一直到沉淀完全。检验沉淀完全的方法是：离心所得到的沉淀，使沉淀物集聚于离心管底部，溶液澄清，沿管壁加一滴沉淀剂，上层清液不浑浊表示沉淀完全，否则应继续滴加沉淀剂至沉淀完全。如反应需在一定的酸碱条件下进行，则在加酸（或碱）的同时要充分搅拌，并用 pH 试纸检查溶液的 pH 值。

（2）在点滴板上进行沉淀　该法适用于少量试剂和沉淀剂在常温下产生沉淀的鉴定反应，特别适合在进行未知物定性分析中用标准液做对照实验。若为白色沉淀应选用有色凹穴。

（3）在滤纸上沉淀　由于纸的毛细管作用，除沉淀外其他离子均匀扩散至沉淀区域以外。

2. 沉淀的离心分离以及沉淀与溶液的分离

（1）离心机的使用　离心机是通过离心作用使沉淀和溶液快速分离的一种装置，包括手摇离心机和电动离心机两种。常用的电动离心机根据其转速不同又可分为数种，实验室使用的是最大转速为 $4000r \cdot min^{-1}$ 的一般型（图 2-40）。

离心时，将装有待分离试样的离心试管放入离心机试管套中，为使离心机旋转时保持平衡，离心试管要放在对称位置上，如果只有一个试样，则在对称位置上放一只装有等量水的离心试管。为避免混淆，应在试管上（或在离心机套管旁）编号。放好离心试管后合上离心机盖，打开离心机开关旋钮，使转速由小到大逐渐增速。离心完毕后，应逐渐减速，让其自行停下，切忌用手强行阻止。电动离心机转速较快，应特别注意安全。

离心时间与转速的选择是由沉淀的性质决定的，结晶形沉淀，转速在 $1000r \cdot min^{-1}$ 左

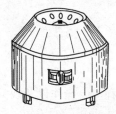

图 2-40　电动离心机

右，1～2min 后即可停止。无定形的疏松沉淀，离心时间要长些，转速可调至 2000r·min^{-1} 以上。对于一些胶状沉淀，转速要 3000r·min^{-1} 以上，并且离心时间要更长。

（2）沉淀与溶液的分离　离心沉降后，可用毛细滴管将离心液吸出，方法如下：左手斜持离心管，右手拿毛细吸管，用手压吸管橡皮胶头，将空气排除后，将毛细管尖端伸入到离心液液面下，但不要触及沉淀，然后慢慢松开橡皮胶头，使清液进入毛细吸管。随着清液量的减少，毛细吸管应逐渐下移，直到全部清液吸入到毛细管为止，将吸管轻轻取出，将溶液转入到另一支洁净的离心管中备用，如有必要重复上述操作。

3. 沉淀的洗涤、转移与溶解

（1）沉淀的洗涤　沉淀与溶液分离后，固体中包含许多杂质（沉淀剂、副产物及其他离子），必须进行洗涤，否则可能被其他离子沾污而使分析结果不准确。正确的洗涤方法是：用滴管沿离心管内壁每次滴加适量洗涤液，用玻棒充分搅拌或用毛细吸管来回冲洗数次后，离心沉降，用毛细吸管吸出洗涤液，每次尽可能地将洗涤液吸尽，再重复上述操作。一般洗涤 2～3 次即可，第一次的洗涤液并入离心液，其他次的弃去。必要时可检验沉淀是否洗净：取一滴洗涤液放置于点滴板上，加入适当试剂，检查应分离的离子是否残存，如产生反应，表示未洗净；如呈负反应，表明已将沉淀洗涤干净。

（2）沉淀的转移与溶解　若需将沉淀分成几份时，可在洗净的沉淀上加几滴蒸馏水，将毛细吸管伸入溶液，挤压橡皮胶头，依靠挤出的空气搅拌沉淀，使之悬浮于溶液中，然后放松橡皮乳头，将悬浮液吸入滴管，再转移到另外的容器中。

如欲溶解沉淀，慢慢地滴加合适的试剂于沉淀上，边加边搅拌，直至沉淀完全溶解为止。沉淀的溶解一般应在分离和洗涤后立即进行。

4. 纸上点滴分析

① 先将试剂及试液滴在点滴板上，将毛细管尖端浸入所需的溶液中，垂直取出并使其尖端与滤纸接触，轻轻压在滤纸上（滤纸应先做空白试验检查无过度检出），在纸上的潮湿斑点直径扩大为数毫米时，移开毛细管，稍停片刻，在原形成的潮湿斑点的中心，按照同一办法，用吸有适当试剂的另一只毛细吸管与其接触，观看其湿斑上的变化。千万不要将试剂直接滴在试液的湿斑上。

② 滤纸应悬空操作。用拇指和食指水平拿住滤纸两侧或将滤纸放置于坩埚口上进行操作，以保证溶液均匀地向外扩展。

5. 焰色反应

将铂丝（或镍铬丝）做成环状，取数滴浓盐酸至点滴板上，将金属环插入盐酸中浸湿，在煤气灯（或酒精喷灯）氧化焰中灼烧，如此反复多次使火焰不显色，然后取试液在氧化焰中燃烧，观察火焰的颜色。实验完毕后应将金属丝洗净，方法同上。注意不得将铂丝放在还原焰中燃烧，以免生成碳化铂，使铂丝脆断。

6. 气体检测方法

（1）气室反应　气室由两块表面皿合在一起构成，上面一块稍小并擦干，将试纸润湿后贴在上面表面皿的凹面中央，下面放试液并加试剂，立即将贴好试纸的表面皿盖上，必要时可放在小烧杯上用蒸气浴加热，反应发生后观察试纸颜色变化。本法可用来检验少量挥发性物质。

（2）其他验气装置　主要有图 2-41 所示的几种。使用图 2-41（a）的装置时，将几滴试液放入离心管中，手持带金属环的塞子，将金属环上沾上一滴验气试剂使之成膜，然后在离心管中加入能与试液产生气体的试剂，迅速将塞子盖好，观察环中液膜的变化。利用图 2-41（b）的装置时，操作与上相同，只是验气试剂用玻管直接加入到盲肠道中，产生气体后观察盲肠道内试剂的变化。去掉橡皮胶头的滴瓶也可用来检查气体，验气试剂加入到无胶头的滴管中［图 2-41（c）］。

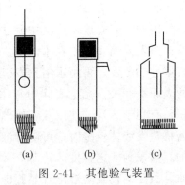

(a)　　(b)　　(c)

图 2-41　其他验气装置

7. 显微结晶分析

盐的晶型是它们的特征标志，但结晶又与结晶条件有关，只有在稍微饱和的溶液中使晶体生长足够地慢，才能得到大的晶体。如溶液浓度大沉淀速度快，晶核多，结晶小而无特征，就无法用来判断。其关键技术为：

① 载玻片要依次用铬酸洗液、自来水、蒸馏水洗涤，在滤纸上吸干后备用。挪动载玻片时只能拿两侧而不能触摸中间。

② 反应浓度要适当，用毛细吸管吸取试液和试剂，将毛细吸管接触载片，直到放出合适大小的液滴，试剂可直接滴到试液中或试液旁（溶解度小的），用搅拌棒使其沟通。

③ 加入试剂后，放置数分钟，用显微镜观察，如需加热，可在红外灯下烘烤片刻，或将玻片在小火上来回飘动几次。

④ 按照显微镜操作基本规则操作。

第十节　无机合成基本操作

一、固体的溶解、蒸发、浓缩与结晶

1. 固体的溶解

选定某一溶剂溶解固体样品时，还应考虑对大颗粒固体进行粉碎、加热和搅拌等以加速溶解。

（1）固体的粉碎　若固体颗粒较大时，在进行溶解前通常用研钵将固体粉碎。在研磨前，应先将研钵洗净擦干，加入不超过研钵总体积 1/3 的固体，缓慢沿一个方向进行研磨，最好不要在研钵中敲击固体样品。研磨过程中，可将已经研细的部分取出，过筛，较大的颗粒继续研磨。

（2）溶剂的加入　为避免烧杯内溶液由于溅出而损失，加入溶剂时应通过玻棒使溶剂慢慢地流入。如溶解时会产生气体，应先加入少量水使固体样品润湿为糊状，用表面皿将烧杯盖好，用滴管将溶剂自烧杯嘴加入，以避免产生的气体将试样带出。

（3）加热　物质的溶解度受温度的影响，加热的目的主要在于加速溶解，应根据被加热的物质的稳定性的差异选用合适的加热方法。加热时要防止溶液的剧烈沸腾和迸溅，因此容器上方应该用表面皿盖住。溶解完停止加热以后，要用溶剂冲洗表面皿和容器内壁。另外，并不是加热对一切物质的溶解都有利，应该具体情况具体分析。

（4）搅拌　搅拌是加速溶解的一种有效方法，搅拌时手持玻棒并转动手腕，使玻棒在液体中均匀地转圈，注意转速不要太快，不要使玻棒碰到容器壁发出响声。

2. 蒸发与浓缩

用加热的方法从溶液中除去部分溶剂，从而提高溶液的浓度或使溶质析出的操作叫蒸发。蒸发浓缩一般是在水浴上进行的，若溶液太稀且该物质对热稳定时，可先放在石棉网上直接加热蒸发，再用水浴蒸发。蒸发速度不仅与温度、溶剂的蒸气压有关，还与被蒸发液体的表面积有关。无机实验中常用的蒸发容器是蒸发皿，它能使被蒸发液体具有较大的表面积，有利于蒸发。使用蒸发皿蒸发液体时，蒸发皿内所盛液体体积不得超过总容量的 2/3，若待蒸发液体较多时，可随着液体的被蒸发而不断添补。随着蒸发过程的进行，溶液浓度增加，蒸发到一定程度后冷却，就可析出晶体。当物质的溶解度较大且随温度的下降而变小时，只要蒸发到溶液出现晶膜即可停止；若物质溶解度随温度变化不大时，为了获得较多的晶体，需要在结晶膜出现后继续蒸发。但是由于晶膜妨碍继续蒸发，应不时地用玻棒将晶膜打碎。如果希望得到好的结晶（大晶体），则不宜过度浓缩。

3. 结晶与重结晶

当溶液蒸发到一定程度冷却后就有晶体析出，这个过程叫结晶。析出晶体颗粒的大小与外界环境条件有关。若溶液浓度较高，溶质的溶解度较小，快速冷却并加以搅拌（或用玻棒摩擦容器器壁），都有利于析出细小晶体。反之，若让溶液慢慢冷却或静置有利于生成大晶体，特别是加入一小颗晶体（晶种）时更是如此。从纯度来看，缓慢生长的大晶体纯度较低；快速生成小晶体时由于不易裹入母液及别的杂质而纯度较高，但是晶体太小且大小不均匀时，会形成稠厚的糊状物，携带母液过多导致难以洗涤而影响纯度。因此晶体颗粒的大小要适中、均匀才有利于得到高纯度的晶体。

当第一次得到的晶体纯度不合要求时，重新加入尽可能少的溶剂溶解晶体，然后再蒸发、结晶、分离，得到纯度较高的晶体的操作过程叫重结晶，根据需要有时需多次结晶。

进行重结晶操作时，溶剂的选择非常重要，只有被提纯的物质在所选的溶剂中具有高的溶解度和温度系数，才能使损失减少到最低水平。同时所选的溶剂对于杂质而言，或者是不溶解的，可通过热过滤而除去；或者是很易溶解的，溶液冷却时，杂质保留在母液中。

重结晶操作的一般步骤为：

① 溶液的制备　根据待重结晶物质的溶解度，加入一定量所选定的溶剂（若溶解度大、温度系数大时，可加入少量某温度下可使固体全溶的溶剂；若溶解度和温度系数均小时，应多加溶剂），加热使其全溶。这个过程可能较长，不要随意添加溶剂，若需要脱色时，可加入一定量的活性炭。

② 热溶液过滤　若无不溶物此步可以省去，需要热过滤时，应防止在漏斗中结晶。

③ 冷却　为得到较好的结晶，一般情况下为缓慢冷却。

④ 抽滤　将固体和液体分离，选择合适的洗涤剂洗去杂质和溶剂，干燥。

二、沉淀的制备

沉淀剂与被沉淀物作用即可生成沉淀。根据被沉淀物、沉淀剂以及所生成的沉淀的性质的不同，在沉淀制备过程中有正加、反加和对加三种形式。将沉淀剂加入到被沉淀物的溶液中生成沉淀的方法称为正加，反之则叫反加。二者同时加入到同一容器中则称对加。不论哪种加法，目的就在于使沉淀和溶液易于分离，得到质量较好的沉淀。应根据沉淀对象的不同性质和实验要求，先在试管中进行预实验，以选择最佳的方法。

沉淀时，溶液的浓度、沉淀剂的用量，加入速度，搅拌情况，溶液的 pH 值（酸碱度）、温度及老化（放置）时间等均影响沉淀效果，应加以注意。

三、沉淀溶液的分离

常用的固液分离方法有倾斜法、过滤法和离心法等。

1. 倾斜法（图 2-42）

当沉淀的结晶颗粒相对较大或相对密度较大，静置后能够较快地降至容器底部时，可用倾斜法分离和洗涤沉淀。具体做法是：待溶液和沉淀分层后，倾斜容器，将上部清液沿玻棒小心倾入另一容器，即达到分离的目的，若沉淀需要洗涤，则往盛有沉淀的容器中加入少量洗涤剂，充分搅拌后，静置让沉淀沉下，倾去洗涤剂。重复操作三次，即可将沉淀基本洗干净。

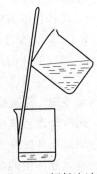

图 2-42　倾斜法过滤

2. 过滤法

这是分离沉淀和溶液最常用的操作方法，包括常压过滤、减压过滤和热过滤等。溶液的温度、黏度、过滤时的压力、过滤器空隙的大小以及沉淀物的性质均影响过滤速度。选用不同的方法过滤时，应综合考虑上述各种因素（表 2-4）。

表 2-4　影响过滤速度的因素

影响因素	结　果	影响因素	结　果
温度	热溶液较易过滤	胶体	胶体可穿过滤纸，将滤纸空隙堵住，难以过滤
黏度	溶液的黏度越大越难过滤	孔隙	滤纸的孔隙越大，过滤得越快
压力	减压比常压过滤得快		

（1）常压过滤

① 玻璃漏斗及滤纸的选择　应选择使用锥体角度为 60°并且漏斗下管又有一定的长度的玻璃漏斗（图 2-43）。滤纸有定量和定性两种；同时按孔隙的大小，滤纸又可分为"快速"、"中速"和"慢速"三种。应根据实际情况和实验要求选用不同的滤纸和漏斗。

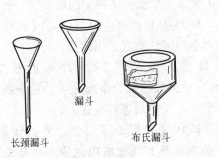

图 2-43　漏斗的选择

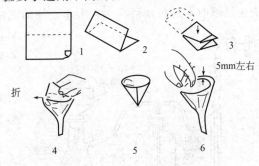

图 2-44　滤纸的折叠

滤纸折叠成四层（对折再对折）（图 2-44）并剪成扇形，展开成圆锥体，恰与 60°角的漏斗密合，若不密合（漏斗角度大于或小于 60°）可改变滤纸折叠角度，直到与漏斗密合为止。在三层滤纸的外面两层处撕去一角，使三层滤纸的那边紧贴漏斗，用食指按住三层滤纸一边，用少量蒸馏水润湿滤纸，使滤纸紧贴漏斗壁上。用玻棒轻压滤纸，赶走滤纸与漏斗壁间的气泡。加水至滤纸边沿，此时漏斗颈应充满水，形成水柱（若不能形成完整的水柱，可一边用手指堵住漏斗下口，一边稍稍翘起三层那一边的滤纸，在滤纸和漏斗间加水，使漏斗颈和锥体大部分被水充满后，一边轻轻按下掀起的滤纸，一边缓慢放开堵住出口的手指，即可形成水柱）。在全部过滤过程中，为使过滤速度较快，漏斗颈必须一直被液体充满。

② 过滤操作　将准备好的漏斗放在漏斗架上，漏斗出口尖端处与接收容器的内壁接触，若是使用烧杯做接收器，漏斗出口不要靠在烧杯口（图2-45）。

过滤时应注意：

a. 先转移溶液后转移沉淀，这样就不会由于沉淀堵塞滤纸孔隙而减慢过滤速度。

b. 转移溶液时，应用玻棒引流，玻棒下端对着三层滤纸处，尽量靠近但不要接触。

c. 加入漏斗的溶液不要超过滤纸的2/3。

d. 若沉淀需要洗涤（图2-46），待溶液转移完后，再加入洗涤剂，搅拌沉淀，将清液转移到漏斗中，重复操作数次最后加入少量洗涤剂，把沉淀搅起，将沉淀和溶液一起转入漏斗，此时每次转移沉淀的量不能超过滤纸的2/3，以便收集沉淀。也可以将沉淀转移到滤纸上，用洗瓶加洗涤剂来洗涤沉淀，洗涤沉淀时应注意遵循少量多次的原则以提高洗涤效率。最后检查滤液中的杂质，判断沉淀是否洗净。

图 2-45　常压过滤

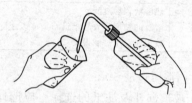

图 2-46　沉淀的洗涤

（2）减压过滤　减压可加快过滤速度，还可以将沉淀抽吸得比较干燥，但是胶体沉淀在快速过滤时易透过滤纸，颗粒太小太细的沉淀易在滤纸上形成一层密实的沉淀层，使溶液不易透过，反而达不到快速的目的，因此胶体沉淀和颗粒太小的沉淀不宜采用此法。

① 仪器与安装　减压过滤的仪器装置（图2-47）是由抽滤瓶、布氏漏斗、安全瓶和减压装置（水泵、真空泵等）组成。

由于减压装置带走了空气，使抽滤瓶减压，在布氏漏斗液面上和滤瓶内造成一个压力差，从而加快了过滤速度。

布氏漏斗（图2-43）是带有许多小孔的瓷漏

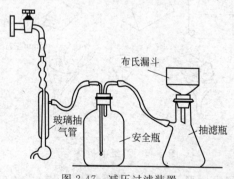

图 2-47　减压过滤装置

斗，借橡皮塞与抽滤瓶连接［有时也用玻璃砂芯漏斗（酸洗漏斗）］，抽滤瓶承接流下来的溶液（母液），并有支管与抽气系统连接。安装时注意漏斗的下口应朝着支管的方向。

由于使用水泵减压时水的流量的徒然增加又变小，以及关闭水门时，都会因抽滤瓶内压力低于外界压力而使自来水进入抽滤瓶（反吸）；同时，当抽滤瓶的真空度大时，水泵的水汽泡也可能进入抽滤瓶，因此在抽滤瓶和水泵之间安装安全瓶是非常重要的。

② 减压抽滤操作

a. 准备滤纸　在减压过滤前，先将滤纸剪成直径略小于布氏漏斗直径，又能将漏斗的全部小孔盖住的圆形（也可以根据布氏漏斗直径的大小，选择合适的不同型号的滤纸）。将滤纸平铺于布氏漏斗的瓷板上，用少量蒸馏水将其润湿，缓慢打开自来水龙头稍微减压，使滤纸紧紧地贴在漏斗的瓷板上。

b. 转移沉淀　然后将溶液（也可将溶液和沉淀一起）转入布氏漏斗（每次转入的量不得超过漏斗总容量的 2/3），开大水龙头抽滤，并用玻棒将沉淀铺平，继续至沉淀抽滤得比较干燥。

c. 沉淀洗涤　需要对沉淀进行洗涤时，应先放空（或者拔掉与抽滤瓶相连的橡皮管），然后关闭水泵，将洗涤剂加入到布氏漏斗至盖没（浸润）沉淀，搅拌（注意不要将滤纸搅破），再连接减压装置，使沉淀尽量抽干，重复操作直到符合要求为止。

d. 取出固体　过滤完毕以及其他需停止抽滤时，应首先放空（或者拔掉与抽滤瓶相连的橡皮管），将抽滤瓶与安全瓶拆开，再关闭水泵。将布氏漏斗从抽滤瓶上拿下，用玻棒轻轻拨动滤纸边缘，取出滤纸和沉淀。

e. 母液回收　从抽滤瓶中的上口倒出母液（注意不能从侧口倒抽滤瓶中的母液）。

③ 石棉纤维的应用　如果被过滤的溶液具有强酸性、强碱性或强氧化性时，就不能使用滤纸做过滤器，可以使用玻璃纤维代替滤纸。具体做法是：将石棉纤维在水中充分浸泡，用玻棒将其搅匀，倾入布氏漏斗中，微减压使玻璃纤维紧紧地贴在漏斗中，铺后如发现仍有空隙时，可在空隙处补加石棉纤维，直到无空隙为止。用自来水洗涤至流出液无石棉纤维，再用蒸馏水洗涤两次就可用来过滤。具体过滤操作同前。由于过滤后沉淀与石棉纤维粘在一起难以分开，所以此法只适用于过滤后沉淀弃去，只要溶液的反应。

④ 玻璃砂芯漏斗（酸洗漏斗）　可用于避免造成沉淀污染的强酸性或强氧化性物质的过滤以及除了碱性物质以外的其他物质的过滤。按烧结玻璃片孔隙的大小又将酸洗漏斗分为 1～7 七个等级，1号的空隙最大，应根据不同的需要分别选用。酸洗漏斗使用后要先用水洗去可溶物，然后在 $6 mol \cdot L^{-1} HNO_3$ 中浸泡一段时间，再用自来水洗干净，用蒸馏水处理后，放置备用。

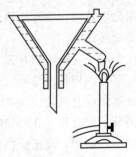

图 2-48　热过滤

（3）热过滤　在过滤过程中，若溶液冷却时，溶液的溶质就会在滤纸上析出结晶，如果我们不希望结晶这时出现，就需要热过滤。热过滤前，应将漏斗和抽滤瓶在蒸气浴上加热，再进行抽滤。抽滤过程中，抽滤瓶可在热水中加热，并且要求抽滤速度快，否则应利用铜制热漏斗（图2-48），将漏斗加热。常压过滤应尽量采用短颈漏斗。

四、结晶的干燥与保存

结晶的干燥是从晶体表面除去水分，具体的方法包括烘干法、吸干法和干燥器干燥法等方法。

（1）烘干法　对于比较稳定的晶体可采用此法干燥，即将晶体放置于培养皿（或表面皿）内，在恒温箱中烘干。也可将其放在蒸发皿中，在水浴或石棉网上直接加热，将结晶烤干。或置于红外灯下烤干。

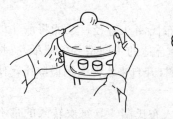

图 2-49 干燥器及其使用

（2）吸干法　对于含有结晶水的晶体，不宜采用烘干法干燥，可采用滤纸吸干，即将晶体放在两层滤纸之间用手轻轻挤压，让晶体表面的水分被滤纸吸收，更换滤纸重复操作直到晶体干燥为止。

（3）干燥器干燥法（图 2-49）　对于受热易分解，或干燥后又易吸水但是又需要保存较长时间的晶体，可将晶体放入装有干燥剂的干燥器中干燥和存放（表 2-5）。干燥器口涂有一层凡士林，以便盖严后防止外界水汽进入。打开干燥器时，应该一手挟住干燥器，另一手握住盖子上的手柄，沿水平方向移动盖子。盖上盖子的操作与此相同但方向相反（打开真空干燥器时，应先将盖上活塞打开）。温度高的物体应稍微冷却后再放入干燥器，放入后，在短时间内再把盖子打开 1～2 次，以免以后盖子打不开。

表 2-5　几种干燥剂的残留水分

干燥剂	P_2O_5	$Mg(ClO_4)_2$	BaO	分子筛	KOH	$CaSO_4$	H_2SO_4	$CaCl_2$
残留水分 /mg·L^{-1}	2×10^{-5}	5×10^{-4}	7×10^{-4}	1×10^{-3}	2×10^{-2}	5×10^{-2}	1×10^{-2}	0.2

第十一节　离子交换技术

将化合物通过装有离子交换树脂的离子交换柱后，由于离子键的交换而得到相应产物的方法被称为离子交换法。该法广泛用于元素的分离、提取、纯化，有机物的脱色精制，水的净化以及用作反应的催化剂等方面，离子交换法所需要的物品包括相应的离子交换树脂和离子交换柱等。

离子交换树脂有天然的和合成的两大类别，其中比较重要的是人工合成的有机树脂，它主要是利用苯乙烯和二乙烯基苯交联成高聚物作为树脂的母体结构，然后再连接上相应的活性基团而合成的。人工合成的离子交换树脂是一种不溶性的具有网状结构的含有活性基团的高分子聚合物，在网状结构的骨架上有许多可以电离的能和周围溶液中的某些离子进行交换的活性基团，离子交换树脂的网状结构在水或者酸、碱性溶液中极难溶解，且对于多数有机溶剂、氧化剂、还原剂及热均不发生作用。

一、离子交换树脂的分类

因所带基团和起的作用不同，离子交换树脂又可以分为阳离子交换树脂、阴离子交换树脂及具有特殊功能的离子交换树脂等类别。

1. 阳离子交换树脂

阳离子交换树脂是带有酸性交换基团的树脂，这些酸性基团包括磺酸基（—SO_3H）、羧基（—COOH）、酚羟基（—OH）等。在这些树脂中，它们的阳离子可被溶液中的阳离子所交换。根据活性基的酸碱性的强弱不同，将阳离子交换树脂再细分为强酸性阳离子交换树脂（活性基为—SO_3H，如国产的 732 型树脂，新牌号 001～100 号）、中等酸性阳离子交换树脂（活性基为—PO_3H_2，国产新牌号 401～500 号）和弱酸性阳离子交换树脂（活性基为—CO_2H、—C_6H_4OH 等）（如 724 型，新牌号 101～200 号）等，其中以强酸性树脂用途最广。

2. 阴离子交换树脂

含有碱性活性基的树脂，这类树脂的阴离子可被溶液中的阴离子交换。根据活性基碱性的强弱差别分为强碱性阴离子交换树脂（活性基为季铵碱，如国产的 711 号、714 号等）和弱碱性阴离子交换树脂（活性基为伯氨基、仲氨基和叔氨基，如 701 号树脂等）。

3. 具有特殊功能树脂

如螯合树脂、两性树脂、氧化还原树脂等（见表 2-6）。在使用中应根据实验的具体要求，选择不同的离子交换树脂。

表 2-6　离子交换树脂的种类

类　型		活性基	类　别	例
阳离子交换树脂	强酸性	磺酸基团	H 型（R—SO_3H）Na 型（R—SO_3Na）	732 型、IR-120 型
		磷酸基团	H 型（R—PO_3H_2）Na 型（R—PO_3Na_2）	
	弱酸性	羧酸基团	H 型（R—CO_2H）Na 型（R—CO_2Na）	724 型、IRC-50 型
		苯酚基团	H 型（R—C_6H_4OH）Na 型（R—C_6H_4ONa）	
阴离子交换树脂	强碱性	季铵基团	OH 型（R—$NR_3'OH$） Cl 型（R—$NR_3'Cl$）	717 型、IRA-400 型
	弱碱性	伯胺基团	OH 型（R—NH_3OH） Cl 型（R—NH_3Cl）	701 型、IR-45 型
		仲胺基团	OH 型（R—$NR'H_2OH$） Cl 型（R—$NR'H_2Cl$）	
		叔胺基团	OH 型（R—$NHR_2'OH$） Cl 型（R—$NHR_2'Cl$）	
特殊功能离子交换树脂			螯合树脂、两性树脂、氧化还原树脂等	

二、离子交换的基本原理

离子交换过程是溶液中的离子通过扩散进入到树脂颗粒内部，与树脂活性基上的 H^+（或 Na^+ 及其他离子）进行交换，被交换的 H^+ 又扩散到溶液并被排出。因此离子交换过程是可逆的，对于阳离子交换树脂来说，离子化合价越大交换势越大，即与树脂结合的能力越强：

$$K^+ < H^+ < Na^+ < K^+ < Ag^+ < Fe^{2+} < Co^{2+} < Ni^{2+} < Cu^{2+} < Mg^{2+} < Ca^{2+} < Ba^{2+} < Sc^{3+}$$

同样，对于阴离子交换树脂而言，其交换势也随着离子化合价的增大而加大，如对强碱性阴离子树脂而言：

$$Ac^- < F^- < OH^- < HCOO^- < H_2PO_4^- < HCO_3^- < BrO_3^- < Cl^- < NO_3^- < Br^- < NO_2^-$$
$$< I^- < CrO_4^{2-} < C_2O_4^{2-} < SO_4^{2-}$$

一般离子交换树脂的交换能力可用交换容量来表示。交换容量是指 1g 干树脂可以交换相应离子的物质的量（mmol）。不同类型的树脂交换容量不同，对于强酸性离子交换树脂来说，一般交换容量≥4.5mmol·g^{-1} 干树脂，因此可由此计算出某一实验所需的最低树脂量。

三、影响树脂交换的因素

影响树脂交换的因素很多，主要包括以下几个方面：

① 树脂本身的性质。不同厂家、不同型号的树脂交换容量不同。

② 树脂的预处理或再生的好坏。

③ 树脂的填充。离子交换柱中树脂填充是否有气泡。

④ 柱径比与流出速度。由于离子交换过程是一个缓慢的交换过程，并且这个交换过程是可逆的。因此流出速度对于交换结果影响很大，流出速度过大，来不及进行离子交换，离子交换效果较差。同时，流出速度又与流动相溶液中离子的浓度和离子交换柱的柱径比［离子交换柱的高度与直径的比值（图 2-50）］等因素有关，如离子浓度小时，可适当增加流出速度。在实验室中柱径比一般要求在 10：1 以上，柱径比较大时可适当增加流出速度。为了得到较好的结果，流出速度一般要控制在 20～30 滴/min 为宜。

离子交换装置如图 2-51 所示。

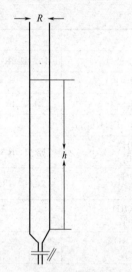

图 2-50　离子交换柱的柱径比

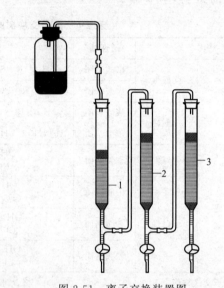

图 2-51　离子交换装置图

1—阳离子交换柱；2—阴离子交换柱；3—混合离子交换柱

四、新树脂的预处理与老化树脂的再生

1. 阳离子交换树脂的预处理

（1）漂洗　目的在于除去一些外源性杂质。将购买的新树脂用自来水浸泡，并不时搅动。弃去浸洗液，不断换水直到浸洗液无色为止。

（2）碱洗　因稳定性的要求，购买的新树脂基本上都是钠型的，利用碱洗过程，可将某些非钠型转换为钠型，便于下一步的处理。加等容量 8％的 NaOH 溶液浸泡 30min，分离碱液，用水洗至中性。

（3）转换　用 7％的 HCl 溶液处理三次，每次均为等容量并浸泡 30min，分离酸液，并用水洗至中性备用（注：最后几次应该用蒸馏水或去离子水洗涤）。

2. 阴离子交换树脂的预处理

① 将新购阴离子交换树脂加等量 50％乙醇搅拌放置过夜，除去乙醇，用水洗至浸洗液无色无味。

② 用 7％的 HCl 溶液处理三次，每次均为等容量并浸泡 30min，分离酸液，并用水洗至中性。

③ 用 8％的 NaOH 溶液处理三次，每次均为等容量并浸泡 30min，水洗至 pH8～9 为止。

3. 离子交换树脂的再生

离子交换树脂用过一段时间后，会发生色变，并失去交换能力，这就是树脂的老化，可通过处理使其再生。再生的方法因树脂不同而异，但基本步骤与预处理相类似。首先是漂洗，然后利用离子交换过程的可逆性原理，用 H^+、Na^+（或 OH^-、Cl^-）交换树脂上的离子即可。再生过程可以使用静态法和动态法等方法。以阳离子交换树脂的再生为例：

（1）静态法　将经过漂洗的树脂加入适量（2～3 倍体积或更多）的 $2mol \cdot L^{-1}$ 的盐酸放置 24h 以上（放置过程中要经常地加以搅拌），弃去酸液，用水冲洗至中性。

（2）动态法　先将离交柱的残水放出，然后加入 2～3 倍容量的 $2mol \cdot L^{-1}$（约为 7%）的 HCl 溶液（或其他酸），打开离交柱下部的开关旋钮，使液体缓慢流出，并随时检验流出液的 pH 值，当流出液呈强酸性时，关闭旋钮静置一段时间，使交换充分（静态再生）后再放出酸液，并将其余酸液不断加入（动态再生），最后用水冲洗至中性即可。

注意事项：

① 为避免洗涤过程中自来水中的离子与树脂发生交换作用，最好先用自来水将树脂中的大部分酸（或碱）洗出［此时流出液 pH 约为 2～3（或 11～12）］之后，用蒸馏水（去离子水）洗涤至 pH 为 6～7（或 8～9）。

② 阴离子树脂在 40℃ 以上极易分解，应特别注意。

③ 离子交换树脂在使用过程中会逐渐裂解破碎，但是一般可以用 3～4 年甚至更长，不要轻易倒掉。

④ 对已处理好（或再生好）的树脂，应立即使用，不可放置太久，因为它的稳定性较差。一般阳离子交换树脂 Na^+ 型比 H^+ 稳定，阴离子交换树脂 Cl^- 型比 OH^- 型稳定。

⑤ 树脂再生时，应根据结合在树脂上的离子选择不同的酸（碱），如结合的是 Pb^{2+}，就不能用 HCl，而应该用 HNO_3，因为 $Pb(NO_3)_2$ 是易溶的。

五、离子交换法的具体操作

1. 树脂的转型

即树脂应先经预处理或再生，转型后的树脂放置在蒸馏水中。

2. 装柱

（1）树脂的选择　根据实验目的和具体情况选择不同性能的离子交换树脂，若被吸附的是无机阳离子或有机碱时，宜选用阳离子交换树脂；反之若被吸附的是无机阴离子或有机酸时，应选用阴离子交换树脂；如果是分离氨基酸这样的两性物质时，则使用阳离子阴离子交换树脂均可。确定了离子交换树脂后，需确定交换基的种类，如对于吸附性强的离子，可选用弱酸（碱）性离子交换树脂；而对于吸附性较弱者，宜选用强酸（碱）性离子交换树脂。在数种离子共存时，宜先选用吸附性较弱的，以后再选用吸附性较强的交换树脂。若将树脂作催化剂时，应选用强酸（碱）性离子交换树脂。

（2）树脂装柱　将已经活化好的树脂装入离子交换柱的过程叫装柱。装柱的关键就在于不能使树脂出现断层或气泡，具体做法是：先将离子交换柱中加入部分去离子水，然后将树脂带水装进柱内并打开下部活塞，使水缓缓流出。当树脂加完后，用去离子水将树脂冲洗至流出液的 pH 为中性。在装柱过程中特别注意不能使树脂层断水，以免产生气泡而引起树脂断层。若不慎有气泡产生时，可利用玻棒搅动树脂，并将气泡带出。

3. 离子交换

打开离子交换柱下端的开关旋钮，将已经处理好的离子交换柱中的去离子水放出（注意：此时要再检验一次流出液的 pH 值，如不为中性则继续用去离子水冲洗至中性）。直到去离子水刚刚掩盖树脂时，将待处理的样品液加入到离子交换柱中（注意：加入时不要使树脂翻动），打开树脂柱下端开关旋钮，控制流速在每分钟 20～30 滴，当样品液几乎全部进入到树脂中时，加入去离子水（注意：在离子交换过程中同样不能让树脂层断水，以免产生气泡，影响离子交换效果）继续离子交换，直到流出液的 pH 值约为 6～7 时为止。

第三章 实验部分

实验一　常用玻璃仪器的洗涤和干燥

【实验目的】

1. 熟悉无机化学实验室设置、实验室规则要求。

2. 认领无机化学实验常用玻璃仪器，熟悉其名称、规格、使用方法和注意事项。

3. 学习并练习常用仪器的洗涤和干燥方法。

【仪器和试剂】

烧杯、试管、容量瓶、移液管、滴定管、量筒、称量瓶等常见玻璃仪器；气流烘干器、电热鼓风干燥箱；铬酸洗液、去污粉、乙醇。

【实验内容】

1. 检查仪器

按照仪器清单检查、清点数量及规格。

2. 玻璃仪器的洗涤

为了得到准确的实验结果，每次实验前和实验后必须将实验仪器洗涤干净。尤其对于久置变硬不易洗掉的实验残渣和对玻璃仪器有腐蚀作用的废液，一定要在实验后立即清洗干净。洗涤仪器的方法是：

① 对普通玻璃仪器，倒掉容器内物质后，可向容器内加入 1/3 左右自来水冲洗，再选择合适的刷子，用洗衣粉刷洗。再依次用自来水、蒸馏水涮洗，直至干净。

② 对于那些无法用普通水洗方法洗净的污垢，需根据污垢的性质选用适当的试剂，通过化学方法除去。

重铬酸盐洗液的具体配法是：将 25g 重铬酸钾固体在加热条件下溶于 50mL 水中，然后向溶液中加入 450mL 浓硫酸边加边搅拌。切勿将重铬酸钾溶液加到浓硫酸中。重铬酸盐洗液可反复使用，直至溶液变为绿色时失去去污能力。

王水为一体积浓硝酸三体积浓盐酸的混合液，因王水不稳定，所以使用时应现用现配。

常见污迹处理方法如表 1-1 所示。

表 1-1　常见污迹处理方法

垢　迹	处 理 方 法
MnO_2、$Fe(OH)_3$、碱土金属的碳酸盐	用盐酸处理。对于 MnO_2 垢迹，盐酸浓度要大于 $6mol \cdot L^{-1}$。也可以用少量草酸加水，并加几滴硫酸来处理
沉积在器壁上的银或铜	用硝酸处理
难溶的银盐	用 $Na_2S_2O_3$ 溶液洗。Ag_2S 垢迹则需用热的浓 HNO_3 处理
粘附在器壁上的硫黄	用煮沸的石灰水处理 $3Ca(OH)_2 + 12S \xlongequal{\quad} 2CaS_5 + CaS_2O_3 + 3H_2O$（煮沸）
残留在器内的 Na_2SO_4 或 $NaHSO_4$ 固体	加水煮沸使其溶解，趁热倒掉
不溶于水，不溶于酸、碱的有机物和胶质等	用有机溶剂洗或者用热的浓碱液洗。常用的有机溶剂有酒精、丙酮、苯、四氯化碳、石油醚等

③ 度量仪器的洗净程度要求较高,有一些仪器形状又特殊,不宜用毛刷刷洗,常用洗液进行洗涤。

度量仪器的具体洗涤方法如下:

a. 滴定管的洗涤　先用自来水冲洗,使水流净。酸式滴定管将旋塞关闭,碱式滴定管除去乳胶管,用橡皮胶头将管口下方堵住。加入约 15mL 铬酸洗液,双手平托滴定管的两端,不断转动滴定管并向管口倾斜,使洗液流遍全管(注意:管口对准洗液瓶,以免洗液外溢!),可反复操作几次。洗完后,碱式滴定管由上口将洗液倒出,酸式滴定管可将洗液分别由两端放出,再依次用自来水和蒸馏水洗净。如滴定管太脏,可将洗液灌满整个滴定管浸泡一段时间,此时,在滴定管下方应放一烧杯,防止洗液流在台面上。

b. 容量瓶的洗涤　先用自来水冲洗,将自来水倒净,加入适量(15～20mL)洗液,盖上瓶塞。转动容量瓶,使洗液流遍瓶内壁,将洗液倒回原瓶,最后依次用自来水和蒸馏水洗净。

c. 移液管的洗涤　先用自来水冲洗,用洗耳球吹出管中残留的水,然后将移液管或吸量管插入铬酸洗液瓶内,按移液管操作,吸入约 1/4 容积的洗液,用右手食指堵住移液管上口,将移液管横置过来,左手托住没沾洗液的下端,右手食指松开,平转移液管,使洗液润洗内壁,然后放出洗液于瓶中。如果移液管太脏,可在移液管上口接一段橡皮管,再以洗耳球吸取洗液至管口处,以自由夹夹紧橡皮管,使洗液在移液管内浸泡一段时间,拔出橡皮管,将洗液放回瓶中,最后依次用自来水和蒸馏水洗净。

④ 洗净标准。凡洗净的仪器,不要用布或软纸擦干,以免使布或纸上的少量纤维粘在器壁上沾污了仪器。

3. 玻璃仪器的干燥

(1) 晾干法　倒置让水自然挥发,适于容量仪器。

(2) 烤干法　适于可加热或耐高温的仪器,如试管、烧杯等。

(3) 烘干法　在电烘箱中于 105℃烘 0.5h。

(4) 吹干法　电吹风吹干(也可以用少量乙醇润洗后再吹干)。

4. 练习

① 将上面洗干净的烧杯、三角烧瓶、表面皿、试管等,放入电热鼓风干燥箱烘干。

② 将已洗净的试管,用试管夹夹住,加热小火烤干。

③ 将洗净的试管尽量倾去水,晾干或置于气流烘干器上吹干。

④ 将洗净的试管尽量倾去水,用少量酒精润湿后倒出,晾干。

⑤ 经洗净的称量瓶和瓶盖,倒置于一个干净的表面皿上放入橱内,晾干备用。

【思考题】

1. 铬酸洗液的去污原理是什么?如何使用?如何判断其是否失效?

2. 烤干试管时应注意什么?

实验二　简单玻璃工基本操作和塞子的配置

【实验目的】

1. 了解酒精喷灯的构造和原理,掌握正确的使用方法。

2. 练习加工玻璃的简单操作法。

【仪器和试剂】

挂式酒精喷灯,石棉网,锉刀,橡皮胶头,玻璃棒,玻璃管,工业酒精。

【实验内容】

1. 酒精喷灯的使用

参见第二章相关内容。

2. 玻璃管（棒）的简单加工

制作长 12cm、18cm 玻璃棒各一根。

（1）玻璃管（或玻璃棒）的洁净和截断（切割）

① 清洗　所加工的玻璃管（棒）应依加工后的实验要求进行清洗，使其洁净和干燥，然后进行加工。

② 截断　截断玻璃管（玻璃棒）一般分三步进行。

a. 锉痕　把玻璃管（玻璃棒）平放在实验台上，左手按住要截断部位的左侧，右手用三角锉的棱（或瓷碎片的断口）在要截断的部位，用力向前划痕（其长度为玻璃管周长的 1/6 左右），向一个方向锉，不能往复锉动。如划痕不明显，可在原划痕处再向前划痕一次。锉出的凹痕应与玻璃管垂直，这样才能使截断后的玻璃管截面是平整的，如图 2-1 所示。

b. 截断　双手持玻璃管，用两个拇指在凹痕的背面轻轻外推，同时用食指向外拉，以折断玻管，如图 2-2 所示。截断粗玻璃管（或玻璃棒）时，可用布包住，以免划伤手指。

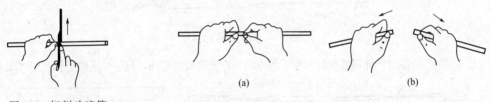

图 2-1　切割玻璃管　　　　　　　　(a)　　　(b)　图 2-2　截断玻璃管

c. 熔光　玻璃管截断后其截面很锋利，容易划伤皮肤，且难以插入塞子的圆孔内，必须在火中熔烧。即将玻璃管的截断面斜插入氧化焰中，呈 45°角，边烧边转，使熔烧均匀，直到光滑为止。取出，放在石棉网上冷却，不要用手去摸，以免烫伤。注意不要熔烧过头，以防管口收缩，如图 2-3 所示。

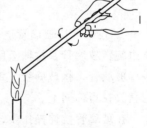

图 2-3　熔光玻璃管

（2）玻璃管的弯曲　制作 120°、90°、45°等角度的弯管。

① 烧管　双手持玻璃管，把要弯曲的部位先小火预热，再插入氧化焰中加热，如图 2-4 所示。两手用力要均匀，并且要同速地朝同一个方向转动玻璃管，以免玻璃管在火焰中扭曲。

② 弯管　将玻璃管烧成黄色而且足够软时，即可移开火焰，稍等 1~2s，待温度均匀后，再准确地把它弯成所需的角度。弯管时应按"V"形手法正确操作，即两手在上方，玻璃管的弯曲部分在两手中间的下方，如图 2-5 所示。弯好后，等其冷却变硬，再放石棉网上。

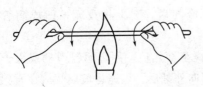

图 2-4　烧管

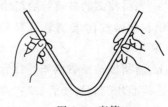

图 2-5　弯管

120°以上的角度，可一次弯成。较小的角度如 90°、45°，或灯焰较窄、玻璃管受热面积较小时，需分几次弯制（切不可一次完成，否则弯曲部分的玻璃管会变形）。首先弯成一个较大的角度，然后在第一次受热弯曲部位稍偏左或稍偏右处进行第二次加热弯曲，如此第三次、第四次加热弯曲，直至变成所需的角度为止。

③ 弯管好坏的比较与分析　一个合格的玻璃管不仅要做到角度符合要求，还应做到弯曲处圆而不扁（图 2-6）。

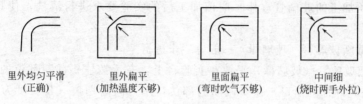

里外均匀平滑　　　里外扁平　　　　里面扁平　　　　　中间细
（正确）　　　（加热温度不够）　（弯时吹气不够）　（烧时两手外拉）

图 2-6　弯管好坏的比较

（3）拉制滴管　规格如图 2-7 所示。

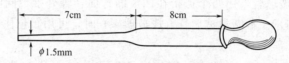

图 2-7　拉制滴管的规格

① 烧管　拉伸时，加热玻璃管（棒）的方法与弯玻璃管时相同，只是加热得更软一些（图 2-8）。

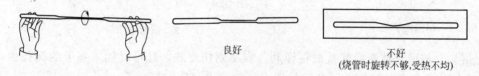

良好　　　　　　　不好
　　　　　（烧管时旋转不够，受热不均）

图 2-8　滴管的拉制

② 拉管　待玻璃管烧成红黄色时，即均匀软化后，移离火焰，顺着水平方向缓缓地边拉边旋转玻璃管，拉伸至所需要的细度。注意不可拉断，拉断的管壁常嫌太薄，拉好后，右手持玻璃管，将玻璃管下垂片刻，使拉成的毛细管的轴与原玻璃管轴位于同一直线上。然后把它放在石棉网上。

在玻璃管拉伸操作中，应注意受热要均匀且受热部位要足够大，如果受热部分不够大，拉得又很快时，得到的是既细又薄的尖管，不符合需求。

③ 熔光和缘口　按所需长度要求，在拉细的部位折断玻璃管，断口熔光，即成两个尖嘴。

若制备滴管还需要缘口（扩口）。当管口需套橡皮胶头（如滴管帽）等时，须将管口壁加厚，称为缘口。

方法 a. 先将拉细的玻璃管的粗的一端烧至红软；然后垂直地往石棉网上轻压一下，使其外缘突出，便做成比玻璃管直径稍大的小檐儿。冷却后，装上橡皮帽，即成滴管，如图 2-9(a) 所示。

方法 b. 将折断玻璃管的粗管口放入火焰中，灼烧至红热后，用金属锉刀柄或镊子斜放管口内，迅速而均匀旋转使管口略为扩大，待管口稍向外翻后，迅速将玻璃管放在石棉板上轻轻压平，这样就能得到比较整齐厚实的缘口，如图 2-9(b) 所示。

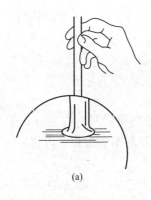
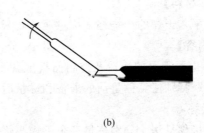

(a)   (b)

图 2-9　缘口

3. 塞子的选择和钻孔

（1）种类

① 软木塞：质地松软，严密性较差，易被酸、碱损坏，但与有机物作用小，不易被有机溶剂溶胀。

② 橡皮塞：严密性较好，耐强碱侵蚀，易被强酸和某些有机物侵蚀而溶胀，无机实验装配仪器时多用橡皮塞。

③ 玻璃磨口塞：配套，严密性好，可被强碱、HF 腐蚀。

④ 塑料塞：有些装碱液的瓶子，塞子是耐碱塑料。

（2）大小　塞进瓶口部分占塞子的 $1/2\sim2/3$。

（3）钻孔器的选择　选用比插入橡皮塞的玻璃管口径略粗的钻孔器，因为橡皮塞有弹性；选用比插入软木塞的玻璃管口径略细的钻孔器，因为软木塞软且疏松。

（4）钻孔的方法　塞子小的一端向上平放在木板上，左手按紧塞子，右手握钻孔器的柄，在前端涂些甘油或水，顺时针方向边转边压。钻到 $2/3$ 时反时针转出。按同样的方法对准塞子的另一端钻孔直至打通，最后用圆锉修整。

（5）玻璃管插入橡皮塞的方法　用水或甘油润湿玻管的前端，并用布包裹，手握玻管前端，边转边插入。

【思考题】

1. 点火时会出现何种不正常现象？为什么？

2. 为什么加工玻璃管时，玻璃管必须均匀转动加热？

3. 加工玻璃管时，通常使用哪一部分火焰来加热玻璃管？

4. 为什么要将玻璃管（棒）截断面熔烧后才能使用？

实验三　分析天平的使用

【实验目的】

1. 了解各种类型的天平。

2. 了解分析天平的结构及掌握其使用方法。

3. 掌握分析天平称量的几种方法。

【实验原理】

分析天平是化学实验中常用的仪器之一。常用的分析天平有半自动电光天平、全自动电光天平和单盘电光天平及电子天平。本实验主要学习万分之一电子天平的使用方法，掌握直接称量法、指定质量称量法及递减称量法三种称量方法。

【仪器和材料】

分析天平，干燥的小烧杯，称量瓶，石灰石，黏土。

【实验内容】

1. 熟悉电子天平的构造及控制面板上各个功能键的作用，严格按照分析天平的使用规则进行操作，特别注意称量前的准备和称量后的检查（参见第二章相关内容）。

2. 称量练习

（1）直接称量法　分别称量三个干燥小烧杯的质量和三份 0.5g 左右石灰石样品，石灰石样品质量控制在 0.5g±0.05g。

称量过程中注意样品的加取方法和转移方法。

（2）指定质量称量法　称量三份 0.5000g 的石灰石样品，并转移至小烧杯中，石灰石样品质量控制在 0.5000g±0.0001g。

（3）递减称量法　称取一份 0.5g 左右的黏土样品，用纸带（或戴手套）从干燥器中去取出盛有黏土样品的称量瓶，称其质量为 m_1，按照递减法称量的基本操作，将所需样品倒入干净的烧杯中，称量剩余黏土和称量瓶的质量为 m_2，则倒出的第一份样品的质量为 $m_1 - m_2$；继续倒样品，称量剩余质量为 m_3，则第二份样品的质量为 $m_2 - m_3$；依次类推，练习至控制黏土样品的质量为 0.5g±0.1g。

【数据记录与处理】

见表 3-1。

表 3-1　数据记录与处理

称量方法	项目	1	2	3
直接称量法	m（小烧杯质量）/g	$m_1 =$	$m_2 =$	$m_3 =$
	m_s（石灰石质量）/g	$m_{s1} =$	$m_{s2} =$	$m_{s3} =$
指定质量称量法	m_s（石灰石质量）/g	$m_{s1} =$	$m_{s2} =$	$m_{s3} =$
递减称量法	m（称量瓶＋黏土质量）/g	$m_1 =$	$m_2 =$	$m_3 =$
		$m_2 =$	$m_3 =$	$m_4 =$
	m_s（称出的黏土质量）/g	$m_{s1} =$	$m_{s2} =$	$m_{s3} =$

【思考题】

1. 称量样品的方法有哪几种？指定质量称量与递减法称量各有什么优缺点？在什么情况下选择这两种方法称量？

2. 实验中数据记录应该准确至小数点后几位？为什么？

3. 试述递减法称量的基本操作要点。

实验四　容量仪器的校准

【实验目的】

1. 掌握滴定管、容量瓶、移液管的使用方法。

2. 学习滴定管、移液管、容量瓶的校准方法。

3. 了解容量器皿校准的意义。

【实验原理】

滴定管、移液管和容量瓶是滴定分析法所用的主要量器。容量器皿的容积与其所标出的体积并非完全相符合。因此，在准确度要求较高的分析工作中，必须对容量器皿进行校准。

由于玻璃具有热胀冷缩的特性，在不同温度下容量器皿的容积也有所不同。因此，校准玻璃容量器皿时，必须规定一个共同的温度值。这一规定温度值称为标准温度。国际上规定玻璃容量器皿的标准温度为20℃，即在校准时都将玻璃容量器皿校准到20℃时的实际容积。容量器皿常采用两种校准方法。

1. 相对校准

要求两种容器体积之间有一定的比例关系时，常采用相对校准的方法。例如，25mL移液管量取液体的体积应等于250mL容量瓶量取体积的1/10。

2. 绝对校准

绝对校准是测定容量器皿的实际体积。常用的标准方法为衡量法，又叫称量法。即用天平称得容量器皿容纳或放出纯水的质量，然后根据水的密度，计算出该容量器皿在标准温度20℃时的实际容积。由质量换算成容积时，需考虑三方面的影响：

① 水的密度随温度的变化。

② 温度对玻璃器皿容积胀缩的影响。

③ 在空气中称量时空气浮力的影响。

为了方便计算，将上述三种因素综合考虑，得到一个总校准值。经总校准后不同温度下纯水的密度值列于表4-1。

表 4-1 不同温度下纯水的密度值

(空气密度为 $0.0012g\cdot mL^{-1}$，钠钙玻璃体膨胀系数为 $2.6\times10^{-5}℃^{-1}$)

温度/℃	密度/$g\cdot mL^{-1}$	温度/℃	密度/$g\cdot mL^{-1}$	温度/℃	密度/$g\cdot mL^{-1}$
10	0.9984	17	0.9976	24	0.9964
11	0.9983	18	0.9975	25	0.9961
12	0.9982	19	0.9973	26	0.9959
13	0.9981	20	0.9972	27	0.9956
14	0.9980	21	0.9970	28	0.9954
15	0.9979	22	0.9968	29	0.9951
16	0.9978	23	0.9966	30	0.9948

实际应用时，只要称出被校准的容量器皿容纳和放出纯水的质量，再除以该温度时纯水的密度值，便是该容量器皿在20℃时的实际容积。

例：在18℃，某50mL容量瓶容纳纯水质量为49.87g，计算出该容量瓶在20℃时的实际容积。

解：查表得18℃时水的密度为 $0.9975g\cdot mL^{-1}$，所以20℃时容量瓶的实际容积 V_{20} 为

$$V_{20}=\frac{49.87}{0.9975}=49.99(mL)$$

容量器皿是以20℃为标准校准的，但实际使用时则不一定在20℃。因此，容量器皿的容积以及溶液的体积都会发生改变。由于玻璃的膨胀系数很小，在温度相差不太大时，容量器皿的容积改变可以忽略。溶液的体积与密度有关，因此，可以通过溶液密度来校准温度对溶液体积的影响。稀溶液的密度一般可用相应水的密度来代替。

例：在 10℃时滴定用去 25.00mL 0.1mol·L⁻¹标准溶液，问 20℃时其体积应为多少？

解：0.1mol·L⁻¹稀溶液的密度可用纯水密度代替，查表得，水在 10℃时密度为 0.9984g·mL⁻¹，20℃时密度为 0.9972g·mL⁻¹。故 20℃时溶液的体积为

$$V_{20} = 25.00 \times \frac{0.9984}{0.9972} = 25.03(\text{mL})$$

【仪器和试剂】

分析天平（0.01g 精度），碱式滴定管（50mL），移液管（25mL），容量瓶（50mL、250mL），温度计（0～50℃或 0～100℃，公用），洗耳球。

【实验内容】

1. 碱式滴定管的校正

① 清洗 50mL 碱式滴定管 1 支。

② 练习正确使用滴定管和控制液滴大小的方法。

③ 碱式滴定管的校准。

先将干净并且外部干燥的 50mL 容量瓶在天平上称量，准确称至小数点后第二位（0.01g）（为什么?）。将去离子水装满欲校准的碱式滴定管，调节液面至 0.00 刻度处，记录水温，然后按每分钟约 10mL 的流速，放出 10mL（要求在 10mL±0.1mL 范围内）水于已称过质量的容量瓶中，盖上瓶塞，再称出它的质量，两次质量之差即为放出水的质量。用同样的方法称量滴定管中 10～20mL，20～30mL 等刻度间水的质量。用实验温度时的密度除每次得到水的质量，即可得到滴定管各部分的实际容积。

将 25℃时校准滴定管的实验数据列入表 4-2 中。

表 4-2　滴定管校正表

（水的温度 25℃，水的密度为 0.9961g·mL⁻¹）

滴定管读数	容积/mL	瓶与水的质量/g	水的质量/g	实际容积/mL	校准值	累积校准值/mL
0.03		29.20				
10.13	10.10	39.28	10.08	10.12	+0.02	+0.02
20.10	9.97	49.19	9.91	9.95	−0.02	0.00
30.08	9.98	59.18	9.99	10.03	−0.05	−0.05
40.03	9.95	69.13	9.95	9.99	+0.04	−0.01
49.97	9.94	79.01	9.88	9.92	−0.02	−0.03

例如，25℃时由滴定管放出 10.10mL 水，其质量为 10.08g，算出这一段滴定管的实际体积为：

$$V_{20} = \frac{10.08}{0.9961} = 10.12(\text{mL})$$

故滴定管从 0.03～10.13mL 这段容积的校准值为：10.12−10.10＝+0.02(mL)。

同理，可计算出滴定管各部分容积的校准值。

2. 移液管的校准

① 清洗 25mL 移液管两支。

② 练习正确使用移液管。

③ 移液管的校准。

将 25mL 移液管洗净，吸取去离子水调节至刻度，放入已称量的外部干燥且洁净的容量

瓶中，再称量，根据水的质量计算在此温度时的实际容积。两支移液管各校准两次，对同一支移液管两次称量差，不得超过 20mg，否则重做校准。测量数据按表 4-3 记录和计算。

表 4-3 移液管校准

（水的温度＝　　　℃，密度＝　　　g·mL^{-1}）

移液管编号	移液管容积/mL	容量瓶质量/g	瓶与水的质量/g	水的质量/g	实际容积/mL	校准值/mL
1						
2						

3. 容量瓶与移液管的相对校准

用 25mL 移液管吸取去离子水，注入洁净并干燥的 250mL 容量瓶中（操作时切勿让水碰到容量瓶的磨口）。重复 10 次，然后观察溶液弯月面下缘最低处是否与刻度线相切，若不相切，另做新标记，经相互校准后的容量瓶与移液管均作上相同记号，可配套使用。

【思考题】

1. 称量水的质量时，为什么只要精确至 0.01g？
2. 为什么要进行容量器皿的校准？影响容量器皿体积刻度不准确的主要因素有哪些？
3. 利用称量法进行容量器皿校准时，为何要求水温和室温一致？若两者稍微有差异时，以哪一温度为准？
4. 从滴定管放出去离子水到称量的容量瓶内时，应注意些什么？
5. 滴定管有气泡存在时对滴定有何影响？应如何除去滴定管中的气泡？
6. 使用移液管的操作要领是什么？为何要垂直靠在接收容器的内上壁流下液体？为何放完液体后要停一定时间？最后留于管尖的液体如何处理，为什么？
7. 接近终点时，为什么要用蒸馏水冲洗锥形瓶内壁？

实验五　溶液的配制

【实验目的】

1. 掌握实验室常用溶液的配制方法和基本操作。
2. 学习移液管和容量瓶的使用方法。
3. 巩固天平的操作，练习差减法称量操作。

【实验原理】

在实验中，经常因化学反应的性质和要求的不同而配制不同的溶液。有的仅为一定的浓度就能满足要求；有的则要求比较严格，需准确浓度才行；有的甚至需配特殊试剂的溶液。

1. 溶液的分类

溶液依所含溶质浓度是否确知分为两种：一般溶液和标准溶液。

一般溶液：浓度不是确知的，常用 1～2 位有效数字表示其浓度。适用于一般物质化学性质实验。

标准溶液：浓度准确已知的溶液，其浓度表示常为 4 位或 4 位以上有效数字。适用于定量测定实验。

2. 溶液配制的基本方法

（1）一般溶液的配制

所需仪器：台秤称量固体物质，量筒量取液体物质。配溶液用烧杯。不需使用量测准确度高的仪器。

所需用水：一次蒸馏水或去离子水。

配制方法：直接水溶法、介质水溶法、稀释法。

（2）标准溶液的配制

所需仪器：分析天平称量固体物质，移液管移取液体物质，配溶液用容量瓶。需要准确度高的量测仪器。

所需用水：去离子水、重蒸馏水或特殊处理的水。

配制方法：直接法、间接法（标定法）。

【仪器和试剂】

托盘天平，分析天平，称量瓶，容量瓶（500mL、250mL），吸量管（10mL），量筒，烧杯；浓 HCl，NaOH（AR），无水 Na_2CO_3（AR），$H_2C_2O_4 \cdot 2H_2O$（AR）。

【实验内容】

1. 一般溶液的配制

（1）配制 500mL 0.1mol·L^{-1}NaOH 溶液　计算出所需氢氧化钠固体的质量，按固体试剂取用规则，在台秤上用烧杯称量。加少量蒸馏水，搅拌使其全部溶解。加水稀释至500mL，待溶液冷却后，转移至已贴好标签的试剂瓶，备用。

（2）配制 500mL 0.1mol·L^{-1}HCl 溶液　计算出所需浓盐酸的体积，按液体试剂取用规则，用量筒量取，缓缓加入盛少量蒸馏水的烧杯或量杯中，并不断搅拌，再加水稀释至刻度，混匀。待溶液冷却后，倒入已贴好标签的试剂瓶中，备用。

2. 标准溶液的配制

（1）配制 250mL 0.0500mol·L^{-1}草酸溶液　计算出所需草酸的质量。按固体试剂取用规则，采用差减法，在电子分析天平上，使用称量瓶准确称量。然后倒入烧杯中，加少量去离子水，搅拌使其完全溶解，将溶液转移到 250mL 容量瓶中，再用少量水淋洗烧杯及玻棒数次，并将每次淋洗的水全部转入容量瓶，最后以水稀释至刻度，摇匀。然后倒入已贴好标签的试剂瓶中，备用。计算其准确浓度。

（2）配制 250mL 0.0500mol·L^{-1}碳酸钠溶液　步骤完全同（1）的操作。

3. 实验数据记录及处理（表 5-1）

表 5-1　标准溶液的配制

基准试剂		Na_2CO_3	$H_2C_2O_4 \cdot 2H_2O$
（称量瓶＋样品）质量 /g	初始读数		
	最终读数		
称出样品质量/g			
配制 250mL 标准溶液浓度/mol·L^{-1}			

【附注】

固体 NaOH 易吸收空气中的 CO_2，使 NaOH 表面形成一薄层碳酸盐。实验室配制不含 CO_2 的 NaOH 溶液一般有两种方法：

① 以少量蒸馏水漂洗固体表面，除去表面生成的碳酸盐后，将 NaOH 固体溶解于加热至沸且冷至室温的蒸馏水中。

② 利用 Na_2CO_3 在浓 $NaOH$ 溶液中溶解度下降的性质，配制近于饱和的 $NaOH$ 溶液，静置，让 Na_2CO_3 沉淀析出后，吸取上层澄清溶液，即为不含 CO_2 的 $NaOH$ 溶液。

【思考题】

1. 配制有明显热效应的溶液时，应注意哪些问题？

2. 用容量瓶配制标准溶液时，是否可用托盘天平称取基准试剂？

3. 用容量瓶配制溶液时，是否需要干燥的容量瓶？为什么？

实验六　　酸碱滴定基本操作

【实验目的】

1. 初步掌握酸碱滴定原理和滴定操作，练习判断滴定终点。

2. 进一步学习移液管、滴定管的使用方法。

3. 掌握有效数字、精密度和准确度的概念。

【实验原理】

1. 滴定分析法

本实验中将要涉及滴定分析法的原理和操作。那么，什么是滴定分析法？滴定分析法是将一种已知准确浓度的溶液（标准溶液），滴加到被测物质的溶液中，直到所加溶液与被测物质按化学计量定量反应为止，然后根据所加溶液的浓度和用量，计算被测物质的含量。这种已知准确浓度的溶液叫做"滴定剂"。将滴定剂从滴定管加到被测物质溶液的过程叫"滴定"。当加入的标准溶液与待测物质恰好按化学反应式所表示的化学计量关系完全反应时，滴定到达化学计量点。确定化学计量点可用指示剂，指示剂发生颜色变化的转变点叫做"滴定终点"。滴定终点与化学计量点不一定恰好符合，因此会造成分析误差。根据滴定过程中发生的反应的不同，滴定分析法又可分为酸碱滴定法、氧化还原滴定、配位滴定和沉淀滴定法。

本实验只讨论酸碱滴定法。

2. 酸碱滴定法

是利用酸碱中和反应测定酸或碱的浓度的定量分析法。因为在酸碱反应的化学计量点，体系的酸和碱刚好完全中和，所以滴定达到终点后就可从所用的酸溶液（或碱溶液）的体积以及标准碱（或酸）溶液的浓度，计算出待测酸（或碱）溶液的浓度。即

$$nc_{酸} V_{酸} = mc_{碱} V_{碱}$$

式中，n 是一分子酸中所含 H^+ 的个数；m 是一分子碱所含 OH^- 的个数；c 是酸、碱溶液的物质的量浓度；V 是滴定体积。

3. 酸碱指示剂

酸碱指示剂即酸碱滴定法所用的指示剂。滴定终点的确定可借助于它。指示剂本身一般是弱的有机酸或有机碱，在溶液中存在解离平衡，在不同的 pH 范围内可显示不同的颜色，滴定时应根据反应体系选合适的指示剂，以减少滴定误差。

指示剂变色的 pH 范围，实际上，并非完全靠计算得到，而是通过人眼观察出来的，例如：甲基橙，根据理论计算，应为 2.4～4.4，但实测结果为 3.1～4.4。这是由于人眼对红色较之对黄色敏感的原因。酚酞变色范围 pH8.0～9.0。指示剂的用量不宜过多，否则会由于色调的变化不明显，指示剂要消耗滴定剂等原因，引起误差。

【仪器和试剂】

酸式和碱式滴定管（50mL），移液管（25mL），锥形瓶（250mL）；酚酞指示剂（0.2%），甲基橙指示剂（0.1%）；0.1mol·L^{-1} HCl，0.1mol·L^{-1} NaOH，0.0500mol·L^{-1} 草酸溶液，0.0500mol·L^{-1} 碳酸钠溶液。

【实验内容】

1. 用草酸标准溶液滴定氢氧化钠溶液的浓度

（1）准备　洗净碱式滴定管一支，并检漏。洗净移液管和锥形瓶。

（2）装液

① 用实验五配制的 0.1mol·L^{-1} NaOH 溶液润洗碱式滴定管三次，再将 NaOH 溶液倒入管中，逐出橡皮管内的气泡，调节液面至"0.00"刻度处，置于滴定管架上。

② 用实验五配制的标准草酸溶液润洗移液管三次，然后移取标准草酸溶液 25.00mL 3 份。分别置于 3 个锥形瓶中，各加入 1～2 滴酚酞指示剂。

（3）滴定　依正确的滴定操作流程，用 0.1mol·L^{-1} 的 NaOH 溶液滴定草酸溶液至微红色，且在 30s 内不褪色，即达终点。记下读数。补加 NaOH 溶液于滴定管，重新调定零点。滴定另外两份。要求相对平均偏差应不超过 0.2%，即两次滴定所消耗的碱量之差应小于 0.05～0.10mL。平行三份以上，直至精密度符合要求。

2. 用碳酸钠标准溶液滴定盐酸溶液的浓度

（1）准备　洗净酸式滴定管一支，并检漏。洗净移液管和锥形瓶。

（2）装液

① 将实验五配制的 0.1mol·L^{-1} HCl 溶液装入已润洗好的酸式滴定管中，赶走气泡，调节好零点，置于滴定管架上。

② 用实验五配制的标准碳酸钠溶液润洗移液管三次，用润洗后的移液管准确移取标准碳酸钠溶液 25.00mL 3 份，分别置于 3 个锥形瓶中，各加入 1～2 滴甲基橙指示剂。

（3）滴定　依正确的滴定操作流程，用 0.1mol·L^{-1} HCl 溶液滴定碳酸钠溶液，当溶液由黄色变为橙色时停止滴定，于垫有石棉网的电炉或酒精灯上加热煮沸 2min，冷却后，若溶液为黄色，再用盐酸滴至橙色，30s 不褪色，即为终点。记下读数。补加 HCl 溶液于滴定管，重新调定零点。滴定另外两份。要求相对平均偏差应不超过 0.2%，即两次滴定所消耗的酸量之差应小于 0.05～0.10mL。平行三份以上，直至精密度符合要求。

【数据记录与处理】

按表 6-1、表 6-2 所示格式记录并处理实验数据。

表 6-1　盐酸溶液滴定碳酸钠标准溶液（以甲基橙为指示剂）

测定次数	1	2	3
V_{HCl}(终)/mL			
V_{HCl}(初)/mL	0.00	0.00	0 00
V_{HCl}(消耗)/mL			
标准 Na_2CO_3 溶液体积/mL	25.00	25.00	25.00
测得 HCl 溶液的浓度/mol·L^{-1}			
HCl 溶液的平均浓度/mol·L^{-1}			
绝对偏差			
平均偏差			

表 6-2　氢氧化钠溶液滴定草酸标准溶液（以酚酞为指示剂）

测定次数	1	2	3
V_{NaOH}（终）/mL			
V_{NaOH}（初）/mL	0.00	0.00	0.00
V_{NaOH}（消耗）/mL			
标准 $H_2C_2O_4$ 溶液体积/mL	25.00	25.00	25.00
测得 NaOH 溶液的浓度/mol·L^{-1}			
NaOH 溶液的平均浓度/mol·L^{-1}			
绝对偏差			
平均偏差			
相对平均偏差			

【思考题】

1. 在滴定分析实验中，滴定管和移液管为何需要用滴定剂和要移取溶液润洗三次？滴定中使用的锥形瓶是否也要用滴定剂润洗呢？是否要干燥？为什么？

2. HCl 溶液与 NaOH 溶液定量反应完后，生成 NaCl 和水，为什么用 HCl 滴定 NaOH 时采用甲基橙作为指示剂，而用 NaOH 滴定 HCl 时却使用酚酞作为指示剂？

3. 滴定管、移液管及容量瓶是滴定分析中量取溶液体积的三种量器，记录时应记准几位有效数字？

4. 滴定管读数的起点为何每次均要调到 0.00 刻度处，其道理何在？

实验七　气体常数的测定

【实验目的】

1. 了解一种测定气体常数的方法及其操作。

2. 掌握理想气体状态方程式和气体分压定律的应用。

【实验原理】

根据理想气体状态方程式 $pV=nRT$，可求得气体常数 R 的表达式，即 $R=\dfrac{pV}{nT}$。

其数值可以通过实验来确定。本实验通过测量金属镁和稀硫酸反应置换出的氢气的体积，来算出 R 的数值。反应为

$$Mg+H_2SO_4 \longrightarrow MgSO_4+H_2\uparrow$$

准确称取一定质量的镁条，使之与过量的稀硫酸作用，在一定温度（由温度计读出）和压力（由气压计读出）下可测出被置换出来的氢气体积，氢气的物质的量通过反应式由镁条的质量求得。由于在水面上收集氢气，所以氢气中混有饱和水蒸气。查出实验温度下水的饱和蒸气压，根据分压定律，氢气的分压可由下式求得：

$$p=p(H_2)+p(H_2O)$$
$$p(H_2)=p-p(H_2O)$$

则有：
$$R=\frac{p(H_2)V(H_2)}{n(H_2)T}$$

由此可求得 R 值。

【仪器和试剂】

分析天平（0.1mg 精度），测定气体常数的装置（图 7-1），镁条（铝片、锌片、锌铝合金），H_2SO_4（2mol·L^{-1}）。

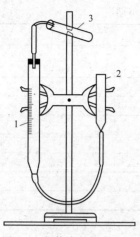

图 7-1　气体常数测定装置
1—量气管；2—液面调节管；
3—反应试管

【实验内容】

1. 样品的称量

准确称取三份已擦去表面氧化膜的镁条，每条质量为 0.0250～0.0300g（准至 0.0001g）。

2. 气体常数的测定

① 按图 7-1 连好实验装置，打开反应试管 3 的胶塞，由液面调节管 2 往量气管 1 内装水至略低于 "0" 刻度，上下移动调节管以赶尽胶管和量气管内的气泡，然后将试管 3 接上并塞紧塞子。

② 气密性检查。把液面调节管 2 下移（或上移）一段距离，如果量气管内液面只在初始时稍有下降（或上升），以后维持不变（观察 3～4min 以上），即表明装置不漏气。如液面不断下降（或上升），应检查各接口处是否严密，直至确保不漏气为止。

③ 把液面调节管 2 上移（或下移）回原位，取下试管 3，把镁条用水稍微湿润后贴于试管壁一边合适的位置上，即确保镁条既不与酸接触又不触及试管塞。然后用小量筒小心沿试管的另一边注入 4mL 2mol·L^{-1}硫酸，注意切勿沾污镁条一边的管壁。检查量气管内液面是否处于 "0" 刻度以下，再次检查装置的气密性。

④ 将调节管 2 靠近量气管右侧。使两管内液面保持同一水平（为什么?）。记下量气管液面位置。将试管 3 底部略为提高，让酸与镁条接触，这时反应产生的氢气进入量气管中，管中的水被压入调节管内。为避免量气管内压力过大，可适当下移液面调节管 2，使两管液面大体保持同一水平。

⑤ 反应完毕后，待试管 3 冷至室温，然后使调节管 2 与量气管 1 内液面处于同一水平，记录液面位置。1～2min 后，再记录液面位置，直至两次读数一致，即表明管内气体温度已与室温相同。记下室温和大气压。

最后，取下反应管，洗净后换另一片镁条，重复实验。

【数据记录与处理】

按表 7-1 所示格式将所得数据记录下来，并根据前面所述公式计算出测定结果。

表 7-1　气体常数测定数据

项　　目	1	2
室温 T/K		
大气压 p/Pa		
镁条的质量/g		
反应前量气管中水面读数/mL		
反应后量气管中水面读数/mL		
氢气的体积/mL		
氢气物质的量/mol		
水的饱和蒸气压 $p(H_2O)$/Pa		
氢气分压 $p(H_2)$/Pa		
气体常数 R/J·mol^{-1}·K^{-1}		
气体常数平均值		
百分误差		

将实验值与一般通用的数值 $R = 8.314 \text{J} \cdot \text{mol}^{-1} \cdot \text{K}^{-1}$ 进行比较，讨论造成误差的主要原因。

【附注】

1. 本实验装入仪器中的水应该在室温放置 1 天以上，不能直接用自来水，以防溶于自来水中的小气泡附着在管壁上，无法排除。

2. 在等候温度平衡时，应使量气管内液面与调节管液面保持基本相平的位置，以免量气管内形成正、负压差而加速氢气的扩散。

【思考题】

1. 检查实验装置是否漏气的原理是什么？

2. 实验测得的气体常数应有几位有效数字？

3. 硫酸的浓度和用量是否必须准确？

实验八　密度的测定

【实验目的】

1. 进一步熟悉分析天平的操作。

2. 学会常见液体、固体密度的测定方法。

【实验原理】

密度 ρ 的定义为质量 m 除以体积 V。用公式 $\rho = \dfrac{m}{V}$ 计算，其单位是千克每立方米，即 $\text{kg} \cdot \text{m}^{-3}$。

物质的密度与物体的本性有关，且受外界条件（如温度、压力）的影响，压力对固体、液体密度影响可以忽略不计，但温度对密度的影响却不能忽略。因此，在表示密度时，应同时注明温度。

在一定条件下，物质的密度与某种参考物质的密度之比称为相对密度，通过参考物质的密度，可以把相对密度换算成密度。

密度的测定可用于鉴定化合物纯度和区别组成相似而密度不同的化合物。

【仪器和试剂】

容量瓶（10mL），分析天平（0.1mg 精度），滴定管，比重瓶，硫酸纸，无水乙醇，丙酮，常见金属 Al、Zn、Sn、Cu、Pb 块，金属粒，水（室温下放置 1 天以上）。

【实验内容】

1. 无水乙醇、丙酮密度的测定

取一清洁干净的 10mL 容量瓶在分析天平上准确称其质量 m_0，然后注入待测液体无水乙醇至容量瓶刻度，再称其总质量 m_1（注意称量时一定要盖好容量瓶的盖！），将两次质量之差除以 10.00mL，即得该液体在室温下的密度；用同样的方法可测定丙酮的密度。

2. 固体密度的测定

（1）块状固体密度的测定　在硫酸纸上用加重法在分析天平上称取待测固体 2～10g（不同物质称取的量不同，较轻物质少称些，较重物质多称些，称准至 0.0001g）。

于滴定管中（将一支碱式滴定管下端胶管部分换成乳胶头！）装入室温下放置一天以上的水。轻轻捏动乳胶头赶净气泡，记下初始读数（精确至 0.01mL），小心将待测固体移至已盛水的滴定管中（注意既不要将物质洒落，也不要将水洒出）。轻轻上下振荡滴定管，将气泡赶尽！放置 3min。记下滴定管的最终读数（精确至 0.01mL）。

取出待测物，交还指导教师或放回指定的位置。做好数据记录（表 8-1）。

表 8-1 数据记录与结果处理

未知物序号	1	2	3	4	5
硫酸纸质量/g					
硫酸纸＋未知物质量/g					
滴定管的初始读数/mL					
滴定管的最终读数/mL					
未知物质量/g					
未知物体积/mL					
未知物密度/g·mL^{-1}					

（2）粒状固体密度的测定 首先称出空比重瓶的质量 m_0；再将约占 2/3 比重瓶体积的待测固体颗粒小心装入比重瓶内，称得质量 m_1；然后将瓶内注满密度 ρ 的液体（该液体不溶解待测固体，但能润湿待测固体，且置于室温下放置 1 天以上）；轻轻摇动比重瓶赶走瓶内气泡，盖上瓶塞，用滤纸吸去比重瓶塞子上毛细管口溢出的液体，称出质量 m_2；将固体颗粒对号倒入回收瓶（不可倒错！），液体倒掉，然后再向瓶内注入密度 ρ 的液体，充满，赶走瓶内气泡，盖上瓶塞，用滤纸小心吸去比重瓶塞子上毛细管口溢出的液体，最后称得质量 m_3，则固体的密度 ρ_s 可用下式计算：

$$\rho_s = \frac{m_1 - m_0}{(m_3 - m_0) - (m_2 - m_1)}\rho$$

【数据记录与处理】

1. 列表表达实验条件与测得的数据。

2. 计算实测温度条件下乙醇的密度并与标准值比较。

3. 选择一种金属计算实测条件下的密度并与其标准值比较。

【附注】

1. 液体密度的测定

（1）比重计法 市售的成套比重计是在一定温度下标度的。比重计分为两大类：一类是用来测定相对密度大于 1 的液体的，叫重表；另一类是用来测定相对密度小于 1 的液体的，叫轻表。比重计是一支中空的玻璃浮标，上部有标线，下部有重锤，内装铅粒（图 8-1）。根据液体相对密度的大小，选择一支比重计，在比重计所示的温度下插入待测液体中，从液面处的刻度可以直接读出该液体的相对密度。用比重计测定液体相对密度的操作简单、方便，但不够精确。

（2）比重瓶或比重管法 分常量法和小量法两种。

① 常量法 用 10mL 容量瓶（见本实验实验内容 1）。

② 小量法 测定易挥发性液体的密度，一般使用比重管测定。其测定方法是：将比重管（图 8-2）洗净，干燥后挂在天平上称量得 m_0。将待测液体由 B 支管口注入，使充满刻度 S 左边空间和 B 端。盖上 A、B 两支管的磨口小帽，以不锈钢丝将比重管吊浸在恒温槽中恒温 5～10min，然后拿掉两小帽，将比重管 B 端略倾斜抬起，用滤纸从 A 支管吸去管内多余的液体，以调节 B 支管的液面至刻度 S，从恒温槽中取出比重管并将两个小帽套上。用滤纸吸干管外所沾之水，称重为 m。

同样，用上述方法称出水的质量 m_{H_2O}。在某温度时被测液体的密度为：

$$\rho = \frac{m - m_0}{m_{H_2O} - m_0}\rho_{H_2O}$$

图 8-1　比重计

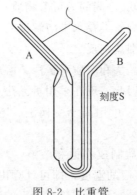

图 8-2　比重管

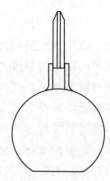

图 8-3　比重瓶

小量法也可以用比重瓶测定。将比重瓶（图 8-3）洗净，烘干，在分析天平上称量为 m_0，然后向瓶中注入蒸馏水，盖上瓶塞放入恒温槽中恒温 15min。用滤纸或清洁的纱布擦干比重瓶外面的水，再称重得 m_{H_2O}。

同样按上述方法测定待测液体的质量 m，待测液体的密度按上式计算。

2. 固体密度的测定

（1）浮力法　测定固体密度比较困难，常用浮力法。纯固体的晶体悬浮在液体中时既不能浮在液面又不能沉在底部，此时，固体的密度与液体的密度相等，只需要测出液体密度便知该固体密度。其实验方法如下：首先选择合适的液体 A，使晶体浮在液面上（液体 A 的密度大于晶体的密度）。再选择液体 B，使晶体沉在底部（液体的密度小于晶体的密度）。最后准备 A、B 混合液，使晶体悬浮其中，测定混合液的密度，即为该固体的密度。必须注意固体在 A、B 液体中不发生溶解现象。

（2）固体密度的测定也可用比重瓶　其方法见本实验实验内容 2.。

3. 几种常见金属的密度（表 8-2）

表 8-2　几种常见金属的密度

物质名称	Al	Zn	Sn	Cu	Pb
密度/g·cm⁻³	2.70	7.14	7.28	8.92	11.34

【思考题】

1. 测定密度时为什么要用恒温水浴？为什么要用参比液体？

2. 用比重瓶测定固体密度时，为什么不允许固体颗粒与液体接触面上存在气泡？

3. 测定易挥发的有机液体密度时，应注意哪些问题？

实验九　　硝酸钾溶解度的测定

【实验目的】

1. 了解溶解度的概念。

2. 掌握用析晶法测定易溶盐溶解度的方法。

3. 利用所测定的实验数据，绘制溶解度-温度曲线。

【实验原理】

在一定温度和压力下，一定量的饱和溶液中溶解的溶质的量称为该溶质的溶解度。一般情况下，固体的溶解度是用 100g 溶剂中能溶解的溶质的最大质量（g）表示的。固体物质在水中或多或少地溶解，绝对不溶的物质是没有的。在室温下某物质在 100g 水中能溶解 10g

以上的为易溶物质；溶解度在 $1\sim10g$ 之间的为可溶物质；溶解度不到 $0.01g$ 的为难溶物质。本实验测定的物质是易溶性盐，影响盐类在水中溶解度的主要外界因素是温度，盐类物质的溶解度一般随温度升高而增加，个别盐则反之。

测定易溶盐溶解度的方法有析晶法和溶质质量法。溶质质量法控制恒温比较困难，而且溶液转移时易损失致使测定不准，因此，现在采用析晶法（其溶液为无色或浅色时较好）为多。测定微溶或难溶盐溶解度的方法可用离子交换法、电导法、分光光度法及荧光光度法等。请参考有关溶度积常数的测定实验。

在一定量的水中，溶入一定量盐制成不饱和溶液。当使溶液缓缓降温并开始析出晶体（溶液成为饱和状态）的同时测出溶液的温度，即可计算出在该温度下的 100g 水中，溶解达饱和所需要盐的最大质量（g），即是这种盐在该温度下的溶解度。

【仪器和试剂】

温度计，大试管，台秤（0.1g 精度），水浴，小量筒。

硝酸钾（CP），蒸馏水。

【实验步骤】

① 在台秤上称量硝酸钾 3.5g、1.5g、1.5g、2.0g、2.5g 五份。

② 用洁净的大试管，先加入 10mL 蒸馏水，再加入 3.5g 硝酸钾，在水浴中加热，边加热边搅拌至完全溶解。

③ 自水浴中拿出试管，插入一支干净的温度计，一边用玻璃棒轻轻搅拌并摩擦管壁，同时观察温度计的读数，当开始有晶体析出（小晶体或变浑浊）时，立即读数并作记录。

④ 把试管再放入水浴中加热使晶体全部溶解，然后重复上述 3 的操作，再测定开始析出晶体的温度，对比两次读数，再重复测一次。

⑤ 向试管中再加 1.5g 硝酸钾（试管内共有硝酸钾为 $3.5+1.5=5.0g$），在水浴中加热，边加热边搅拌至完全溶解，然后重复上述③、④的操作。

⑥ 同样重复⑤的操作，依次测得加入 1.5g、2.0g、2.5g（即试管中一共有硝酸钾依次为 6.5g、8.5g、11.0g）开始析出晶体的温度。该温度计不要洗涤，因为析晶需要晶种。

⑦ 根据所得数据，以温度为横坐标，溶解度为纵坐标，绘制出溶解度曲线图。从图上应可清楚地反映出溶解度和温度的密切关系。

【数据记录与处理】

将实验数据填入表 9-1 中。

表 9-1　实验结果记录表

试管中依次加入硝酸钾的量/g		3.5	1.5	1.5	2.0	2.5
试管中硝酸钾的总量/g		3.5	5.0	6.5	8.5	11.0
开始析出晶体时的温度/℃	t_1					
	t_2					
	平均					
溶解度						

【思考题】

1. 当测定带结晶水的物质的溶解度时，溶解过程生成水或消耗水时如何计算？

2. 在用析晶法测定易溶盐的溶解度时，为什么说一定要把握好刚刚析出晶体的时刻？又为什么说当析出的晶体含有结晶水时更是如此？

【附注】

1. 当室温不够低时，可把试管浸入冷水中冷却降温。溶液在降温过程中，用玻璃棒轻轻搅拌溶液并摩擦管壁，以防止溶液出现过饱和。读取温度计数值时，须把握刚刚开始析出晶体的时刻，以免增大误差。

2. 在生产实践和科研工作中，为了直观地了解溶解度与温度之间的关系，通常以列表法和绘制溶解度曲线法来实现。列表法虽然详细，但只能通过实验一一对应地进行，不够一目了然。溶解度曲线法通过几个实验数据作出溶解度曲线，并由作图法在此曲线上找出在该温度范围内的其他温度下的溶解度，因此能直观地指导生产实践和科研工作。

实验十　醋酸电离常数的测定

【实验目的】

1. 了解测定醋酸电离度和电离常数的方法。

2. 了解 pH 计的原理，学习使用 pH 计。

3. 巩固滴定管、移液管、容量瓶的操作。

4. 进一步熟悉溶液的配制与标定。

【实验原理】

在水溶液中仅能部分电离的电解质称为弱电解质。弱电解质的电离平衡是可逆过程，当正逆两过程速度相等时，分子和离子之间就达到了动态平衡，这种平衡称为电离平衡。一般只要设法测定平衡时各物质的浓度（或分压）便可求得平衡常数。常用方法有：目测法、pH 值法、电导率法、电化学法和分光光度法等。本实验通过 pH 值法测定醋酸的电离平衡常数和电离度。

醋酸（CH_3COOH 或 HAc）是弱电解质，在水溶液中存在以下电离平衡

$$HAc \Longrightarrow H^+ + Ac^-$$

若 c 为 HAc 的起始浓度，$[H^+]$、$[Ac^-]$、$[HAc]$ 分别为 H^+、Ac^-、HAc 的平衡浓度，α 为电离度，K_a 为电离常数。在纯的 HAc 溶液中 $[H^+]=[Ac^-]$、$[HAc]=c(1-\alpha)$。

$$\alpha = \frac{[H^+]}{c} \times 100\% \qquad K_a = \frac{[H^+][Ac^-]}{[HAc]} = \frac{[H^+]^2}{c-[H^+]}$$

当 $\alpha < 5\%$ 时，$K_a \approx \dfrac{[H^+]^2}{c}$

在一定温度下，用 pH 计测定 HAc 溶液的 pH 值，再根据 $pH = -lg[H^+]$ 关系式计算 H^+ 的浓度。所以测定了已知浓度的 HAc 溶液，由上述式子，就可以计算出该温度下的电离度和电离常数。

【仪器和试剂】

梅特勒-托利多 Delta 320-S 型 pH 计 1 套，滴定管（碱式），移液管（5mL、25mL），锥形瓶，容量瓶（50mL，3 个），烧杯（50mL，4 个）。

HAc（浓），NaOH（AR），酚酞指示剂（0.2%）。

【实验内容】

1. 250mL 0.2mol·L^{-1}NaOH 溶液的配制与标定

参见实验五及实验六。

2. 300mL 0.2mol·L^{-1}醋酸溶液的配制与标定

① 计算 300mL 0.2mol·L^{-1}醋酸溶液所需冰醋酸（17.5mol·L^{-1}）的量，用量筒量取

所需冰醋酸，再加蒸馏水稀释至 300mL，充分混匀，转入试剂瓶中。

② 以酚酞为指示剂，用已知浓度的标准 NaOH 溶液标定约 $0.2mol\cdot L^{-1}$ HAc 溶液的浓度，把数据记录及结果处理填入表 10-1。

3. 配制不同浓度的醋酸溶液

用吸量管分别移取 2.50mL、5.00mL、25.00mL 已测得准确浓度的 HAc 溶液，把它们分别加入三个 50mL 容量瓶中，再用蒸馏水稀释到刻度，摇匀，并计算出这三瓶 HAc 溶液的准确浓度。

4. 测定醋酸溶液的 pH

把以上四种不同浓度的 HAc 溶液分别加入 4 只干燥的 50mL 烧杯中，按由稀到浓的顺序用 pH 计依次测定它们的 pH，记录数据和室温。计算出相应的电离度和电离常数，填入表 10-2 中。

【数据记录与处理】

数据记录于表 10-1 和表 10-2。

表 10-1　$0.2mol\cdot L^{-1}$ 醋酸溶液浓度的标定

NaOH 标准溶液的浓度/(mol·L⁻¹)				
平行滴定份数		1	2	3
移取 HAc 溶液的体积/mL		25.00	25.00	25.00
消耗 NaOH 溶液的体积/mL				
HAc 溶液的浓度/(mol·L⁻¹)	测定值			
	相对偏差			
	平均值			

表 10-2　醋酸溶液 pH 的测定

温度_____℃

编　号	c	pH	$[H^+]$	α	电离常数 K_a	
					测定值	平均值
1						
2						
3						
4						

【思考题】

1. 改变所测 HAc 溶液的浓度或温度，则电离度和电离常数有无变化？若有变化，会有怎样的变化？

2. "电离度越大，酸度越大"。这句话是否正确？为什么？

3. 若所用 HAc 溶液的浓度极稀，是否还可以用 $K_a = \dfrac{[H^+]^2}{c}$ 求电离常数？

4. 实验中 $[HAc]$ 和 $[Ac^-]$ 浓度是怎样测得的？要做好本实验，操作的关键是什么？

实验十一　化学反应速率、反应级数和活化能的测定

【实验目的】

1. 了解浓度、温度和催化剂对反应速率的影响。

2. 测定过二硫酸铵与碘化钾反应的平均反应速率、反应级数、速率常数和活化能。

【实验原理】

在水溶液中，过二硫酸铵与碘化钾发生如下反应：

$$(NH_4)_2S_2O_8 + 3KI = (NH_4)_2SO_4 + K_2SO_4 + KI_3$$

反应的离子方程式为：

$$S_2O_8^{2-} + 3I^- = 2SO_4^{2-} + I_3^- \tag{1}$$

实验证明，该反应对应的质量作用定律为

$$\frac{dc(S_2O_8^{2-})}{dt} = kc^m(S_2O_8^{2-})c^n(I^-) \tag{2}$$

式中，$dc(S_2O_8^{2-})$ 为 $S_2O_8^{2-}$ 在 dt 时间内物质的量浓度的改变值；$c(S_2O_8^{2-})$ 和 $c(I^-)$ 分别为两种离子的初始浓度；k 为反应速率常数；m 和 n 为反应级数。

由于实验中无法测得 dt 时间内微观量的变化值 $dc(S_2O_8^{2-})$，故在实验中以宏观时间的变化"Δt"代替"dt"，以宏观量的变化 $\Delta c(S_2O_8^{2-})$ 代替微观量的变化 $dc(S_2O_8^{2-})$，即以平均速率 $\Delta c(S_2O_8^{2-})/\Delta t$ 代替瞬间速率 $dc(S_2O_8^{2-})/dt$。这是本实验误差产生的主要原因。在上述原则下式(2)可改为式(3)

$$\frac{\Delta c(S_2O_8^{2-})}{\Delta t} = kc^m(S_2O_8^{2-})c^n(I^-) \tag{3}$$

为了能够测出在一定时间内（Δt）$S_2O_8^{2-}$ 浓度的变化，在混合（$NH_4)_2S_2O_8$ 和 KI 溶液时，同时加入一定体积的已知浓度的 $Na_2S_2O_3$ 溶液和作为指示剂的淀粉溶液，这样在反应（1）进行的同时，也进行着如下的反应：

$$2S_2O_3^{2-} + I_3^- = S_4O_6^{2-} + 3I^- \tag{4}$$

反应(4)进行得非常快，几乎瞬间完成，而反应(1)却慢得多，所以由反应(1)生成的 I_3^- 立刻与 $S_2O_3^{2-}$ 作用生成无色的 $S_4O_6^{2-}$ 和 I^-。因此，在反应开始阶段，看不到碘与淀粉作用而显示出来的特有蓝色。但是一旦 $Na_2S_2O_3$ 耗尽，反应（1）继续生成的微量 I_3^- 立即使淀粉溶液显蓝色。所以蓝色的出现就标志着反应（4）的完成。从反应方程式（1）和（4）的计量关系可以看出，$S_2O_8^{2-}$ 浓度减少的量等于 $S_2O_3^{2-}$ 减少量的一半，即

$$c(S_2O_8^{2-}) = \frac{c(S_2O_3^{2-})}{2} \tag{5}$$

$$\nu = \frac{c(S_2O_8^{2-})}{\Delta t} = \frac{c(S_2O_3^{2-})/2}{\Delta t}$$

由于在 Δt 时间内 $S_2O_3^{2-}$ 基本上全部耗尽，浓度近似等于零，所以 $c(S_2O_3^{2-})$ 实际上是反应开始时 $Na_2S_2O_3$ 的浓度。根据式(5)即可求得反应速率。再由不同浓度下测得的反应速率，求算该反应的反应级数（$m+n$）值。根据式(2)即可求得反应速率常数 k 值。

根据阿累尼乌斯公式，反应速率常数 k 与反应温度有如下关系：

$$\lg k = \frac{-E_a}{2.303RT} + \lg A$$

式中，E_a 为反应的活化能；R 为气体常数；T 为热力学温度。因此，只要测得不同温度时的 k 值，以 $\lg k$ 对 $1/T$ 作图可得一直线，由直线的斜率可求得反应的活化能 E_a：

$$斜率 = \frac{-E_a}{2.303R}$$

【仪器和试剂】

秒表，温度计（273K，373K）。

KI（0.20mol·L^{-1}），$(NH_4)_2S_2O_8$（0.20mol·L^{-1}），$Na_2S_2O_3$（0.010mol·L^{-1}），KNO_3（0.20mol·L^{-1}），$(NH_4)_2SO_4$（0.20mol·L^{-1}），$Cu(NO_3)_2$（0.020mol·L^{-1}），淀粉 0.2%。

【实验内容】

1. 浓度对反应速率的影响

室温下按表 11-1 编号 1 的用量分别量取 KI、淀粉、$Na_2S_2O_3$ 溶液于 150mL 烧杯中，用玻棒搅拌均匀。再量取 $(NH_4)_2S_2O_8$ 溶液，迅速加到烧杯中，同时按动秒表，立即用玻棒将溶液搅拌均匀。观察溶液，刚一出现蓝色，立即停止计时。记录反应时间。

表 11-1　浓度对反应速率的影响

	实验编号	1	2	3	4	5
试剂用量/mL	$0.20\text{mol·L}^{-1}KI$	20	20	20	10	5.0
	0.2%淀粉溶液	4.0	4.0	4.0	4.0	4.0
	$0.010\text{mol·L}^{-1}Na_2S_2O_3$	8.0	8.0	8.0	8.0	8.0
	$0.20\text{mol·L}^{-1}KNO_3$	—	—	—	10	15
	$0.20\text{mol·L}^{-1}(NH_4)_2SO_4$	—	10	15	—	—
	$0.20\text{mol·L}^{-1}(NH_4)_2S_2O_8$	20	10	5.0	20	20

用同样方法对编号 2～5 进行实验。为了使溶液的离子强度和总体积保持不变，在检验编号 2～5 中所减少的 KI 或 $(NH_4)_2S_2O_8$ 的量分别用 KNO_3 和 $(NH_4)_2SO_4$ 溶液补充。

2. 温度对反应速率的影响

按表 11-1 实验编号 4 的用量分别加入 KI、淀粉、$Na_2S_2O_3$ 和 KNO_3 溶液于 150mL 烧杯中，搅拌均匀。在一个大试管中加入 $(NH_4)_2S_2O_8$ 溶液，将烧杯和试管中的溶液控制温度在 283K 左右，把试管中的 $(NH_4)_2S_2O_8$ 迅速倒入烧杯中，搅拌，记录反应时间和温度。分别在 293K、303K 和 313K 的条件下重复上述实验，记录反应时间和温度。

3. 催化剂对反应速率的影响

按表 11-1 实验编号 4 的用量分别加入 KI、淀粉、$Na_2S_2O_3$ 和 KNO_3 溶液于 150mL 烧杯中，再加入 2 滴 $0.020\text{mol·L}^{-1}Cu(NO_3)_2$ 溶液，搅拌均匀，迅速加入 $(NH_4)_2S_2O_8$ 溶液，搅拌，记录反应时间。

【数据处理】

① 列表记录实验数据。

② 分别计算编号 1～5 各个实验的平均反应速率，然后求反应级数和速率常数 k。

③ 分别计算四个不同温度实验的平均反应速率以及速率常数 k，然后以 $\lg k$ 为纵坐标，$1/T$ 为横坐标作图，求活化能。

④ 根据实验结果讨论浓度、温度、催化剂对反应速率及速率常数的影响。

【附注】

反应级数的计算

把实验序号 1 和 3 的结果代入下式：

$$\frac{\Delta c(S_2O_8^{2-})}{\Delta t}=kc^m(S_2O_8^{2-})c^n(I^-)$$

可得：$\dfrac{v_1}{v_3}=\dfrac{kc_1^m(S_2O_8^{2-})\cdot c_1^n(I^-)}{kc_3^m(S_2O_8^{2-})\cdot c_3^n(I^-)}$

固定 $c(I^-)$ 的浓度，改变 $c(S_2O_8^{2-})$ 的浓度，可得下式

$$\frac{v_1}{v_3}=\frac{c_1^m(S_2O_8^{2-})}{c_3^m(S_2O_8^{2-})}$$

两边取对数

$$\lg\frac{v_1}{v_3}=m\lg\frac{c_1(S_2O_8^{2-})}{c_3(S_2O_8^{2-})}$$

由上式可求得一个 m 值，再由另两组求出另一 m 值，则得平均值 m。用同样的方法可求出 n 值。

【思考题】

1. 影响化学反应速率的因素有哪些？

2. 化学反应的反应级数是如何确定的？用本实验的结果加以说明。

3. 对有气体参加的反应，压力有怎样的影响？

实验十二　离子交换法测定硫酸钙的溶度积

【实验目的】

1. 了解使用离子交换树脂的一般方法。

2. 用离子交换法测定硫酸钙的溶解度和溶度积的原理。

3. 进一步练习酸碱滴定的操作，继续练习 pH 计、容量瓶及移液管的使用方法。

【实验原理】

溶液中的 Ca^{2+} 可与氢型离子交换树脂发生下述反应：

$$2R-SO_3H+Ca^{2+}\Longleftrightarrow(R-SO_3)_2Ca+2H^+ \tag{1}$$

由于 $CaSO_4$ 是难溶盐，在其水溶液中，Ca^{2+} 和 SO_4^{2-} 与未溶解的 $CaSO_4$ 固体之间，在一定温度下可达动态平衡，已溶解的 Ca^{2+} 和 SO_4^{2-} 浓度（更确切地说应该是活度）的乘积是一个常数。

$$CaSO_4(s)\Longleftrightarrow Ca^{2+}(aq)+SO_4^{2-}(aq) \tag{2}$$

$$K_{sp}=[Ca^{2+}][SO_4^{2-}]$$

当一定量饱和 $CaSO_4$ 溶液流经树脂时，由于 Ca^{2+} 全部被交换为 H^+，用已知浓度的 $NaOH$ 溶液滴定交换出的 H^+，根据消耗的 $NaOH$ 溶液的体积（或用 pH 计测出的 pH 值），可计算出被交换的 H^+ 的离子浓度，由式(1)、式(2) 可知 $[Ca^{2+}]=[SO_4^{2-}]=1/2[H^+]$

所以 $CaSO_4$ 的溶度积常数由下式可以求得：

$$K_{sp}=[Ca^{2+}][SO_4^{2-}]=1/4[H^+]^2$$

【仪器和试剂】

离子交换柱，玻璃棉，乳胶管，螺旋夹，容量瓶（100mL），滴定管夹，锥形瓶（250mL），温度计（0～50℃），烧杯，移液管（25mL），漏斗，pH 试纸。

溴百里酚蓝指示剂（1%），$CaSO_4$ 饱和溶液，强酸性阳离子交换树脂，NaOH 标准溶

液（0.006000mol·L^{-1}），HCl（6.0mol·L^{-1}）。

【实验步骤】

1. 树脂装柱

将离子交换柱洗净，底部填以少量玻璃丝，把离子交换柱固定在滴定管架上，用小烧杯装入少量的已经转型或再生的为氢型的阳离子交换树脂，再加入少量的蒸馏水。方法是：通过玻璃棒连水带树脂转移到交换柱中。在转移的过程中，如水太多，可以打开螺旋夹或活塞，让水慢慢流出。当液面稍高于交换柱内树脂的时候，夹紧螺旋夹。在整个过程中都应该使树脂完全浸在水中，否则气泡会进入树脂床，影响交换效果。如不慎混入气泡可以加入少量蒸馏水使液面高出树脂面，然后用塑料搅拌棒搅拌树脂，直至所有气泡完全逸出。装好树脂后，应检查流出液的 pH 是否在 6～7 之间，否则用蒸馏水淋洗树脂直到符合要求。

2. 干过滤

取新配的 CaSO$_4$ 饱和溶液（测定并记录 CaSO$_4$ 溶液的温度）对溶液进行干过滤，滤液备用。

3. 交换和洗涤

调节交换柱下方的活塞（或螺旋夹），控制流出液的速度为每分钟 20～25 滴，取 5.00mL 干过滤所得的滤液于小烧杯中，分 2～3 次加到离子交换柱中进行交换，同时用 100mL 容量瓶承接（开始约 10～15mL 可不要）。当液面下降到稍高于树脂时，取 30mL 蒸馏水分 4～5 次淌洗小烧杯内壁。每次洗涤液都转移到离子交换柱中，并冲洗交换柱内壁。当树脂上部只有约 2～3mm 厚度时再加蒸馏水于树脂上部，当流出液接近 100mL 时，用 pH 试纸测试流出液的 pH（应在 6～7 之间）。关闭活塞，移走容量瓶。注意：每次往交换柱中加液体（包括加水）前，交换柱中液面应略高于树脂（2～3mm），这样既不会带进气泡又尽可能减少溶液与水的混合，可提高交换与洗涤的效果。

4. 氢离子浓度的测定

① pH 法　用滴管将蒸馏水加至盛有流出液的 100mL 容量瓶中至刻度。充分搅匀后倒入干燥洁净的小烧杯中，用 pH 计测定溶液的 pH，计算出 100mL 溶液中的 H$^+$ 浓度 c_{100}(H$^+$)，并换算成 25mL 的 H$^+$ 浓度 c_{25}(H$^+$)。

② 酸碱滴定法　将容量瓶中的流出液倒入洗净的 250mL 锥形瓶中，用少量水冲洗容量瓶 3 次，洗涤水并入锥形瓶中，再加 2 滴溴百里酚蓝作指示剂，用标准 NaOH 溶液滴定。当由于滴入半滴或者一滴标准液，锥形瓶中溶液有黄色突变为鲜明的蓝色时即为终点，准确读取消耗的 NaOH 溶液体积并记录。

【数据处理】

① pH 法

CaSO$_4$ 饱和溶液的温度/℃：

通过交换柱的饱和溶液的体积/mL：

流出液的 pH 值（定容至 100mL 后）：

流出液的 H$^+$ 浓度 c_{100}(H$^+$)：

CaSO$_4$ 的溶度积 K_{sp}：

对照溶解度的文献值，讨论测定结果产生误差的原因。

② 自己设计出酸碱滴定法的数据记录及结果处理的格式，并进行数据处理，得出最终结果，讨论差生误差的原因。

【附注】

① 离子交换树脂是一种具有网状结构的不溶性高分子聚合物,具有酸性交换基团、能和阳离子进行交换的是阳离子交换树脂;具有碱性交换基团、能和阴离子进行交换的叫阴离子交换树脂。一般为白、黄褐或黑色的半透明的球形固体物质。

离子交换树脂由两部分组成:一部分为网状结构的高分子聚合物,另一部分是结合在高分子聚合物中的活性基团。活性基团与高分子聚合物一起组成带电荷的树脂骨架(称固定离子)。如聚苯乙烯型磺酸型阳离子交换树脂(简写为 $R-SO_3H$),它的活性基团为 $-SO_3H$,能电离出 H^+(交换离子),可与其他阳离子进行交换。若树脂活性基团为 $\equiv NOH$,就成了阴离子交换树脂,它在水中电离出的 OH^- 可与其他阴离子进行交换。在交换过程中,高分子骨架结构不发生实质性的变化。离子交换树脂按活性基团及其强度,可分类如表 12-1 所示。

表 12-1 离子交换树脂分类

树脂	活性基团名称	交换离子	分 类	国产编号举例
$R-SO_3H$	$-SO_3H$ 磺酸基	H^+	强酸性阳离子交换树脂	732 或 001×7
$R-N(CH_3)_3OH$	$-N(CH_3)_3OH$ 季铵基	OH^-	强碱性阴离子交换树脂	717 或 201×7
$R-COOH$	$-COOH$ 羧酸基	H^+	弱酸性阳离子交换树脂	724 或 101×4
$R-NH_3 \cdot OH$	$-NH_3 \cdot OH$	OH^-	弱碱性阴离子交换树脂	704 或 303×2

② 离子交换树脂交换能力的大小,常用交换容量来表示。交换容量是指,每千克干树脂所能交换的离子的物质的量($mol \cdot kg^{-1}$)。一般强酸性阳离子交换树脂交换容量在 $4.5mol \cdot kg^{-1}$ 左右,阴离子交换树脂在 $3mol \cdot kg^{-1}$ 左右。由于树脂交换容量有限,故树脂使用一段时间后常用酸或碱分别将阳离子或阴离子交换树脂浸泡一段时间,使阳离子或阴离子被置换下来,重新变成氢型或氢氧型,并用去离子水浸洗,这一过程称为树脂的再生。

市售的阳离子交换树脂大都为钠型,而阴离子交换树脂大都为氯型,使用前应将它们用酸或碱浸泡一段时间转型(变成氯型或氢氧型)。

本实验用的阳离子交换树脂再生时应该用 HCl 而不用 H_2SO_4,以免生成难溶的 $CaSO_4$ 树脂孔隙,再生用的酸液不能太多也不能太少,否则树脂不能完全转为氢型,影响实验结果。

③ 若用滴定法确定承接液的浓度,可换用其他容器(如锥形瓶),但应注意 100mL 溶液的液面在容器中的大约位置,以利确定交换操作可否结束(用 pH 试纸确定)。

【思考题】

1. 为什么要将洗涤液合并到容量瓶中?

2. 交换过程中,为什么要控制液体的流速不宜太快?

3. 为什么 $CaSO_4$ 饱和溶液要在"干过滤"后才能使用?

4. 如何根据实验结果计算溶解度和溶度积?

5. 以下情况对实验结果有何影响?

① 滴定过程中,往锥形瓶中加入较多量蒸馏水。

② 转移 $CaSO_4$ 饱和溶液至离子交换柱的过程中溶液损失。

③ 流出的淋洗液接近中性就停止淋洗或流出的淋洗液损失并进行滴定。

6. 本实验所需的树脂进行转型时,用 HCl 还是用 H_2SO_4?若测 $PbCl_2$ 的 K_{sp} 应用何种酸进行转型?

7. 该法能否用于测定 $BaSO_4$ 的 K_{sp}?为什么?

实验十三 硫酸钡溶度积的测定(电导率法)

【实验目的】

1. 学习电导率法测定 $BaSO_4$ 的溶度积常数。

2. 学习电导率仪的使用方法。

【实验原理】

硫酸钡是难溶电解质，在饱和溶液中存在如下平衡：

$$BaSO_4(s) \longrightarrow Ba^{2+} + SO_4^{2-}$$

$$K_{sp}(BaSO_4) = [Ba^{2+}][SO_4^{2-}] = c^2(BaSO_4)$$

由此可见，只需测定出 $[Ba^{2+}]$、$[SO_4]$，$c(BaSO_4)$ 其中任何一种浓度值即可求出 $K_{sp}(BaSO_4)$，由于 $BaSO_4$ 的溶解度很小，因此可把饱和溶液看作无限稀释的溶液，离子的活度与浓度近似相等。由于饱和溶液的浓度很低，因此，常采用电导法，通过测定电解质溶液的电导率计算离子浓度。

实验证明当溶液无限稀时，每种电解质溶液的极限摩尔电导是离解两种离子的极限摩尔电导简单加和，对 $BaSO_4$ 饱和溶液而言：

$$\Lambda_{m\infty}(BaSO_4) = \Lambda_{m\infty}(Ba^{2+}) + \Lambda_{m\infty}(SO_4^{2-})$$

当以 $\frac{1}{2}BaSO_4$ 为基本单元，$\Lambda_{m\infty}(BaSO_4) = 2\Lambda_m\left(\frac{1}{2}BaSO_4\right)$。在 25℃ 时，无限稀的 $\frac{1}{2}Ba^{2+}$ 和 $\frac{1}{2}SO_4^{2-}$ 的 $\Lambda_{m\infty}$ 值分别为 $63.6S\cdot cm^2\cdot mol^{-1}$、$8.0S\cdot cm^2\cdot mol^{-1}$。

因此 $\Lambda_{m\infty}(BaSO_4) = 2\Lambda_m\left(\frac{1}{2}BaSO_4\right) = 2\left[\Lambda_{m\infty}\left(\frac{1}{2}Ba^{2+}\right) + \Lambda_{m\infty}\left(\frac{1}{2}SO_4^{2-}\right)\right] = 2\times(63.6+8.0)$

$$= 143.2(S\cdot cm^2\cdot mol^{-1})$$

摩尔电导率又是浓度为 $1mol\cdot dm^{-3}$ 溶液的电导率 $\kappa(\kappa = \Lambda_m c)$，因此，只要测得电导率 κ 值，即求得溶液浓度。

$$c(BaSO_4) = \frac{1000\Lambda_m(BaSO_4)}{\Lambda_{m\infty}(BaSO_4)}$$

由于测得 $BaSO_4$ 的电导率包括水的电导率，因此真正的 $BaSO_4$ 电导率

$$\kappa(BaSO_4) = \kappa(BaSO_4 \text{ 溶液}) - \kappa(H_2O)$$

$$K_{sp}(BaSO_4) = \left[\frac{\kappa(BaSO_4 \text{ 溶液}) - \kappa(H_2O)}{\Lambda_{m\infty}(BaSO_4)} \times 1000\right]^2$$

【仪器和试剂】

DDS-6700 型或 DDS-11 型电导率仪，烧杯，量筒，$BaSO_4$。

【实验步骤】

1. $BaSO_4$ 饱和溶液制备

将重量分析中经灼烧的 $BaSO_4$ 置于 50mL 烧杯中，加已测定电导率的纯蒸馏水 40mL，加热煮沸 3~5min，搅拌、静置、冷却。

2. 电导率测定：

① 取 40mL 纯水，测定其电导率 $\kappa(H_2O)$，测定时操作要迅速。

② 将制得的 $BaSO_4$ 饱和溶液冷却至室温之后（取上层清液）用 DDS-6700 型或 DDS-11A 型电导率仪测得溶液 $\kappa(BaSO_4 \text{ 溶液})$ 或电导 $G(BaSO_4)$。

由测得的温度 $t =$ ⎵⎵⎵；$\kappa(BaSO_4 \text{ 溶液}) =$ ⎵⎵⎵ $S\cdot m^{-1}$；$\kappa(H_2O) =$ ⎵⎵⎵ $S\cdot m^{-1}$；求得

$$K_{sp}(BaSO_4) = \left[\frac{\kappa(BaSO_4 \text{溶液}) - \kappa(H_2O)}{\Lambda_{m\infty}(BaSO_4)} \times 1000 \right]^2$$

【思考题】

1. 为什么要测纯水电导率？

2. 何谓极限摩尔电导率，什么情况下 $\Lambda_{m\infty} = \Lambda_{m\infty \text{正离子}} + \Lambda_{m\infty \text{负离子}}$？

3. 在什么条件下可用电导率计算溶液浓度？

实验十四 配位化合物的生成和性质

【实验目的】

1. 掌握配离子与简单离子的区别。

2. 比较配合物的稳定性，了解螯合物的概念。

3. 了解配位平衡与酸碱平衡、沉淀溶解平衡、氧化还原平衡的关系。

【实验原理】

配位化合物（简称配合物或络合物）的组成一般分为内界和外界两部分。中心离子和配体组成配位化合物内界，其余离子为外界。例如 $[Co(NH_3)_6]Cl_3$ 中，中心离子 Co^{3+} 和配体 NH_3 组成内界，三个 Cl^- 处于外界。在水溶液中，内、外界之间全部解离，如 $[Co(NH_3)_6]Cl_3$ 在水溶液中全部解离为 $[Co(NH_3)_6]^{3+}$ 和 Cl^- 两种离子。$[Co(NH_3)_6]^{3+}$ 存在如下解离平衡：

$$[Co(NH_3)_6]^{3+} \rightleftharpoons Co^{3+} + 6NH_3$$

配合物越稳定，解离出 Co^{3+} 的浓度越小。

配合物的稳定性可由配位-解离平衡的平衡常数 $K_{\text{稳}}^{\ominus}$ 来表示，$K_{\text{稳}}^{\ominus}$ 越大配合物越稳定。例如：

$$Cu^{2+} + 4NH_3 \rightleftharpoons [Cu(NH_3)_4]^{2+}$$

$$K_{\text{稳}}^{\ominus} = \frac{[[Cu(NH_3)_4]^{2+}]}{[Cu^{2+}][NH_3]^4}$$

根据配位-解离平衡，一种配合物可以生成更稳定的另外一种配合物。改变中心离子或配体的浓度会使配位平衡发生移动，溶液的酸度、生成沉淀、发生氧化还原反应等，都有可能使配位平衡发生移动。

螯合物也称内配合物，它是中心离子（或原子）与多齿配体（多基配体）生成的配合物，因为配体与中心离子（或原子）之间键合形成封闭的环，因而称为螯合物。多齿配体即螯合剂多为有机配体。螯合物的稳定性与它的环状结构有关，一般来说五元环、六元环比较稳定。形成环的数目越多越稳定。

【仪器和试剂】

试管，表面皿，烧杯，电热板。

$Hg(NO_3)_2(0.2mol \cdot L^{-1})$，$KI(0.2mol \cdot L^{-1})$，$FeSO_4(0.2mol \cdot L^{-1})$，$FeCl_3(0.2mol \cdot L^{-1})$，$Fe_2(SO_4)_3(0.2mol \cdot L^{-1})$，$AgNO_3(0.2mol \cdot L^{-1})$，$NaCl(0.2mol \cdot L^{-1})$，$KBr(0.2mol \cdot L^{-1})$，$K_4[Fe(CN)_6](0.2mol \cdot L^{-1})$，$EDTA(0.2mol \cdot L^{-1})$，$CoCl_2(2mol \cdot L^{-1}$，固体)，$NiSO_4(0.2mol \cdot L^{-1})$，$CuSO_4(0.5mol \cdot L^{-1})$，$KSCN(0.5mol \cdot L^{-1}$，25%)，$NH_4F(0.5mol \cdot L^{-1})$，$(NH_4)_2C_2O_4$(饱和)，$Na_2S_2O_3(0.5mol \cdot L^{-1})$，$NaOH(2mol \cdot L^{-1})$，$HCl(6mol \cdot L^{-1}$，浓) $NH_3 \cdot H_2O(6mol \cdot L^{-1})$，$CCl_4$，乙醇(95%)，碘水，丁二酮肟乙醇溶液，$(NH_4)_4SO_4 \cdot FeSO_4 \cdot 6H_2O$ 固体，$CrCl_3(0.2mol \cdot L^{-1})$，$SnCl_2$ 固体。

【实验内容】

1. 配离子和简单离子性质的比较

(1) Hg^{2+} 与 $[HgI_4]^{2-}$

在几滴 $Hg(NO_3)_2$ 溶液中加 1 滴 $2mol \cdot L^{-1}$ NaOH 溶液，观察沉淀的生成及颜色。继续滴加 KI 溶液至沉淀溶解后并过量，再加 1 滴 $2mol \cdot L^{-1}$ NaOH 溶液，有无沉淀生成？为什么？

(2) Fe^{2+} 与 $[Fe(CN)_6]^{4-}$

在少量 $FeSO_4$ 溶液中加 1 滴 $2mol \cdot L^{-1}$ NaOH 溶液，观察沉淀的生成。在 $K_4[Fe(CN)_6]$ 溶液中加 1 滴 $2mol \cdot L^{-1}$ NaOH 溶液，有无沉淀生成？

(3) 复盐 $(NH_4)_4SO_4 \cdot FeSO_4 \cdot 6H_2O$ 的性质

将少量 $(NH_4)_4SO_4 \cdot FeSO_4 \cdot 6H_2O$ 固体加水溶解后，用 NaOH 溶液检验 Fe^{2+} 和 NH_4^+ (气室法) 的存在。

由实验结果说明简单离子与配离子、复盐与配合物有什么不同？

2. 配位平衡的移动

(1) 配位平衡与配体取代反应

① 取几滴 $Fe_2(SO_4)_3$ 溶液，加入几滴 $6mol \cdot L^{-1}$ HCl 溶液，观察溶液颜色有什么变化？再加 1 滴 $0.5mol \cdot L^{-1}$ KSCN 溶液，颜色又有什么变化？然后向溶液中滴加 $0.5mol \cdot L^{-1}$ NH_4F 溶液至溶液颜色完全褪去。由溶液颜色变化比较三种配离子的稳定性。

② 取几滴 $CoCl_2$ 溶液，滴加 25% KSCN 溶液，加入少量丙酮，观察溶液颜色变化；再加 1 滴 $Fe_2(SO_4)_3$ 溶液，溶液的颜色又有什么变化？由溶液的颜色变化比较 Co^{2+} 和 Fe^{3+} 与 SCN^- 生成配离子的相对稳定性。根据查表得到的 $K_{稳}^{\ominus}$，求取代反应的平衡常数 $K^{\ominus}$。

(2) 配位平衡与酸碱平衡

① 在 $Fe_2(SO_4)_3$ 与 NH_4F 生成的配离子 $[FeF_6]^{3-}$ 中滴加 $2mol \cdot L^{-1}$ NaOH 溶液，观察沉淀的生成和颜色的变化。写出反应方程式并根据平衡常数加以说明。

② 取 2 滴 $Fe_2(SO_4)_3$ 溶液，加入 10 滴饱和 $(NH_4)_2C_2O_4$ 溶液，溶液的颜色有什么变化？然后加几滴 $0.5mol \cdot L^{-1}$ KSCN 溶液，溶液的颜色有无变化？再逐滴加入 $6mol \cdot L^{-1}$ 溶液，观察溶液的颜色变化。写出反应方程式。

(3) 配位平衡与沉淀溶解平衡

在试管中加入少量 $AgNO_3$ 溶液，滴加 NaCl 溶液，有何现象？滴加 $6mol \cdot L^{-1}$ $NH_3 \cdot H_2O$ 至沉淀消失后，滴加 KBr 溶液，有何现象？再滴加 $Na_2S_2O_3$ 溶液至沉淀刚好消失，滴加 KI 溶液，观察沉淀的颜色。根据实验现象，写出离子反应方程式。用 $K_{sp}^{\ominus}$ 和 $K_{稳}^{\ominus}$ 加以说明。

(4) 配位平衡与氧化还原平衡

① 在有少量 CCl_4 的试管中加几滴 $FeCl_3$，滴加 $0.5mol \cdot L^{-1}$ NH_4F 溶液至溶液呈无色，再加几滴 KI 溶液，振荡试管，观察 CCl_4 层颜色。可与同样操作不加 NH_4F 溶液的实验相比较，并根据电极电势加以说明。

② 向有少量 CCl_4 的两支试管中各加 1 滴碘水后，向一试管滴加 $FeSO_4$ 溶液，向另一试管中滴加 $K_4[Fe(CN)_6]$ 溶液，观察两支试管中现象有什么不同？写出反应方程式。

③ 在几滴 $FeCl_3$ 溶液中加几滴 $6mol \cdot L^{-1}$ HCl 溶液，加 1 滴 KSCN 溶液，再加入少许 $SnCl_2$ 固体。观察溶液的颜色变化，写出反应方程式并加以解释。

3. 配合物的生成

向试管中加 0.5mL 0.5mol·L⁻¹ CuSO₄ 溶液，逐滴加入 6mol·L⁻¹ NH₃·H₂O 至生成的沉淀消失，向溶液中加入 95% 的乙醇，摇匀静置，便有硫酸四氨合铜晶体析出。用乙醇洗净晶体，设法确定配合物内界、外界、中心离子和配体。

4. 螯合物的生成

(1) 丁二酮肟合镍(Ⅱ) 的生成

在试管中加入 1 滴 NiSO₄ 溶液和 3 滴 6mol·L⁻¹ NH₃·H₂O，再加几滴丁二酮肟的乙醇溶液，则有二丁二酮肟合镍(Ⅱ) 鲜红色沉淀生成：

$$Ni^{2+} + \begin{array}{c} H_3C-C=NOH \\ | \\ H_3C-C=NOH \end{array} + 2NH_3 = \begin{array}{c} H_3C-C=N \quad N=C-CH_3 \\ Ni \\ H_3C-C=N \quad N=C-CH_3 \end{array} + 2NH_4^+$$

(2) 铁离子与 EDTA 配离子的生成

向试管中加入几滴 0.1mol·L⁻¹ FeCl₃ 溶液，滴加 KSCN 溶液后，加 NH₄F 溶液至无色。然后滴加 0.1mol·L⁻¹ EDTA 溶液，观察溶液颜色的变化并加以说明。EDTA 与 Fe³⁺ 生成的螯合物有五个五元环。反应可简写为

$$Fe^{3+} + [H_2(edta)]^{2-} \Longrightarrow [Fe(edta)]^- + 2H^+$$

5. 配合物的水合异构现象

① 在试管中加入约 1mL CrCl₃ 溶液，水浴加热，观察溶液变为绿色。然后将溶液冷却，溶液又变为蓝紫色：

$$\underset{(紫色)}{[Cr(H_2O)_6]^{3+}} + 2Cl^- \Longrightarrow \underset{(绿色)}{[Cr(H_2O)_4Cl_2]^+} + 2H_2O$$

② 在试管中加入约 1mL 2mol·L⁻¹ CoCl₂ 溶液，将溶液加热，观察溶液变为蓝色，然后将溶液冷却，溶液又变为红色：

$$\underset{(红色)}{[Co(H_2O)_6]^{2+}} + 4Cl^- \Longrightarrow \underset{(蓝色)}{[CoCl_4]^{2-}} + 6H_2O$$

若实验现象不明显，可向试管中加入少许 CoCl₂ 固体或浓盐酸，以提高 Cl⁻ 的浓度。

【思考题】

1. 举例说明影响配位平衡的因素有哪些？

2. 用实验事实说明氧化型与还原型生成配离子后其氧化还原能力如何变化？

3. 根据实验结果比较 SCN^-、F^-、Cl^-、$C_2O_4^{2-}$、EDTA 等对 Fe³⁺ 的配位能力。

实验十五　磺基水杨酸合铁配合物的组成及其稳定常数测定

【实验目的】

1. 了解分光光度法测定配合物的组成及其稳定常数的原理和方法。

2. 测定 pH<2.5 时磺基水杨酸合铁(Ⅲ) 的组成及其稳定常数。

【实验原理】

本实验用分光光度法测定配合物的组成。

根据朗伯-比耳定律，溶液中有色物质对光的吸收程度（吸光度 A）与液层的厚度（l）

和有色物质的浓度（c）成正比。即：

$$A = \varepsilon c l$$

式中，ε 为消光系数（或吸光系数）。当波长一定时，它是有色物质的一个特征常数。比色皿的大小一定，即液层厚度也一定，A 值只与浓度有关。

磺基水杨酸（简式为 H_3R）与 Fe^{3+} 可以形成稳定的配合物，因溶液 pH 的不同形成配合物的组成也不同。本实验测定在 pH＜2.5 时，所形成红褐色的磺基水杨酸合铁（Ⅲ）配离子的组成及其稳定常数。由于所测溶液中，磺基水杨酸是无色的，Fe^{3+} 溶液的浓度很稀，也可认为是无色的，只有磺基水杨酸合铁配离子（MR_n）是有色的，因此溶液的吸光度只与配离子的浓度成正比。通过对溶液吸光度的测定，可以求出该配离子的组成。本实验是采用等物质的量系列法进行测定的。即用一定波长（500nm）的单色光，测定一系列变化组分的溶液的吸光度（中心离子和配体的总物质的量保持不变，而 M 和 R 的摩尔分数连续变化。可取用其浓度相同的金属离子和配位体溶液，维持总体积不变），并作出吸光度组成图，与吸光度极大值相对应的溶液组成便是该配合物的组成。显然在这一系列溶液中，有一些溶液的金属离子是过量的，而另有一些溶液的配体是过量的。在这两部分溶液中，配离子的浓度都不可能达到最大值，只有当溶液中金属离子与配体的摩尔比与配离子的组成一致时，配离子的浓度才最大。由于中心离子和配体基本无色，只有配离子有色，所以配离子的浓度越大，溶液颜色越深，其吸光度也就越大。若以吸光度对中心离子的摩尔分数作图，则从图上最大吸收峰处可以求得配合物的组成 n 值，如图 15-1 所示。

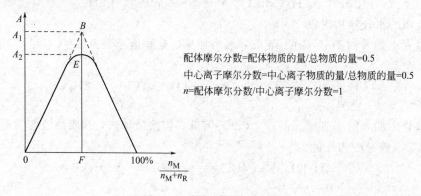

配体摩尔分数=配体物质的量/总物质的量=0.5
中心离子摩尔分数=中心离子物质的量/总物质的量=0.5
n=配体摩尔分数/中心离子摩尔分数=1

图 15-1　等物质的量系列法

由此可知该配合物的组成是 MR。图 15-1 表示一个典型的低稳定性的配合物 MR 的摩尔比与吸光度曲线，将两边直线部分延长相交于 B，B 点位于 50％处，即金属离子与配体的摩尔比为 1∶1。从图中可见，当完全以 MR 形式存在时，在 B 点 MR 的浓度最大，对应的吸光度为 A_1，但由于配合物一部分离解，实验测得的最大吸光度在 E 点，其值为 A_2。配合物的离解度为 α，则

$$\alpha = \frac{A_1 - A_2}{A_1}$$

再根据 1∶1 组成配合物的关系式，由此可导出稳定常数 K。

$$MR \longrightarrow M + R$$

平衡浓度　$c - c\alpha$　　　$c\alpha$　　$c\alpha$

$$K = \frac{[MR]}{[M][R]} = \frac{1 - \alpha}{c\alpha^2}$$

式中，c 为 F 点金属离子的浓度。

【仪器和试剂】

721 型或 752 型分光光度计，烧杯（50mL），容量瓶（100mL），移液管（10mL 带刻度），锥形瓶。

$HClO_4$（0.0100mol·L^{-1}），磺基水杨酸（0.0100mol·L^{-1}），Fe^{3+} 溶液（0.0100mol·L^{-1}）。

【实验内容】

1. 配制系列溶液

① 配制 0.00100mol·L^{-1} Fe^{3+} 溶液。精确吸取 10.00mL 0.0100mol·L^{-1} Fe^{3+} 溶液，注入 100mL 容量瓶中，用 0.0100mol·L^{-1} $HClO_4$ 溶液稀释至刻度，摇匀备用。

② 同法配制 0.00100mol·L^{-1} 磺基水杨酸溶液。

③ 用 3 支 10mL 刻度移液管按照表 15-1 列出的体积（mL），吸取 0.0100mol·L^{-1} $HClO_4$、0.00100mol·L^{-1} Fe^{3+} 溶液和 0.00100mol·L^{-1} 磺基水杨酸溶液，分别注入 11 只 50mL 烧杯中，摇匀。

2. 测定系列溶液的吸光度

用 721 型或 752 型分光光度计（在波长为 500nm 的光源下，以 1 号或 11 号溶液为参比）测系列溶液的吸光度。将测得的数据记入下表。

以吸光度对 Fe^{3+} 的摩尔分数作图，并从图中找出最大吸收峰，求出配合物的组成和稳定常数。

【数据处理】

见表 15-1。

表 15-1　溶液的配制及数据记录

室温温度＿＿＿℃

序号	V_{HClO_4}/mL	V_{H_3R}/mL	$V_{Fe^{3+}}$/mL	Fe^{3+}摩尔分数	吸光度
1	10.00	10.00	0.00		
2	10.00	9.00	1.00		
3	10.00	8.00	2.00		
4	10.00	7.00	3.00		
5	10.00	6.00	4.00		
6	10.00	5.00	5.00		
7	10.00	4.00	6.00		
8	10.00	3.00	7.00		
9	10.00	2.00	8.00		
10	10.00	1.00	9.00		
11	10.00	0.00	10.00		

【附注】

1. 溶液的配制

(1) $HClO_4$ 溶液（0.0100mol·L^{-1}）：将 4.40mL 70% $HClO_4$ 注入 50mL 蒸馏水中，再稀释到 5000mL。

(2) Fe^{3+} 溶液（0.0100mol·L^{-1}）：以分析纯硫酸铁铵 $NH_4Fe(SO_4)_2·12H_2O$ 溶于 0.0100mol·L^{-1}

$HClO_4$ 中配制而成。

（3）磺基水杨酸（$0.0100mol \cdot L^{-1}$）溶液：以分析纯磺基水杨酸溶于 $0.0100mol \cdot L^{-1}$ $HClO_4$ 配制而成。

2. 本实验测得的是表观稳定常数，如果考虑弱酸的电离平衡，则对表观稳定常数要加以校正，校正后即可得 $K_稳$。校正公式为：

$$lgK_稳 = lgK + lga$$

对磺基水杨酸，pH＝2 时，$lga = 10.2$。

【思考题】

1. 用等物质的量系列法测定配合物组成时，为什么说溶液中金属离子与配位体的摩尔比正好与配离子组成相同时，配离子的浓度为最大？

2. 用吸光度对配体的体积分数作图是否可求得配合物的组成？

3. 在测定吸光度时，如果温度变化较大，对测得的稳定常数有何影响？

4. 实验中每种溶液的 pH 是否一样？

5. 使用 721 型、752 型分光光度计应注意哪些问题？

实验十六　硫酸铜结晶水的测定

【实验目的】

1. 继续练习分析天平的使用。

2. 了解使用电阻炉加热的方法。

3. 了解化合物结晶水的测定方法。

【实验原理】

五水硫酸铜是一种蓝色晶体，在不同温度下逐渐脱水，当温度在 533～553K 时则完全脱水成白色粉末状硫酸铜。本实验就是将已知质量的五水硫酸铜加热，除去所有的结晶水后称量，从而计算出水合硫酸铜中结晶水的数目。

【仪器和试剂】

分析天平，电阻炉，坩埚、坩埚钳，干燥器；$CuSO_4 \cdot 5H_2O$(AR)。

【实验内容】

① 将一干净坩埚经 533～553K 灼烧，恒重（准至 1mg），记录数据。在其中放入 1.0～1.2g 磨细的 $CuSO_4 \cdot 5H_2O$，再称重，记录数据。

② 将坩埚（连内容物）放在电阻炉内，开盖加热至 533～553K 之间，约 40min，待硫酸铜粉末颜色变为白色，用干净的坩埚钳将坩埚及盖移入干燥器内，冷至室温。

③ 用干净滤纸碎片将坩埚外部擦干净，分析天平称重，记录数据。再将坩埚及内容物用上面的方法加热 10～15min，冷却、称重、记录数据。如两次称量结果之差不大于 0.005g，按本实验的要求可认为无水硫酸铜已经"恒重"。否则应重复以上加热操作，直至符合要求。

④ 由实验所得数据，计算 1mol $CuSO_4$ 结合的结晶水数目（表 16-1）。

表 16-1　数据记录及计算结果

项　　目	第 1 次称量	第 2 次称量	第 3 次称量
空坩埚质量/g			
坩埚＋$CuSO_4 \cdot 5H_2O$ 质量/g			
$CuSO_4 \cdot 5H_2O$ 质量/g			

续表

项　目	第1次称量	第2次称量	第3次称量
坩埚＋$CuSO_4$ 质量/g			
$CuSO_4$ 质量 m_1/g			
结晶水质量 m_2/g			
$n(CuSO_4)(=m_1/160)/mol$			
$n(H_2O)(=m_2/18.0)/mol$			
1mol $CuSO_4$ 结合的结晶水的数目 $z=\dfrac{n(H_2O)}{n(CuSO_4)}/mol$			

【思考题】

1. 在水合硫酸铜结晶水的测定中，为什么用电阻炉或砂浴加热并且控制温度在280℃左右？

2. 加热后的坩埚能否未冷却至室温就称量？加热后的热坩埚为什么要放在干燥器内冷却？

3. 为什么要进行重复的灼烧操作？什么叫恒重？为什么要恒重？

实验十七　　二氧化碳分子量[1]的测定

【实验目的】

1. 掌握用密度法测分子量的原理，加深理解气态方程式。

2. 掌握 CO_2 分子量测定和计算方法。

3. 练习使用启普发生器和气体净化装置。

4. 进一步练习使用台秤和分析天平。

5. 学习气压计的使用。

【实验原理】

根据理想气体状态方程 $pV=nRT=\dfrac{m}{M}RT$，$n=\dfrac{m}{M}=pV/RT$，即同温同压下同体积的不同气体所含物质的量相同，所以只要在相同温度压力下，测定相同体积的两种气体的质量，其中一种气体的分子量已知，即可求得另一种气体的分子量。

若将二氧化碳与空气均看作理想气体，在同温同压下相同体积的二氧化碳与空气（其平均分子量为29.0）所含物质的量也应相同，即 $n_{CO_2}=n_{空气}$，进一步：

$$\frac{m_{CO_2}}{M_{CO_2}}=\frac{m_{空气}}{M_{空气}}=pV/RT$$

$$M_{CO_2}=\frac{m_{CO_2}}{m_{空气}}\times29.0=\frac{m_{CO_2}}{pVM_{空气}/RT}\times29.0$$

式中，m_{CO_2} 为二氧化碳气体的质量，可通过天平称量测得；$m_{空气}$ 为空气的质量。

$$m_{空气}=pVM_{空气}/RT$$

式中，p 为实验条件下的大气压力，可由气压计读出；T 为实验温度，可由温度计读出；V 为盛装 CO_2 的容器的容积。

---

[1] 指相对分子质量，下同。

$$V=\frac{m_{水}-m_{空气}}{\rho_{水}}\approx\frac{m_{水}-m_{空气}}{1.00}$$

为了提高测得的二氧化碳气体质量的准确性，要求测试用的二氧化碳气体纯净、干燥，所收集的二氧化碳气体体积必须与上式中的 V 相等。

【实验内容】

1. 二氧化碳的制备、净化、干燥与收集

如图 17-1 所示装配好二氧化碳气体发生与净化装置，石灰石与盐酸在启普发生器中反应生成 CO_2 气体，通过洗气瓶 3 的 $NaHCO_3$（碳酸氢钠除去什么？）和洗气瓶 4 的浓 H_2SO_4（硫酸除去什么？）后，导出的气体即为干燥纯净的 CO_2 气体。

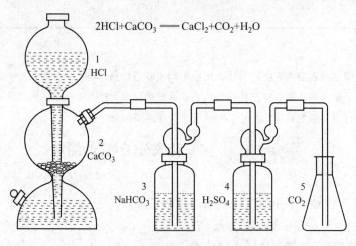

图 17-1 二氧化碳气体发生与净化装置

(1) 装配 在球形漏斗颈部及活塞处均应涂上凡士林，插好球形漏斗和玻璃旋塞，转动几次，使装配严密。

(2) 查气密性 开启旋塞，从球形漏斗口注水至充满半球体时，关闭旋塞。继续加水，待水从漏斗管上升到漏斗球体内，停止加水。在水面处做一记号，静置片刻，如水面不下降，证明不漏气，可以使用。

(3) 加试剂 在葫芦状容器的狭窄处垫一些玻璃棉，再加入块状或较大颗粒的固体试剂后，装上气体逸出管。固体量不可太多，以不超过中间球体容积的 1/3 为宜。液体从球形漏斗中加入，通过调节气体逸出导管上的活塞，可控制气体流速。

(4) 发生气体 使用时，打开活塞即可。停止使用时，关闭气体逸出导管的活塞，气体的压力使液体与固体分离即使反应停止；打开活塞，气体又重新产生。

(5) 添加或更换试剂 发生器中的酸液长久使用会变稀。换酸液时，可先用塞子将球型漏斗上口塞紧并关上气体导管口，然后把液体出口的塞子拔下，让废液流出，再塞紧塞子，向球型漏斗中加入酸液。需要更换或添加固体时，可把导气管旋塞关好，让酸液压入半球体后，用塞子将球型漏斗上口塞紧，再把装有玻璃旋塞的橡皮塞取下，更换或添加固体。

2. 称重

(1) 空气＋瓶＋塞子的质量 取一洁净而干燥的锥形瓶，选一个合适的橡皮塞塞紧瓶口，在塞子上做一个记号，以标出塞子塞入瓶内的位置，在分析天平上称量空气＋瓶＋塞子的质量。

（2）二氧化碳＋瓶＋塞子的质量　从启普发生器产生的二氧化碳气体，经过水、浓硫酸、无水 $CaCl_2$ 和玻璃毛的洗涤和干燥后，导入锥形瓶内。因为二氧化碳的密度大于空气，所以必须把导管插入瓶底，才能把瓶内的空气赶尽，等 $1\sim2\,min$ 后，缓慢取出导管，用塞子塞紧瓶口（塞子塞入瓶口的位置应与上次一样），在分析天平上称二氧化碳＋塞子＋瓶的质量。重复收集二氧化碳气体和称重的操作，直至前后两次的质量相差不超过 $1\,mg$ 为止。

（3）水＋瓶＋塞子的质量　最后在瓶内装满水，塞紧塞子（塞子的位置与前一次一样），在台秤上称重（为什么不在分析天平上称?）。记下室温和大气压。

【数据记录与处理】

实验数据填入表 17-1。

表 17-1　实验数据的记录与处理

项目	原始数据	数据处理依据	结果
室温/℃	$T=$	锥形瓶的容积(mL)$V=(m_3-m_1)/\rho_{水}$	
气压/Pa	$P=$	瓶内空气质量(g)$m_{空气}=\rho VM_{空气}/RT$	
空气＋瓶＋塞/g	$m_1=$	CO_2 气体质量(g)$m_{CO_2}=(m_2-m_1)+m_{空气}$	
CO_2＋瓶＋塞/g	$m_2=$	CO_2 分子量 $M_{CO_2}=29.0\times m_{CO_2}/m_{空气}$	
H_2O＋瓶＋塞/g	$m_3=$	绝对误差 $E=44.01-M_{CO_2}$	

【思考题】

1. 为什么当 CO_2＋瓶＋塞子达到恒重时，即可认为锥形瓶中已充满 CO_2 气体?
2. 为什么 CO_2＋瓶＋塞子的质量要在分析天平上称量，而水＋瓶＋塞子的质量可以在台秤称量?
3. 为什么在计算锥形瓶的容量时不考虑空气的质量，而在计算 CO_2 的重量时，却要考虑空气的质量?
4. 讨论 CO_2 净化干燥的原理。

【注意事项】

1. 保证锥形瓶的洁净和干燥。
2. 通 CO_2 气体时，导管一定要伸入锥形瓶底，保证 CO_2 气体充满锥形瓶，抽出时应缓慢向上移动，并在管口处停留片刻。检验气体是否充满时，火柴应放在管口处。
3. 每次塞子塞入瓶口的位置相同。
4. 测量数据的相对误差不允许太大（0.5%），并进行误差讨论。

实验十八　离子交换法制备纯水

【实验目的】

1. 了解离子交换法制纯水的基本原理，掌握其操作方法。
2. 掌握水质检验的原理和方法。
3. 巩固酸度计的使用，学会电导率仪的使用。

【实验原理】

离子交换法是目前广泛采用的制备纯水的方法之一。水的净化过程是在离子交换树脂上进行的。离子交换树脂是有机高分子聚合物，它是由交换剂本体和交换基团两部分组成的。例如，聚苯乙烯磺酸型强酸性阳离子交换树脂就是苯乙烯和一定量的二乙烯基苯的共聚物，经过浓硫酸处理，在共聚物的苯环上引入磺酸基（—SO_3H）而成。其中的 H^+ 可以在溶液中游离，并与金属离子进行交换。

$$R—SO_3H+M^+ \rightleftharpoons R—SO_3M+H^+$$

式中，R 为聚合物的本体；—SO_3 为与本体联结的固定部分，不能游离和交换；M^+ 代表一价金属离子。

如果在共聚物的本体上引入各种氨基，就成为阴离子交换树脂。例如，季铵型强碱性阴离子交换树脂 $R—N^+(CH_3)_3OH^-$，其中 OH^- 在溶液中可以游离，并与阴离子交换。

离子交换法制纯水的原理基于树脂和天然水中各种离子间的可交换性。例如，$R—SO_3H$ 型阳离子交换树脂，交换基团中的 H^+ 可与天然水中的各种阳离子进行交换，使天然水中的 Ca^{2+}、Mg^{2+}、Na^+、K^+ 等离子结合到树脂上，而 H^+ 进入水中，于是就除去了水中的金属阳离子杂质。水通过阴离子交换树脂时，交换基团中的 OH^- 具有可交换性，将 HCO_3^-、Cl^-、SO_4^{2-} 等离子除去，而交换出来的 OH^- 与 H^+ 发生中和反应，这样就得到了高纯水。

交换反应可简单表示为：

$$2R—SO_3H+Ca(HCO_3)_2 \longrightarrow (R—SO_3)_2Ca+2H_2CO_3$$

$$R—SO_3H+NaCl \longrightarrow R—SO_3Na+HCl$$

$$R—N(CH_3)_3OH+NaHCO_3 \longrightarrow R—N(CH_3)_3HCO_3+NaOH$$

$$R—N(CH_3)_3OH+H_2CO_3 \longrightarrow R—N(CH_3)_3HCO_3+H_2O$$

$$HCl+NaOH \longrightarrow H_2O+NaCl$$

本实验用自来水通过混合阳、阴离子交换树脂来制备纯水。

【仪器和试剂】

电导率仪，电导电极，酸度计，离子交换柱（也可用碱式滴定管代替），玻璃纤维（棉花），乳胶管，螺旋夹，pH 试纸。

717 强碱性阴离子交换树脂，732 强酸性阳离子交换树脂，$NaOH(2mol \cdot L^{-1})$，HCl（$2mol \cdot L^{-1}$），$AgNO_3$（$0.1mol \cdot L^{-1}$），NH_3-NH_4Cl 缓冲溶液（pH=10），铬黑 T 指示剂。

【实验内容】

1. 树脂的预处理

将 717（201×7）强碱性阴离子交换树脂用 $NaOH(2mol \cdot L^{-1})$ 浸泡 24h，使其充分转为 OH^- 型（由教师处理）。取 OH^- 型阴离子交换树脂 10mL，放入烧杯中，待树脂沉降后倾去碱液。加 20mL 蒸馏水搅拌、洗涤，待树脂沉降后，倾去上层溶液，将水尽量倒净，重复洗涤至接近中性（用 pH 试纸检验，pH=7～8）。

将 732（001×7）强酸性阳离子交换树脂用 $HCl(2mol \cdot L^{-1})$ 浸泡 24h，使其充分转为 H^+ 型（由教师处理）。取 H^+ 型阳离子交换树脂 5mL 于烧杯中，待树脂沉降后倾去上层酸液，用蒸馏水洗涤树脂，每次大约 20mL，洗至接近中性（用 pH 试纸检验 pH=5～6）。

最后，把已处理好的阳、阴离子交换树脂混合均匀。

2. 装柱

在一支长约 30cm，直径 1cm 的交换柱内，下部放一团玻璃纤维，下部通过橡皮管与尖嘴玻璃管相连，用螺旋夹夹住橡皮管，将交换柱固定在铁架台上（图 18-1）。在柱中注入少量蒸馏水，排出管内玻璃纤维和尖嘴中的空气，然后将已处理并混合好的树脂与水一起，从上端逐渐倾入柱中，树脂沿水下沉，这样不致带入气泡。若水过满，可打开螺旋夹放水，当上部残留的水达 1cm 时，在顶部也装入一小团玻璃纤维，防止注入溶液时将树脂冲起。在整个操作过程中，树脂要一直保持被水覆盖。如果树脂床中进入空气，会产生偏流使交换效率降低，若出现这种情况，可用玻棒搅动树脂层赶走气泡。

3. 纯水制备

将自来水慢慢注入交换柱中，同时打开螺旋夹，使水成滴流出（流速为每秒 1～2 滴），等流过约 10mL 以后，截取流出液作水质检验，直至检验合格。

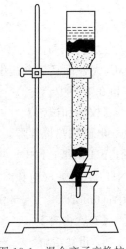

图 18-1　混合离子交换柱

4. 水质检验

（1）化学检验

① 检验 Ca^{2+}、Mg^{2+}　分别取 5mL 交换水和自来水，各加入 3～4 滴 NH_3-NH_4Cl 缓冲液及 1 滴铬黑 T 指示剂，观察现象。交换过的水呈蓝色，表示基本上不含 Ca^{2+}、Mg^{2+}。

② 检验 Cl^-　分别取 5mL 交换水和自来水，各加入 1 滴 $5mol \cdot L^{-1}$ HNO_3 和 1 滴 $0.1mol \cdot L^{-1}$ $AgNO_3$ 溶液，观察现象。交换水无白色沉淀。

（2）物理检验

① 电导率测定：用电导率仪分别测定交换水和自来水的电导率。

水中杂质离子越少，水的电导率就越小，用电导率仪测定电导率可间接表示水的纯度。习惯上用电阻率（即电导率的倒数）表示水的纯度。

理想纯水有极小的电导率。其电阻率在 25℃ 时为 1.8×10^7 $\Omega \cdot cm$（电导率为 0.056 $\mu S \cdot cm^{-1}$）。普通化学实验用水在 1.0×10^5 $\Omega \cdot cm$（电导率为 10 $\mu S \cdot cm^{-1}$），若交换水的测定达到这个数值，即为合乎要求。

② pH 值测定：用酸度计分别测定交换水和自来水的 pH 值。

【思考题】

1. 离子交换法制纯水的基本原理是什么？

2. 装柱时为何要赶净气泡？

3. 钠型阳离子交换树脂和氯型阴离子交换树脂为什么在使用前要分别用酸、碱处理，并洗至中性？

实验十九　　氯化钠的提纯

【实验目的】

1. 掌握提纯 NaCl 的原理和方法。

2. 学习溶解、沉淀、常压过滤、减压过滤、蒸发浓缩、结晶和烘干等基本操作。

3. 了解 Ca^{2+}、Mg^{2+}、SO_4^{2-} 等离子的定性鉴定。

【实验原理】

化学试剂或医药用的 NaCl 都是以粗食盐为原料提纯的，粗食盐中含有 Ca^{2+}、Mg^{2+}、SO_4^{2-} 和 K^+ 等可溶性杂质和泥沙等不溶性杂质。选择适当的试剂可使 Ca^{2+}、Mg^{2+}、SO_4^{2-} 等离子生成难溶盐沉淀而除去，一般先在食盐溶液中加 $BaCl_2$ 溶液，除去 SO_4^{2-}：

$$Ba^{2+} + SO_4^{2-} \Longrightarrow BaSO_4 \downarrow$$

然后再在溶液中加 Na_2CO_3 溶液，除 Ca^{2+}、Mg^{2+} 和过量的 Ba^{2+}：

$$Ca^{2+} + CO_3^{2-} \Longrightarrow CaCO_3 \downarrow$$

$$Ba^{2+} + CO_3^{2-} == BaCO_3 \downarrow$$
$$2Mg^{2+} + 2OH^- + CO_3^{2-} == Mg_2(OH)_2CO_3 \downarrow$$

过量的 Na_2CO_3 溶液用 HCl 中和。粗食盐中的 K^+ 仍留在溶液中。由于 KCl 溶解度比 NaCl 大，而且粗食盐中含量少，所以在蒸发和浓缩食盐溶液时，NaCl 先结晶出来，而 KCl 仍留在溶液中。

【仪器和试剂】

电磁加热搅拌器，循环水泵，吸滤瓶，布氏漏斗，普通漏斗，烧杯，蒸发皿，台秤，滤纸，pH 试纸；NaCl（粗），H_2SO_4（3mol·L^{-1}），Na_2CO_3（饱和溶液），HCl(6mol·L^{-1})，$(NH_4)_2C_2O_4$（饱和溶液），$BaCl_2$(1mol·L^{-1})，$BaCl_2$(0.2mol·L^{-1})，NaOH(6mol·L^{-1})，HAc(6mol·L^{-1}、2mol·L^{-1})，镁试剂Ⅰ（对硝基苯偶氮间苯二酚）。

【实验内容】

1. 粗盐溶解

称取 7.5g 粗食盐于 100mL 烧杯中，加入 25mL 水，用电磁加热搅拌器（或酒精灯）加热搅拌使其溶解。

2. 除 SO_4^{2-}

加热溶液至沸，边搅拌边滴加1mol·L^{-1} $BaCl_2$ 溶液约 2～3mL，继续加热 5min，使沉淀颗粒长大易于沉降。

3. 检查 SO_4^{2-}

将电磁搅拌器（或酒精灯）移开，待沉降后取少量上清液加几滴6mol·L^{-1} HCl，再加几滴1mol·L^{-1} $BaCl_2$ 溶液，如有浑浊，表示 SO_4^{2-} 尚未除尽，需再加 $BaCl_2$ 溶液直至完全除尽 SO_4^{2-}。

4. 除 Ca^{2+}、Mg^{2+} 和过量的 Ba^{2+}

将上面溶液加热至沸，边搅拌边滴加饱和 Na_2CO_3 溶液（约 5～6mL），至滴入 Na_2CO_3 溶液不生成沉淀为止，再多加 0.5mL Na_2CO_3 溶液，静置。

5. 检查 Ba^{2+} 是否除尽

向上清液中加入几滴饱和 Na_2CO_3 溶液，如不再有浑浊产生，表明已除尽 Ba^{2+}；如还有浑浊产生，则表示 Ba^{2+} 未除尽，继续加 Na_2CO_3 溶液，直至除尽为止。常压过滤，弃去沉淀。

6. 用 HCl 调整酸度除去 CO_3^{2-}

在加热搅拌下，往溶液中滴加6mol·L^{-1} HCl，中和到溶液呈微酸性（pH3～4 左右）。

7. 浓缩与结晶

在蒸发皿中把溶液浓缩至原体积的 1/3（出现一层晶膜），冷却结晶，抽吸过滤，用少量的 2∶1 乙醇水溶液洗涤晶体，抽滤至布氏漏斗下端无水滴。然后转移到蒸发皿中小火烘干（除去何物？），冷却产品，称量，计算回收率。

8. 产品纯度的检验

取粗食盐和提纯后的产品 NaCl 各 0.5g，分别溶于约 5mL 蒸馏水中，然后用下列方法对离子进行定性检验并比较二者的纯度。

（1）SO_4^{2-} 的检验

在两支试管中分别加入上述粗、纯 NaCl 溶液约 1mL，分别加入 2 滴6mol·L^{-1} HCl 和

3～4滴0.2mol·L^{-1} BaCl$_2$ 溶液，观察其现象。

（2）Ca^{2+} 的检验

在两支试管中分别加入粗、纯 NaCl 溶液约 1mL，加 2mol·L^{-1} HAc 使呈酸性，再分别加入 3～4 滴饱和草酸铵溶液，观察现象。

（3）Mg^{2+} 的检验

在两支试管中分别加入粗、纯 NaCl 溶液约 1mL，先各加入约 4～5 滴 6mol·L^{-1} NaOH，摇匀，再分别加 3～4 滴镁试剂 I 溶液，溶液有蓝色絮状沉淀时，表示 Mg^{2+} 存在。反之，若溶液仍为紫色，表示无 Mg^{2+} 存在。

【数据处理】

1. 产品外观：

（1）粗盐_____；（2）精盐_____。

2. 产品纯度检验

按表 19-1 进行。

表 19-1 实验现象记录及结论

检验项目	检验方法	被检溶液	实验现象	结　论
SO$_4^{2-}$	6mol·L^{-1} HCl，0.2mol·L^{-1}BaCl$_2$	粗 NaCl 溶液		
		纯 NaCl 溶液		
Ca^{2+}	(NH$_4$)$_2$C$_2$O$_4$饱和溶液	粗 NaCl 溶液		
		纯 NaCl 溶液		
Mg^{2+}	6mol·L^{-1} NaOH，镁试剂 I 溶液	粗 NaCl 溶液		
		纯 NaCl 溶液		

【附注】

镁试剂是对硝基苯偶氮间苯二酚，它在酸性溶液中呈黄色，在碱性溶液中呈红色或紫色，被Mg(OH)$_2$吸附后则呈天蓝色。

【思考题】

1. 在除去 Ca^{2+}、Mg^{2+}、SO$_4^{2-}$ 时为何先加 BaCl$_2$ 溶液，然后再加 Na$_2$CO$_3$ 溶液？

2. 能否用 CaCl$_2$ 代替毒性大的 BaCl$_2$ 溶液来除去食盐中的 SO$_4^{2-}$？

3. 在除 Ca^{2+}、Mg^{2+}、SO$_4^{2-}$ 等杂质离子时，能否用其他可溶性碳酸盐代替 Na$_2$CO$_3$？

4. 在提纯粗食盐过程中，K$^+$ 将在哪一步操作中除去？

5. 加 HCl 除去 CO$_3^{2-}$ 时，为什么要把溶液的 pH 调至 3～4？调至恰为中性如何？

（提示：从溶液中 H$_2$CO$_3$、HCO$_3^-$ 和 CO$_3^{2-}$ 浓度的比值与 pH 的关系去考虑。）

实验二十　硝酸钾的制备和提纯

【实验目的】

1. 学习利用各种易溶盐在不同温度时溶解度的差异来制备易溶盐的原理和方法。

2. 了解结晶和重结晶的一般原理和方法。

3. 掌握固体溶解、加热、蒸发的基本操作。

4. 掌握过滤（包括常压过滤、减压过滤和热过滤）的基本操作。

【实验原理】

硝酸钾是一种常用的化工产品，也是最重要的硝酸盐之一。实验室是用 $NaNO_3$ 和 KCl 通过复分解反应来制备的。其反应式为：

$$NaNO_3 + KCl \Longrightarrow NaCl + KNO_3$$

当 $NaNO_3$ 和 KCl 溶液混合时，在混合液中同时存在四种盐 KNO_3、KCl、$NaNO_3$、NaCl。本实验简单地利用四种盐在不同温度下水中的溶解度差异来分离出 KNO_3 结晶（表 20-1）。在 20℃时除 $NaNO_3$ 外，其余三种盐的溶解度相差不大；随温度的升高，NaCl 溶解度几乎不变，$NaNO_3$ 和 KCl 溶解度改变也不大，而 KNO_3 的溶解度却增大得很快。这样把 $NaNO_3$ 和 KCl 混合溶液加热蒸发，在较高温度下 NaCl 由于溶解度较小而首先析出，趁热滤去，冷却滤液，就析出溶解度急剧下降的 KNO_3 晶体。在初次结晶中，一般混有少量杂质，为了进一步除去这些杂质，可采用重结晶进行提纯。

表 20-1　四种盐在不同温度下水中的溶解度　　　　　$g \cdot (100g\ H_2O)^{-1}$

盐　＼　温度/℃　溶解度	0	20	40	70	100
KNO_3	13.3	31.6	63.9	138.0	246
KCl	27.5	34.0	40.0	48.3	56.7
$NaNO_3$	73.0	88.0	104.0	136.0	180.0
NaCl	35.7	36.0	36.6	37.8	39.8

重结晶：利用溶剂对被提纯物质及杂质的溶解度不同，使被提纯物质从过饱和溶液中重新结晶析出而获得纯化的过程。

【仪器和试剂】

循环水泵，抽滤装置，烧杯（100mL）。

$NaNO_3$（CP），KCl（CP），KNO_3（AR 饱和溶液），$AgNO_3$（$0.1mol \cdot L^{-1}$）。

【实验内容】

1. 硝酸钾的制备

在 100mL 烧杯中加入 8.5g $NaNO_3$ 和 7.5g KCl，再加入 15mL 蒸馏水。将烧杯放在石棉网上，用小火加热搅拌促其溶解，冷却后，常压过滤除去难溶物（若溶液澄清可不用过滤!），并在烧杯外壁沿液面做一标记。再将滤液继续加热蒸发，并不断搅动（为什么），至原有溶液体积的 2/3。此时，烧杯内开始有较多的晶体析出（什么晶体?）。此时趁热快速减压抽滤（提前预热抽滤装置），然后，将滤液迅速转移至烧杯中。此时，滤液中又很快出现晶体（这又是什么晶体?）。另取沸水 10mL 加入吸滤瓶，使结晶重新溶解，并将溶液转移至烧杯中，在搅拌下继续小火加热蒸发，至原有体积的 3/4。静置，冷却（可用冷水浴冷却）。结晶重新析出后（注意观察晶形），进行抽滤。用饱和 KNO_3 溶液洗涤晶体两遍，尽量将晶体抽干，转移至表面皿，用滤纸吸干后称量，计算产率。粗结晶保留少许（约 0.2g）供纯度检验，其余进行下面的重结晶。

2. 硝酸钾的提纯

按质量比 $KNO_3 : H_2O = 1.5 : 1$（该比例根据实验时的温度参照硝酸钾的溶解度适当调整）将粗产品溶于所需蒸馏水中。加热并搅拌使溶液刚刚沸腾即停止加热（此时，若晶体尚未完全溶解，可以加适量水，使其刚好完全溶解）。趁热抽滤，滤液自然冷却到室温，以观察针状晶体的外形，抽滤。取饱和 KNO_3 溶液，用滴管逐滴加于晶体的各部分洗涤，尽量抽干，移出，滤纸吸干后称量。

3. 产品纯度的检验

取粗产品和重结晶后所得 KNO_3 晶体各 0.2g，分别置于两支试管中，各加 1mL 蒸馏水配成溶液，然后再各滴加 2 滴 $0.1mol \cdot L^{-1}$ $AgNO_3$ 溶液，观察现象并作出结论。

【数据处理】

1. 产品外观

（1）粗产品＿＿＿＿＿＿＿＿＿＿＿＿＿＿；（2）精盐＿＿＿＿＿＿＿＿＿＿＿＿＿＿。

2. 纯度检验（表 20-2）

表 20-2 产品的纯度检验

检验项目	检验方法	被检溶液	实验现象	结　　论
Cl^-	加 2 滴 $0.1mol \cdot L^{-1}$ $AgNO_3$	1mL 粗 KNO_3 溶液		
		1mL 纯 KNO_3 溶液		

【附注】

本实验所用的饱和硝酸钾溶液，要用质量好的 AR 级。而且溶液配制好后，一定要用 $AgNO_3$（$0.1mol \cdot L^{-1}$）溶液检查，认定确无 Cl^- 才能使用，以确保不因洗涤液而重新引进杂质。

【思考题】

1. 产品的主要杂质是什么？

2. 能否将除去氯化钠后的滤液直接冷却制取硝酸钾？

3. 在实验时，为什么要补加沸水？

4. 考虑在母液中留有硝酸钾，粗略计算本实验实际得到的最高产量。

实验二十一　硫酸亚铁铵的制备及纯度分析

【实验目的】

1. 了解复盐的一般特征和制备方法。

2. 继续练习水浴加热和减压过滤等基本操作。

3. 了解用目视比色法来检验产品中的 Fe(Ⅲ) 杂质。

【实验原理】

铁屑易溶于稀硫酸中，生成硫酸亚铁：即

$$Fe + H_2SO_4 == FeSO_4 + H_2 \uparrow$$

硫酸亚铁与等物质的量的硫酸铵在水溶液中相互作用，即生成溶解度较小的浅蓝色硫酸亚铁铵 $FeSO_4 \cdot (NH_4)_2SO_4 \cdot 6H_2O$ 复合晶体，又称莫尔盐。

$$FeSO_4 + (NH_4)_2SO_4 + 6H_2O == FeSO_4 \cdot (NH_4)_2SO_4 \cdot 6H_2O$$

一般亚铁盐在空气中都易被氧化，但形成复盐后却比较稳定，不易被氧化。硫酸亚铁铵（莫尔盐）溶于水，但难溶于乙醇。在 0～60℃ 的温度范围内，它在水中的溶解度比组成它的每一组分的溶解度都小。因此，很容易从浓溶液中结晶析出。

目视比色法是确定杂质含量的一种常用方法，在确定杂质含量后就能定出产品的等级。将产品配成溶液，与各标准溶液进行比色，如果产品溶液的颜色比某一标准溶液的颜色浅，就确定杂质含量低于该标准溶液中的含量，即低于某一规定的限度，所以这种方法又称为限量分析。

【仪器和试剂】

抽滤瓶，布氏漏斗，锥形瓶（250mL），蒸发皿，表面皿，量筒（50mL），台秤，水浴锅，吸量管（10mL），比色管（25mL）。

铁屑，Fe（Ⅲ）样品，$(NH_4)_2SO_4$（AR），$NH_4Fe(SO_4)_2 \cdot 12H_2O$（AR），$H_2SO_4$（$3mol \cdot L^{-1}$），HCl（$3mol \cdot L^{-1}$），$Na_2CO_3$（10%），KSCN（饱和溶液），乙醇（95%）。

【实验内容】

1. 硫酸亚铁铵的制备

（1）铁屑的净化（去油污）　称取2g铁屑，放入锥形瓶中，加入20mL 10% Na_2CO_3溶液，在水浴上加热10min，倾析法除去碱液，用水把铁屑上的碱液冲洗干净（检查pH为中性），以防在加入H_2SO_4后产生Na_2SO_4晶体混入$FeSO_4$中。

（2）硫酸亚铁的制备　往盛有铁屑的锥形瓶内加入15mL $3mol \cdot L^{-1}$ H_2SO_4溶液，在水浴上加热（在通风橱中进行），使铁屑与硫酸完全反应（约30min）。反应过程中要不时地往锥形瓶中补加水（以补充被蒸发掉的水分，防止$FeSO_4$晶体析出）及H_2SO_4溶液（要始终保持反应溶液的pH在2以下）。当反应进行到不再产生气泡时，表示反应基本完成。趁热减压过滤，滤液转移至蒸发皿中。将锥形瓶及滤纸上的铁屑洗净，用滤纸吸干后称量，计算已参加反应的Fe的质量。并以它及反应式中的计量关系计算出溶液中硫酸亚铁的理论产量。

（3）硫酸亚铁铵制备　根据上面计算出来的硫酸亚铁的理论产量，大约按照$FeSO_4$与$(NH_4)_2SO_4$的质量比为1:0.9，称取所需固体硫酸铵的量，并计算室温下配制其饱和溶液所需水的量（约有10mL）（见附注4）。将蒸馏水在蒸发皿中微热，把硫酸铵溶于其中，再将溶液加到硫酸亚铁的滤液中混合，保持溶液pH<2。然后将其在水浴上加热蒸发，浓缩至表面出现晶体膜为止（蒸发过程不要搅拌），静置让其自然冷却，即得硫酸亚铁铵晶体。减压过滤，抽滤至干，用少量乙醇（95%）洗涤晶体两次，尽量抽干，转移至表面皿上，观察晶体的颜色和形状，再用滤纸吸干，最后称量，计算产率。

2. 微量铁（Ⅲ）的纯度分析

（1）产品检验　称1.00g样品置25mL比色管中，加入15.00mL不含氧的蒸馏水（煮沸5min，盖好，冷却后备用）溶解，再加入2.00mL $3mol \cdot L^{-1}$ HCl和1.00mL饱和KSCN溶液，继续加不含氧的蒸馏水至25.00mL刻度线，摇匀，与标准溶液进行目视比色，确定产品等级（与标准溶液的颜色相同或略浅，便可定为同一级产品）。

（2）制备标准液　先用分析纯硫酸铁铵配制成0.10mg/mL的Fe^{3+}标准溶液［称取0.0863g $NH_4Fe(SO_4)_2 \cdot 12H_2O$，加蒸馏水溶解，转移至100mL容量瓶中］，用移液管分别取0.50mL、1.00mL、2.00mL Fe^{3+}标准溶液于25mL比色管中，与样品同样处理，最后稀释到25.00mL刻度线，摇匀，则得到符合含Fe^{3+}量的标准溶液三个级别：Ⅰ级试剂0.05mg，Ⅱ级试剂0.10mg，Ⅲ级试剂0.20mg。

【思考题】

1. 计算硫酸亚铁铵的产量，应该以Fe的用量为准，还是以$(NH_4)_2SO_4$的用量为准？为什么？

2. 若在复盐中含有少量$NH_4Fe(SO_4)_2 \cdot 12H_2O$，试设计方法除之。

3. 为什么在制备莫尔盐时均需保持溶液为较强的酸性？

【附注】

1. 铁屑应先剪碎，全部浸没在硫酸溶液中，同时不要剧烈摇动锥形瓶，以防铁暴露在空气中氧化。

2. 制备硫酸亚铁过程中边加热边补充水，以防 $FeSO_4$ 结晶析出，但不能加水过多，保持 pH 在 2 以下。如 pH 太高，Fe^{2+} 易氧化成 Fe^{3+}。

3. 制备硫酸亚铁过程中趁热减压过滤时，为防透滤可同时用两层滤纸，并将滤液迅速倒入事先溶解好的 $(NH_4)_2SO_4$ 溶液中，以防 $FeSO_4$ 氧化。

4. 几种盐的溶解度数据（表 21-1）

表 21-1　几种盐的溶解度数据　　　　　　　　　g·(100g H₂O)⁻¹

盐（相对分子质量）＼溶解度＼温度/℃	10	20	30	40
$(NH_4)_2SO_4$(132.1)	73.0	75.4	78.0	81.0
$FeSO_4 \cdot 7H_2O$(277.90)	37	48.0	60.0	73.3
$FeSO_4 \cdot (NH_4)_2SO_4 \cdot 6H_2O$(392.1)		36.5	45.0	53

实验二十二　硫酸铝钾大晶体的制备

（设计实验，需参考实际实验）

【实验目的】

1. 巩固复盐的有关知识，掌握制备简单复盐的基本方法。

2. 了解从水溶液中培养大晶体的方法，制备出透明的八面体形状的硫酸铝钾大晶体。

【实验要求】

1. 查阅有关资料，根据复盐的性质，从简单盐制备 25g 理论量的硫酸铝钾。

2. 用自制的硫酸铝钾制备硫酸铝钾大晶体。

【提示】

1. 根据原料和硫酸铝钾的溶解度与温度之间的关系，计算出制备 25g 硫酸铝钾所需各种原料的用量。

2. 从水溶液中培养某种盐的大晶体，一般可先制得晶种（较透明的小晶体），然后把晶种植入饱和溶液中培养。晶体的生长受溶液的饱和度、温度、湿度及时间等因素影响，必须控制好一定条件，使饱和溶液缓慢蒸发，才能获得完整形状的大晶体。

【思考题】

1. 复盐制备过程中应注意哪些问题？

2. 观察复盐制备过程中现象，并讨论其原因。

3. 如何把晶种植入饱和溶液？

4. 若在饱和溶液中，晶种上不规则地长出一些小晶体或烧杯底部出现少量晶体时，对大晶体的培养有何影响？应如何处理？

【参考方案】

1. 原理

$$K_2SO_4 + Al_2(SO_4)_3 \cdot 18H_2O + 6H_2O \Longrightarrow 2KAl(SO_4)_2 \cdot 12H_2O$$

相关物质溶解度见表 22-1。

表 22-1　K_2SO_4、$Al_2(SO_4)_3 \cdot 18H_2O$ 与 $KAl(SO_4)_2 \cdot 12H_2O$ 在不同温度下的溶解度

$g \cdot (100g \ H_2O)^{-1}$

溶解度 　　温度/℃ 物质	0	10	20	30	40	50	60	70	80	90	100
K_2SO_4	7.35	9.22	11.11	12.97	14.76	16.56	18.17	19.75	21.4	22.4	24.1
$Al_2(SO_4)_3 \cdot 18H_2O$	31.2	33.5	36.4	40.4	45.7	52.2	59.2	66.2	73.1	86.8	89.0
$KAl(SO_4)_2 \cdot 12H_2O$	3.0	4.0	5.9	8.4	11.7	17.0	24.8	40.0	71.0	109.0	154.0

2. 实验过程

（1）硫酸铝钾的制备　固体 K_2SO_4 和固体 $Al_2(SO_4)_3 \cdot 18H_2O$ 加适量蒸馏水，加热使之充分溶解，然后水浴加热，蒸发浓缩至出现晶膜，冷却至室温后，抽滤得 $KAl(SO_4)_2 \cdot 12H_2O$ 晶体。

（2）晶种制备

① 把制得的盐倒入烧杯中，加水并加热至沸腾，然后把一根尼龙线悬于溶液中间。

注：直接把尼龙线悬于溶液中，可省去绑晶种的麻烦，而且这样会更牢固。

② 把溶液置于不易振荡，易蒸发，没有灰尘的地方，静置 1～2 天。

③ 把线上较小，不规则的晶粒去掉，留下较大的，透明的晶粒做晶种。

（3）大晶体制备

① 把取出晶种后的溶液加热，使烧杯底部的小晶体溶解，并持续加热一小段时间。

② 将溶液冷却至接近室温但略高于室温，若溶液析出晶体，过滤晶体，没有饱和则需加入 $KAl(SO_4)_2 \cdot 12H_2O$，再加热，直至把溶液配成饱和溶液（注：每次把母液配成稍高于室温的饱和溶液，有利于晶体快速长大）。

③ 把晶种轻轻吊入饱和液并处于溶液中间。

④ 多次重复①、②、③步，直至得到无色、透明、八面体形状的硫酸铝钾大晶体。

注意：溶液饱和度太大产生不规则小晶体附在原晶种之上，晶体不透明；饱和度太低，生长缓慢或溶解。

实验二十三　柔性石墨的制备及性质

【实验目的】

1. 了解柔性石墨的制备原理和技术。
2. 了解柔性石墨的基本结构和物性。
3. 加深对石墨结构的认识。
4. 建立和认识对天然产物深加工的理念。

【实验原理】

柔性石墨是一种优良的密封材料，具有耐高温、耐腐蚀等特性，广泛用于化工、汽车、航天等领域。柔性石墨由天然鳞片石墨经酸化、氧化、插入、高温膨胀等化学过程制得。天然鳞片石墨在浓强酸介质中（如浓 H_2SO_4、浓 HNO_3）被氧化剂（如 H_2O_2、$KMnO_4$ 等）氧化，形成氧化石墨，石墨层与层之间距离增大，分子插入石墨层中，形成石墨夹层化合物（又称为可膨胀石墨）。以硫酸为介质的可膨胀石墨制备原理如下：

$$C_x + \frac{n}{2}O + (m+n)H_2SO_4 \longrightarrow C_x^{n+}(HSO_4)_n^{n-} \cdot mH_2SO_4 + \frac{n}{2}H_2O$$

石墨夹层化合物在高温下瞬间受热，夹层中间的分子分解产生气体，使层间距增大，体积膨胀几十倍至几百倍，得到柔性石墨。

【仪器和试剂】

马弗炉，烘箱，天平，循环水真空泵，抽滤瓶，砂芯漏斗，蒸发皿，坩埚钳，石英烧杯，烧杯（250mL，500mL），量筒，表面皿。

天然鳞片石墨（50目或80目，纯度＞98％），浓 H_2SO_4，$KMnO_4$（工业级），广泛 pH 试纸。

【实验步骤】

1. 石墨的酸化、氧化、插入

① 用托盘天平称取10g天然鳞片石墨和一定量 $KMnO_4$（0.5～1.5g），按不同物料比分别将它们放入烧杯（250mL）中，混合均匀，分别加入20mL浓 H_2SO_4，搅拌均匀。置于一定温度（室温～50℃）下搅拌反应（酸化、氧化、插入）一定时间（0.5～2.0h）。

② 将步骤①中烧杯内的物质抽滤（用砂芯漏斗），滤饼为石墨夹层化合物（滤液为浓硫酸，注意回收！）。将石墨夹层化合物倒入烧杯（500mL）中，加水、搅拌、静置、沉降，倒掉废液，如此清洗数次，用pH试纸检测为5～6左右，抽滤。得石墨夹层化合物样品。

③ 将步骤②中石墨夹层化合物样品，放入表面皿，置于烘箱中70℃左右烘干。

2. 石墨夹层化合物高温膨胀

将马福炉升温至900℃（约2.5h），称取1g干燥好的石墨夹层化合物样品，放入蒸发皿中，用坩埚钳夹住蒸发皿，将其中的石墨夹层化合物样品倒入炉中已加热的石英烧杯中，关上炉门，15s左右取出石英烧杯，此时，石墨夹层化合物已膨胀为柔性石墨。直接在石英烧杯中读出柔性石墨的体积（单位 mL），此数值即为石墨夹层化合物的膨胀倍数。

3. 柔性石墨的结构与物性

① 取天然鳞片石墨和柔性石墨适量，分别观察它们颜色、形貌的差异。

② 观察天然鳞片石墨与柔性石墨在密度上的差异。

③ 分别取适量的天然鳞片石墨与柔性石墨，用纸片或塑料纸包裹，挤压成型后，观察它们的自黏性、回弹力的差异。

④ 在两个试管中加入品红溶液，分别加入天然鳞片石墨与柔性石墨，振荡、搅拌一段时间，观察两个试管中液体颜色的变化。

⑤ 在两个试管中加入油水混合液，分别加入天然鳞片石墨与柔性石墨，振荡、搅拌一段时间，观察两个试管中油液的变化。

【思考题】

1. 举例说明柔性石墨的制备原理。

2. 简述柔性石墨的制备步骤。

3. 根据所观察到的柔性石墨的结构和物性，你认为柔性石墨有怎样的性质和用途？

4. 通过本实验，你对天然产物深加工有怎样的认识？

实验二十四 　硫代硫酸钠的制备

【实验目的】

学习用溶剂法提纯工业硫化钠和用提纯的硫化钠制备硫代硫酸钠的方法。练习冷凝管的安装和回流操作。练习抽滤、气体发生、器皿连接等操作。

【实验原理】

1. 非水溶剂重结晶法提纯硫化钠

纯硫化钠为含有不同数目结晶水的无色晶体（如 $Na_2S \cdot 5H_2O$，$Na_2S \cdot 9H_2O$）。工业硫化钠由于含有大量杂质，如重金属硫化物、煤粉等而呈现红褐色或棕黑色。本实验是利用硫化钠能溶于热的酒精中，其他杂质或在趁热过滤时除去、或在冷却后硫化钠结晶析出时留在母液中除去，达到使硫化钠纯化的目的。

2. 硫代硫酸钠的制备

用硫化钠制备硫代硫酸钠的反应大致可分为三步进行：

① 碳酸钠与二氧化硫中和而生成亚硫酸钠

$$Na_2CO_3 + SO_2 \longrightarrow Na_2SO_3 + CO_2$$

② 硫化钠与二氧化硫反应生成亚硫酸钠和硫

$$2Na_2S + 3SO_2 \longrightarrow 2Na_2SO_3 + 3S$$

③ 亚硫酸钠与硫反应而生成硫代硫酸钠

$$Na_2SO_3 + S \stackrel{\triangle}{\longrightarrow} Na_2S_2O_3$$

总反应如下

$$2Na_2S + Na_2CO_3 + 4SO_2 \longrightarrow 3Na_2S_2O_3 + CO_2$$

含有硫化钠和碳酸钠的溶液，用二氧化硫气体饱和。反应中碳酸钠用量不宜过少。如用量过少，则中间产物亚硫酸钠量少，使析出的硫不能全部生成硫代硫酸钠。硫化钠和碳酸钠以 2:1 的物质的量比取量较为适宜。

反应完毕，过滤得到 $Na_2S_2O_3$ 溶液，然后浓缩、蒸发、冷却，析出晶体为 $Na_2S_2O_3 \cdot 5H_2O$，干燥后即为产品。

【仪器和试剂】

圆底烧瓶（250mL），水浴锅，300mm 直形（或球形）冷凝管，抽滤瓶（250mL），抽滤装置，烧杯（250mL），分液漏斗，橡皮塞，蒸馏烧瓶（250mL），洗气瓶，磁力搅拌器，烘箱，pH 试纸，螺旋夹，橡皮管，滤纸。

硫化钠（工业级），亚硫酸钠（无水），碳酸钠，乙醇（95%），H_2SO_4 溶液（浓），NaOH 溶液（6mol·L^{-1}，10%），Pb(Ac)$_2$ 溶液（10%），HAc-NaAc 缓冲溶液，I_2 标准溶液（0.1mol·L^{-1}），淀粉溶液（0.2%），酚酞。

【实验内容】

1. 硫化钠的提纯

取粉碎的硫化钠 18g，装入 250mL 的圆底烧瓶中，再加入 150mL 95% 的酒精和 8mL 水。将圆底烧瓶放在水浴锅上，圆底烧瓶上装一支 300mm 长的直形（或球形）冷凝管，并向冷凝管中通入冷凝水。水浴锅的水保持沸腾，回流约 40min。

停止加热并使圆底烧瓶在水浴锅上静置 5min，然后取下圆底烧瓶，用两层滤纸趁热抽滤，以除去不溶性杂质。将滤液转入一个 250mL 的烧杯中，不断搅拌以促使硫化钠晶体大量析出。再放置一段时间，冷却至室温。冷却后倾析出上层母液。硫化钠晶体用少量 95% 酒精在烧杯中用倾析法洗涤一至两次，然后抽滤。抽干后，再用滤纸吸干。母液装入指定的回收瓶中。按本方法制得的产品组成相当于 $Na_2S \cdot 5H_2O$。

2. 硫代硫酸钠的制备

称取提纯后的硫化钠 15g，并根据化学反应方程式计算出所需碳酸钠的用量进行称量。然后将硫化钠和碳酸钠一并放入 250mL 锥形瓶中，加入 150mL 蒸馏水使其溶解（可微热，促其溶解）。

安装制备硫代硫酸钠的装置（图 24-1）。

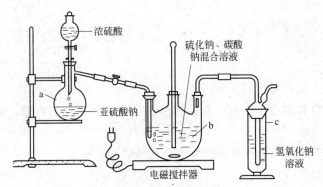

图 24-1 硫代硫酸钠制备装置

在分液漏斗中加入浓硫酸，蒸馏烧瓶中加入亚硫酸钠固体（比理论量稍多些）以反应产生 SO_2 气体。在碱吸收瓶中加入 6mol·L^{-1} NaOH 溶液以吸收多余的 SO_2 气体。

打开分液漏斗，使硫酸慢慢滴下。打开螺旋夹，适当调节螺旋夹（防止倒吸），使反应产生的 SO_2 气体均匀通入 Na_2S-Na_2CO_3 溶液中，并采用电磁搅拌器搅动。随着 SO_2 气体的通入，逐渐有大量浅黄色的硫析出。继续通 SO_2 气体。反应进行约 1h，溶液的 pH 约等于 7 时（注意不要小于 7），停止通入 SO_2 气体。

过滤所得的 $Na_2S_2O_3$ 溶液转移至烧杯中进行浓缩，直至烧杯中有一些晶体析出时，停止蒸发，冷却，使 $Na_2S_2O_3·5H_2O$ 结晶析出，过滤。将晶体放在烘箱中，在 40℃下，干燥 40～60min。称量，计算产率。

$$Na_2S_2O_3·5H_2O\ 产率 = \frac{b \times 2 \times 78.06 \text{g·mol}^{-1}}{a \times 3 \times 248.21 \text{g·mol}^{-1}} \times 100\%$$

式中，b 为所得 $Na_2S_2O_3·5H_2O$ 晶体的质量；a 为硫化钠的用量；78.06g·mol^{-1} 为硫化钠的摩尔质量；248.21g·mol^{-1} 为 $Na_2S_2O_3·5H_2O$ 的摩尔质量。

3. 产品检验

(1) 硫化钠含量的测定

称取 1g 硫代硫酸钠试样，溶于 10mL 蒸馏水。另取少量 10% $Pb(Ac)_2$ 溶液，逐渐滴入 10%NaOH 溶液至白色沉淀刚刚溶解。然后取 0.5mL 此碱性 $Pb(Ac)_2$ 溶液注入上述 10mL $Na_2S_2O_3$ 的溶液中，若溶液不变色或不变暗，即符合标准。

(2) 五水硫代硫酸钠含量的测定

精确称取 0.5g（精确到 0.1mg）硫代硫酸钠试样，用少量水溶解，滴入 1～2 滴酚酞，再注入 10mL HAc-NaAc 缓冲溶液，以保证溶液的弱酸性。然后用 0.1mol·L^{-1} 的 I_2 标准溶液（由实验员配制）滴定，以淀粉为指示剂，直到 1min 内溶液的蓝色不褪去为止。

$$w_{Na_2S_2O_3·5H_2O} = \frac{Vc \times 0.24820 \times 2}{m} \times 100\%$$

式中，V 为所用 I_2 标准溶液的体积；c 为标准液物质的量浓度；m 为 $Na_2S_2O_3·5H_2O$ 试样的质量。

【思考题】

1. 将工业硫化钠溶于酒精并加热时，为什么要采用在水浴锅上加热并回流的方法？

2. 在 Na_2S-Na_2CO_3 溶液中通入 SO_2 气体的反应是放热反应还是吸热反应？为什么？

3. 停止通 SO_2 时，为什么必须控制溶液的 pH 约为 7 而不能使 pH 小于 7？

4. 说明产品分析中硫化钠和硫代硫酸钠含量测定的原理。

实验二十五　水合硫酸亚铁和莫尔盐的制备

【实验目的】

1. 了解由活泼金属制备盐的方法。

2. 掌握无机化合物制备中溶解、直接加热、水浴加热、蒸发浓缩、结晶、减压过滤等基本操作。

3. 了解复盐的特性。制备水合硫酸亚铁和复盐硫酸亚铁铵。

4. 了解目视比色的方法。

【实验原理】

除锂外，碱金属盐尤其是硫酸盐和卤化物具有形成复盐的能力。复盐的类型通常有卤化物形成的光卤石类和硫酸盐形成的莫尔盐和明矾类。复盐的溶解度比其他组分的溶解度要小。

本实验先将铁屑溶于稀硫酸中形成 $FeSO_4$ 溶液：

$$Fe + H_2SO_4 = FeSO_4 + H_2 \uparrow$$

由于铁屑中含有其他金属杂质，因此生成的氢气中常含有其他有味和毒性的气体，所以尾气要用碱吸收后再排放。

等物质的量的 $FeSO_4$ 和 $(NH_4)_2SO_4$ 混合则生成溶解度较小的硫酸亚铁铵复盐晶体。

$$FeSO_4 + (NH_4)_2SO_4 + 6H_2O = (NH_4)_2SO_4 \cdot FeSO_4 \cdot 6H_2O$$

硫酸亚铁铵又称莫尔盐，为浅蓝绿色晶体，在空气中比一般亚铁盐稳定。

【仪器和试剂】

台秤，锥形瓶，煤气灯或加热板，减压过滤装置，蒸发皿，比色管，烧杯等。

Na_2CO_3（5％），KSCN（25％），Fe^{3+} 标准溶液，H_2SO_4（3mol·L^{-1}），HCl（3mol·L^{-1}），$(NH_4)_2SO_4$ 晶体，铁屑。

【实验内容】

1. 硫酸亚铁溶液的制备

（1）铁屑处理

用台秤称取 4.0g 铁屑置于小烧杯中，加约 20mL 5％的 Na_2CO_3 溶液，小火加热几分钟以除去铁屑上的油污。用倾析法去掉碱液后，用水洗净铁屑。

（2）反应

向锥形瓶内加入约 30mL 3mol·L^{-1} 稀硫酸，连好尾气吸收装置，小火加热，在反应过程中适当补充蒸发掉的水分。待反应基本完全（产生氢气泡很少）后，趁热减压过滤。将滤液分成 2 等份，备用。

2. 水合硫酸亚铁晶体的制备

取一份硫酸亚铁溶液置于蒸发皿中，水浴加热，蒸发浓缩至表面出现晶膜为止（不要将溶液蒸发掉太多水分），放置片刻，用水冷却至室温后减压过滤，即得绿色水合硫酸亚铁晶

体 $FeSO_4 \cdot 7H_2O$。

3. 硫酸亚铁铵复盐的生成

用台秤称取 4.0g $(NH_4)_2SO_4$ 固体加到另一份硫酸亚铁溶液中，水浴加热蒸发浓缩至表面出现晶膜为止（不要将溶液蒸发掉太多水分），放置片刻，用水冷却至室温后减压过滤，即得浅蓝绿色硫酸亚铁铵晶体。晾干，称量，计算产率。

4. 莫尔盐中 Fe(Ⅲ) 的限量分析

称取 1.0g 合成的硫酸亚铁铵晶体，加入几毫升除氧蒸馏水（蒸馏水煮沸 30min 后冷却至室温即得）溶解，再加 2mL 3mol·L^{-1} HCl 溶液和 1mL 25% KSCN 溶液，最后用除氧蒸馏水稀释至 25mL。摇匀，与三价铁标准溶液进行目视比色，确定产品等级。

【思考题】

1. 制备硫酸亚铁时，为什么要保持溶液呈酸性？

2. 在配制硫酸亚铁铵溶液时为什么必须用除氧蒸馏水？

3. 有一硫酸亚铁铵固体混有少量的三价铁，若配制二价铁的标准溶液，怎样除去三价铁？怎样定性检查处理后的溶液中三价铁是否超标？

实验二十六　三氯化六氨合钴(Ⅲ) 的制备、性质和组成

【实验目的】

1. 了解三氯化六氨合钴(Ⅲ) 的制备和组成的测定方法。

2. 掌握含钴化合物的性质和含钴废液回收的方法。

3. 通过分裂能 Δ 的测定判断配合物中心离子 d 电子的排布情况和配合物的类型。

【实验原理】

由标准电极电势可知，在通常情况下，三价钴盐不如二价钴盐稳定；相反，在生成稳定配合物后，三价钴又比二价钴稳定。因此，常采用空气或 H_2O_2 氧化二价钴配合物的方法来制备三价钴的配合物。

氯化钴(Ⅲ) 的氨配合物有多种，主要是三氯化六氨合钴(Ⅲ) $[Co(NH_3)_6]Cl_3$，橙黄色晶体；三氯化五氨·水合钴(Ⅲ) $[Co(NH_3)_5(H_2O)]Cl_3$，砖红色晶体；二氯化一氯·五氨合钴(Ⅲ) $[Co(NH_3)_5Cl]Cl_2$，紫红色晶体等。它们的制备条件各不相同。在有活性炭作催化剂时，主要生成三氯化六氨合钴(Ⅲ)；在没有活性炭存在时，主要生成二氯化一氯·五氨合钴(Ⅲ)。

本实验以活性炭为催化剂，用过氧化氢氧化有氨和氯化铵存在的氯化钴溶液制备三氯化六氨合钴(Ⅲ)。其反应方程式为：

$$2CoCl_2 + 2NH_4Cl + 10NH_3 + H_2O_2 \xrightarrow{\text{活性炭}} 2[Co(NH_3)_6]Cl_3 + 2H_2O$$

三氯化六氨合钴(Ⅲ) 是橙黄色单斜晶体，20℃ 时在水中的溶解度为 0.26mol·L^{-1}。将粗产品溶于稀 HCl 溶液后，通过过滤将活性炭除去，然后在高浓度的 HCl 溶液中析出结晶：

$$[Co(NH_3)_6]^{3+} + 3Cl^- \Longrightarrow [Co(NH_3)_6]Cl_3$$

配离子 $[Co(NH_3)_6]^{3+}$ 很稳定，常温时遇强酸和强碱也基本不分解。但强氨条件煮沸时分解放出氨：

$$2[Co(NH_3)_6]Cl_3 + 6NaOH \stackrel{\triangle}{=\!=\!=} 2Co(OH)_3 + 12NH_3 \uparrow + 6NaCl$$

挥发出的氨用过量盐酸标准溶液吸收，再用标准碱滴定过量的盐酸，可测配体氨的个数（配位数）。

将配合物溶于水，用电导率仪测定粒子个数，可确定外界 Cl^- 的个数，从而确定配合物的组成。

配离子 $[Co(NH_3)_6]^{3+}$ 中心离子 d 轨道有 6 个电子，通过配离子的分裂能 Δ 的测定并与其成对能 P（$21000cm^{-1}$）相比较，可以确定 6 个 d 电子在八面体场中属于低自旋排布还是高自旋排布。在可见光区由配离子的 A-λ（吸光度-波长）曲线上能量最低的吸收峰所对应的波长 λ 可求得分裂能 Δ(cm^{-1})：

$$\Delta = \frac{1}{\lambda \times 10^{-7}}$$

式中，λ 为波长，单位是 nm。

含钴废液与 NaOH 溶液作用后将钴以氢氧化物的形式沉淀下来，洗涤后再用 HCl 还原成二价钴，经蒸发浓缩后可回收氯化钴。

【仪器和试剂】

台秤，电子天平，量筒，电热板，温度计，恒温水浴锅，烘箱，吸滤装置，分光光度计，电导率仪，蒸馏装置，碱式滴定管，锥形瓶。

HCl（$0.2mol \cdot L^{-1}$，$0.5mol \cdot L^{-1}$ 标准溶液，浓），NaOH（$0.2mol \cdot L^{-1}$，20%，40%，$0.5mol \cdot L^{-1}$ 标准溶液），H_2O_2（6%），$NH_3 \cdot H_2O$（浓），NH_4Cl 固体，$CoCl_2 \cdot 6H_2O$ 固体，活性炭，甲基红指示剂。

【实验内容】

1. 三氯化六氨合钴（Ⅲ）的制备

将 3g $CoCl_2 \cdot 6H_2O$ 和 2g NH_4Cl 加入锥形瓶中，加入 5mL 水，微热溶解，加入 1g 活性炭和 7mL 浓氨水，冷却至 10℃ 以下，慢慢加入 10mL 6% 的 H_2O_2 溶液。水浴加热至 55～65℃ 恒温约 20min。用水彻底冷却，吸滤（不能洗涤！）。将沉淀转入含有 2mL 浓 HCl 的 25mL 沸水中，趁热吸滤。滤液转入锥形瓶中，加入 4mL 浓 HCl，再用水彻底冷却，待大量结晶析出后，吸滤。产品于烘箱中在 105℃ 烘干 20min。滤液回收。

2. 三氯化六氨合钴（Ⅲ）分裂能的测定

取约 0.2g $[Co(NH_3)_6]Cl_3$ 溶于 40mL 蒸馏水，在分光光度计上以水作参比，于波长 λ 在 400～550nm 范围测定配合物的吸光度 A，每隔 10nm 波长（在吸收峰最大值附近波长间隔可适当减小）测定一次。作 A-λ 曲线，求出配合物的分裂能 Δ 并与成对能比较，判断配合物中心离子 d 轨道电子的排布和自旋情况，确定配合物类型。

3. 三氯化六氨合钴（Ⅲ）组成的确定

（1）配体氨的测定

用电子天平准确称取 0.2g（准确至 0.1mg）产品放入锥形瓶中，加约 50mL 水和 5mL 20% NaOH 溶液，在另一个锥形瓶中加 30mL $0.5mol \cdot L^{-1}$ 标准 HCl 溶液，以吸收蒸馏出的氨。按图 26-1 连接装置，冷凝管通入冷水，开始加热，保持微沸的状态。蒸馏至黏稠（约 10min），断开冷凝管和锥形瓶的连接处，之后移去火源。用少量水冲洗冷凝管和下端的玻璃管，将冲洗液一并转入接收锥形瓶中。

以甲基红为指示剂，用 $0.5mol \cdot L^{-1}$ 标准 NaOH 溶液滴定吸收瓶中的 HCl 溶液，溶液变浅黄色即为终点。计算氨的含量，确定配体 NH_3 的个数。

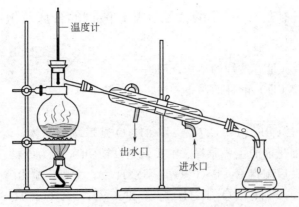

图 26-1　氨的蒸馏装置

（2）电导法测离子电荷

称取产品 0.1g，在 100mL 容量瓶内配成溶液。在电导率仪上测其电导率，然后求出摩尔电导率 Λ_m 与下列数据比较。

含不同离子数配合物的电导率如下：

离子数	2	3	4	5
$\Lambda_m / S \cdot m^2 \cdot mol^{-1}$	118～131	235～273	408～435	约 560

根据电导率，确定配离子的电荷数、内界和外界，写出配合物结构式。

4. 二氯化钴的回收

（1）设计回收二氯化钴的实验方案

① 写出实验基本原理和反应方程式

② 根据回收液中钴的含量（按制备 $[Co(NH_3)_6]Cl_3$ 时所用氯化钴的量算），近似计算沉淀和还原所需 NaOH 和 HCl 的量。

③ 写出实验操作步骤、所需仪器和注意事项。

（2）回收二氯化钴

按设计的实验方案进行实验，回收二氯化钴，称重回收产品的质量。

【附注】

1. 实验室中若没有合适的冷凝管，在蒸馏氨的装置中可用玻璃管与胶管代替冷凝管，但接收瓶及其中的标准 HCl 溶液必须用冰水浴冷却，并确保 HCl 不挥发。

2. 配合物中外界氯的个数也可由 $AgNO_3$ 标准溶液滴定来确定。

【思考题】

1. 实验中向溶液中加入 H_2O_2 溶液后为什么要在 60℃左右恒温一段时间？

2. 实验中几次加入浓 HCl 的作用是什么？

3. 从实验事实和有关数据说明三氯化六氨合钴（Ⅲ）的稳定性。

4. 根据三氯化六氨合钴（Ⅲ）分裂能的测定结果，确定配合物的类型，画出 d 轨道电子排布能级图并计算晶体场稳定化能。

5. 如何利用蒸馏后的黑色产物检验三价钴的存在？

6. 用蒸馏后的黑色产物可测配合物中钴的含量，试写出用碘量法测定钴的含量的反应化学方程式和操作步骤。

实验二十七　三草酸合铁（Ⅲ）酸钾的合成及组成分析

【实验目的】

1. 了解三草酸合铁（Ⅲ）酸钾的结构及用途
2. 掌握三草酸合铁（Ⅲ）酸钾的制备方法，测定其组成

【实验原理】

三草酸合铁（Ⅲ）酸钾 $K_3[Fe(C_2O_4)_3] \cdot 3H_2O$ 是翠绿色晶体，溶于水而难溶于乙醇，是制备负载型活性铁催化剂的主要原料。本实验是以铁（Ⅱ）盐为原料通过沉淀、氧化还原、配位反应多步转化，最后制得 $K_3[Fe(C_2O_4)_3] \cdot 3H_2O$，主要反应为

$$FeSO_4 + H_2C_2O_4 + 2H_2O \Longrightarrow FeC_2O_4 \cdot 2H_2O + H_2SO_4$$

$$6FeC_2O_4 \cdot 2H_2O + 3H_2O_2 + 6K_2C_2O_4 \Longrightarrow 4K_3[Fe(C_2O_4)_3] + 2Fe(OH)_3 \downarrow + 12H_2O$$

$$2Fe(OH)_3 + 3H_2C_2O_4 + 3K_2C_2O_4 \Longrightarrow 2K_3[Fe(C_2O_4)_3] + 6H_2O$$

溶液中加入乙醇后，便析出三草酸合铁（Ⅲ）酸钾晶体。

【仪器和试剂】

台秤，布氏漏斗，吸滤瓶，干燥器，称量瓶，锥形瓶，酸式滴定管。

$FeSO_4 \cdot 7H_2O$（s），H_2SO_4（$3mol \cdot L^{-1}$），$H_2C_2O_4$（$1mol \cdot L^{-1}$），$K_2C_2O_4$（饱和），H_2O_2（3%），乙醇（95%），Zn 粉，$KMnO_4$，草酸固体。

【实验内容】

1. 三草酸合铁（Ⅲ）酸钾的制备

① 称取 4g $FeSO_4 \cdot 7H_2O$ 晶体于烧杯中，加入 15mL 去离子水和数滴 $3mol \cdot L^{-1}$ H_2SO_4 酸化，加热使其溶解，然后加入 20mL $1mol \cdot L^{-1}$ $H_2C_2O_4$，加热煮沸，且不断进行搅拌，使形成黄色 $FeC_2O_4 \cdot 2H_2O$ 沉淀，用倾析法洗涤沉淀三次。

② 在盛有黄色 $FeC_2O_4 \cdot 2H_2O$ 沉淀的烧杯中，加入 10mL 饱和 $K_2C_2O_4$ 溶液，加热至 40℃左右，慢慢滴加 20mL 3% H_2O_2，并不断搅拌。此时沉淀转化为黄褐色，将溶液加热至沸腾以去除过量 H_2O_2。保持上述沉淀近沸状态，分两次加入 8～9mL $1mol \cdot L^{-1}$ $H_2C_2O_4$，第一次加入 5mL，然后趁热滴加剩余的 $H_2C_2O_4$ 使沉淀溶解，溶液的 pH 控制在 3.5，此时溶液呈翠绿色（为什么要分两次加入?），加热浓缩至溶液体积为 25～30mL，冷却，即有翠绿色 $K_3[Fe(C_2O_4)_3] \cdot 3H_2O$ 晶体析出。抽滤，称量，计算得率，并将产物置于称量瓶中，放入干燥器内避光保存。

若 $K_3[Fe(C_2O_4)_3]$ 溶液未达饱和，冷却时不析出晶体，可以继续加热浓缩或加 95% 乙醇 5mL，即可析出晶体。

记录产品三草酸合铁（Ⅲ）酸钾的质量，根据产品质量和理论产量计算产率。

2. 三草酸合铁（Ⅲ）酸钾的组成分析

准确称取约 1.0g 合成的三草酸合铁（Ⅲ）酸钾绿色晶体于烧杯中，加入 25mL $3mol \cdot L^{-1}$硫酸使之溶解，再转移至 250mL 容量瓶中，稀释至刻度，摇匀，静置。

移取 25mL 试液于锥形瓶中，加入 20mL $3mol \cdot L^{-1}$ 硫酸，放在水浴箱中加热 5min（75～85℃），用高锰酸钾标准溶液滴定到溶液呈浅粉色，30s 不褪色即为终点，记下读数。

向滴定完 $C_2O_4^{2-}$ 的锥形瓶中加 1g 锌粉和 5mL $3mol \cdot L^{-1}$ 硫酸溶液，摇动 8～10min 后，过滤除去过量的锌粉，滤液用另一个锥形瓶承接。用约 40mL $0.2mol \cdot L^{-1}$ 的硫酸溶液洗涤原锥形瓶和沉淀，然后用高锰酸钾标准溶液滴定到溶液呈浅粉色，30s 不褪色即为终点，记

下读数。平行测定三次。

通过计算确定三草酸合铁（Ⅲ）酸钾的组成。

计算合成产物中 $C_2O_4^{2-}$ 和 Fe^{3+} 的质量分数：

$$w(C_2O_4^{2-}) = \frac{c(KMnO_4)V(KMnO_4)M(C_2O_4^{2-}) \times 250 \times 5}{m_{样} \times 25 \times 1000 \times 2} \times 100\%$$

$$w(Fe) = \frac{c(KMnO_4)V(KMnO_4)M(Fe) \times 250 \times 5}{m_{样} \times 25 \times 1000} \times 100\%$$

确定 $C_2O_4^{2-}$ 和 Fe^{3+} 的物质的量比，确定合成的配合物的组成：

$$物质的量比 = \frac{w(C_2O_4^{2-})}{88.02} \Big/ \frac{w(Fe)}{55.85}$$

【注释】

1. 制得的 $FeC_2O_4 \cdot 2H_2O$ 沉淀要加热至沸并进行搅拌，其目的是使 $FeC_2O_4 \cdot 2H_2O$ 颗粒变大，容易沉降。

2. 用倾析法洗涤 $FeC_2O_4 \cdot 2H_2O$ 沉淀，每次用水不宜太多（约 20mL），沉淀沉降后再将上层清液弃去，尽量减少沉淀的损失。

【思考题】

1. 如何提高产率？能否用蒸干溶液的方法来提高产率？

2. 实验中加入乙醇的作用是什么？

3. 本实验测定 $C_2O_4^{2-}$ 和 Fe^{3+} 的原理是什么？

4. 除本实验的方法外，还可以用什么方法测出三草酸合铁（Ⅲ）酸钾中两种组分的含量？

实验二十八　铜系列化合物的制备与分析

【实验目的】

1. 进一步掌握溶解、沉淀、吸滤、蒸发、浓缩等基本操作

2. 掌握无机盐之间转化的基本原理及实验操作

3. 制备甲酸铜（Ⅱ）和二草酸根合铜（Ⅱ）酸钾晶体

4. 确定二草酸根合铜（Ⅱ）酸钾的组成

【实验原理】

铜为不活泼金属，不能与非氧化性酸直接反应制备其盐。实验室经常由废铜屑与硫酸、硝酸混合溶液反应或废铜屑与硫酸、过氧化氢混合溶液反应制备硫酸铜。

本实验以硫酸铜为原料制备甲酸铜和草酸根合铜（Ⅱ）酸钾。

由一种盐转化为另一种盐，需先转化为易溶于酸的沉淀，如：

$$2CuSO_4 + 2Na_2CO_3 + H_2O === Cu_2(OH)_2CO_3 \downarrow + 2Na_2SO_4 + CO_2 \uparrow$$

$$CuSO_4 + 2NaOH === Cu(OH)_2 \downarrow + Na_2SO_4 + H_2O$$

$$Cu(OH)_2 === CuO + H_2O$$

再将沉淀溶于相应的酸得到相应的产物：

$$Cu_2(OH)_2CO_3 + 4HCOOH === 2(HCOO)_2Cu + 3H_2O + CO_2 \uparrow$$

$$Cu(OH)_2 + 2HCl === CuCl_2 + 2H_2O$$

$$2KHC_2O_4 + CuO === K_2[Cu(C_2O_4)_2] + H_2O$$

在强碱性溶液中用过量的 KMnO₄定量地将 HCOO⁻氧化，待反应完成后将溶液酸化，在酸性溶液中用还原剂 KI 将 MnO_4^{2-} 还原为 Mn^{2+}，用 $Na_2S_2O_3$ 标准溶液滴定溶液中生成的 I_2，即可计算出消耗还原剂的量。

$$2MnO_4^- + HCOO^- + 3OH^- \Longrightarrow 2MnO_4^{2-} + CO_3^{2-} + 2H_2O$$

$$MnO_4^{2-} + 4I^- + 8H^+ \Longrightarrow Mn^{2+} + 2I_2 + 4H_2O$$

$$2MnO_4^{2-} + 10I^- + 16H^+ \Longrightarrow 2Mn^{2+} + 5I_2 + 8H_2O$$

$$2S_2O_3^{2-} + I_2 \Longrightarrow S_4O_6^{2-} + 2I^-$$

二草酸根合铜(Ⅱ)酸钾的制备方法很多，可以由硫酸铜与草酸钾直接混合制备。本实验由自制的氧化铜与草酸氢钾间接制备，其优点是产物纯度高。

二草酸根合铜(Ⅱ)酸钾在水中溶解度很小，但可加入适量的氨水，使铜离子形成铜铵离子而溶解（pH 约为 10），亦可采用 $2mol \cdot L^{-1}$ NH₄Cl 溶液和 $1mol \cdot L^{-1}$ 氨水等体积混合组成的缓冲溶液溶解。

PAR 指示剂属于吡啶基偶氮化合物，结构式为

由于它在结构上比 PAN 多了些亲水基团，使染料及其螯合物水溶性加强。在 pH 为 5～7 时，对铜离子的滴定终点更明显。指示剂本身在滴定条件下为黄色。

【仪器和试剂】

台秤，电子天平，量筒，称量瓶，烧杯，温度计，吸滤装置，电热板，煤气灯（或酒精喷灯），三脚架，石棉网，容量瓶，蒸发皿，移液管，酸式滴定管，锥形瓶，烘箱，干燥器，恒温水浴锅，差热-热重分析仪；CuSO₄（$0.5mol \cdot L^{-1}$），Na₂CO₃（$0.5mol \cdot L^{-1}$），乙醇（95%），冰块，HAc 溶液（1∶1），NaOH（$2mol \cdot L^{-1}$），HCl（$2mol \cdot L^{-1}$，$6mol \cdot L^{-1}$），H₂SO₄（$1mol \cdot L^{-1}$，$3mol \cdot L^{-1}$），氨水（1∶1），H₂O₂（30%），HCOOH，Na₂S₂O₃ 标准溶液，淀粉溶液（0.5%），HCl（$2mol \cdot L^{-1}$，$6mol \cdot L^{-1}$），NH₄HF₂ 固体，KI（20%），KSCN（10%），KMnO₄ 标准溶液，EDTA 标准溶液，pH＝7 的缓冲溶液，PAR 指示剂，CuSO₄·5H₂O 固体，H₂C₂O₄·2H₂O 固体，K₂CO₃ 固体，KI 固体，废铜屑，金属铜（基准物）。

【实验内容】

1. 甲酸铜的制备与组成分析

(1) 甲酸铜的制备

① 碱式碳酸铜的制备。取 40mL $0.5mol \cdot L^{-1}$ CuSO₄ 溶液滴加 $0.5mol \cdot L^{-1}$ Na₂CO₃ 溶液至沉淀完全，小火煮沸 30min，冷却至室温。吸滤，用蒸馏水洗涤至滤液中不含硫酸根，得到蓝绿色 Cu(OH)₂·CuCO₃。

② 甲酸铜的制备。将制得的 Cu(OH)₂·CuCO₃ 与滤纸一同放入烧杯内，加入 5mL 蒸馏水，加热搅拌至 50℃ 左右，搅拌下逐滴加入甲酸使沉淀完全溶解，趁热吸滤。将滤液加热，蒸发浓缩至约原体积的 1/3。冷却至室温，加 5mL 95% 乙醇，冰水冷却，吸滤，称量，计算产率。

(2) 甲酸铜的组成与分析

① 结晶水的测定。准确称量 3.000g 甲酸铜，放入已在 110℃ 下干燥并称量的称量瓶中。

下读数。平行测定三次。

通过计算确定三草酸合铁（Ⅲ）酸钾的组成。

计算合成产物中 $C_2O_4^{2-}$ 和 Fe^{3+} 的质量分数：

$$w(C_2O_4^{2-})=\frac{c(KMnO_4)V(KMnO_4)M(C_2O_4^{2-})\times250\times5}{m_样\times25\times1000\times2}\times100\%$$

$$w(Fe)=\frac{c(KMnO_4)V(KMnO_4)M(Fe)\times250\times5}{m_样\times25\times1000}\times100\%$$

确定 $C_2O_4^{2-}$ 和 Fe^{3+} 的物质的量比，确定合成的配合物的组成：

$$物质的量比=\frac{w(C_2O_4^{2-})}{88.02}\bigg/\frac{w(Fe)}{55.85}$$

【注释】

1. 制得的 $FeC_2O_4\cdot2H_2O$ 沉淀要加热至沸并进行搅拌，其目的是使 $FeC_2O_4\cdot2H_2O$ 颗粒变大，容易沉降。

2. 用倾析法洗涤 $FeC_2O_4\cdot2H_2O$ 沉淀，每次用水不宜太多（约 20mL），沉淀沉降后再将上层清液弃去，尽量减少沉淀的损失。

【思考题】

1. 如何提高产率？能否用蒸干溶液的方法来提高产率？

2. 实验中加入乙醇的作用是什么？

3. 本实验测定 $C_2O_4^{2-}$ 和 Fe^{3+} 的原理是什么？

4. 除本实验的方法外，还可以用什么方法测出三草酸合铁（Ⅲ）酸钾中两种组分的含量？

实验二十八　铜系列化合物的制备与分析

【实验目的】

1. 进一步掌握溶解、沉淀、吸滤、蒸发、浓缩等基本操作
2. 掌握无机盐之间转化的基本原理及实验操作
3. 制备甲酸铜（Ⅱ）和二草酸根合铜（Ⅱ）酸钾晶体
4. 确定二草酸根合铜（Ⅱ）酸钾的组成

【实验原理】

铜为不活泼金属，不能与非氧化性酸直接反应制备其盐。实验室经常由废铜屑与硫酸、硝酸混合溶液反应或废铜屑与硫酸、过氧化氢混合溶液反应制备硫酸铜。

本实验以硫酸铜为原料制备甲酸铜和草酸根合铜（Ⅱ）酸钾。

由一种盐转化为另一种盐，需先转化为易溶于酸的沉淀，如：

$$2CuSO_4+2Na_2CO_3+H_2O=Cu_2(OH)_2CO_3\downarrow+2Na_2SO_4+CO_2\uparrow$$

$$CuSO_4+2NaOH=Cu(OH)_2\downarrow+Na_2SO_4+H_2O$$

$$Cu(OH)_2=CuO+H_2O$$

再将沉淀溶于相应的酸得到相应的产物：

$$Cu_2(OH)_2CO_3+4HCOOH=2(HCOO)_2Cu+3H_2O+CO_2\uparrow$$

$$Cu(OH)_2+2HCl=CuCl_2+2H_2O$$

$$2KHC_2O_4+CuO=K_2[Cu(C_2O_4)_2]+H_2O$$

在强碱性溶液中用过量的 $KMnO_4$ 定量地将 $HCOO^-$ 氧化，待反应完成后将溶液酸化，在酸性溶液中用还原剂 KI 将 MnO_4^{2-} 还原为 Mn^{2+}，用 $Na_2S_2O_3$ 标准溶液滴定溶液中生成的 I_2，即可计算出消耗还原剂的量。

$$2MnO_4^- + HCOO^- + 3OH^- \Longrightarrow 2MnO_4^{2-} + CO_3^{2-} + 2H_2O$$

$$MnO_4^{2-} + 4I^- + 8H^+ \Longrightarrow Mn^{2+} + 2I_2 + 4H_2O$$

$$2MnO_4^{2-} + 10I^- + 16H^+ \Longrightarrow 2Mn^{2+} + 5I_2 + 8H_2O$$

$$2S_2O_3^{2-} + I_2 \Longrightarrow S_4O_6^{2-} + 2I^-$$

二草酸根合铜(Ⅱ)酸钾的制备方法很多，可以由硫酸铜与草酸钾直接混合制备。本实验由自制的氧化铜与草酸氢钾间接制备，其优点是产物纯度高。

二草酸根合铜(Ⅱ)酸钾在水中溶解度很小，但可加入适量的氨水，使铜离子形成铜铵离子而溶解（pH 约为 10），亦可采用 $2mol \cdot L^{-1}$ NH_4Cl 溶液和 $1mol \cdot L^{-1}$ 氨水等体积混合组成的缓冲溶液溶解。

PAR 指示剂属于吡啶基偶氮化合物，结构式为

由于它在结构上比 PAN 多了些亲水基团，使染料及其螯合物水溶性加强。在 pH 为 5～7 时，对铜离子的滴定终点更明显。指示剂本身在滴定条件下为黄色。

【仪器和试剂】

台秤，电子天平，量筒，称量瓶，烧杯，温度计，吸滤装置，电热板，煤气灯（或酒精喷灯），三脚架，石棉网，容量瓶，蒸发皿，移液管，酸式滴定管，锥形瓶，烘箱，干燥器，恒温水浴锅，差热-热重分析仪；$CuSO_4$（$0.5mol \cdot L^{-1}$），Na_2CO_3（$0.5mol \cdot L^{-1}$），乙醇（95%），冰块，HAc 溶液（1:1），NaOH（$2mol \cdot L^{-1}$），HCl（$2mol \cdot L^{-1}$，$6mol \cdot L^{-1}$），H_2SO_4（$1mol \cdot L^{-1}$，$3mol \cdot L^{-1}$），氨水（1:1），H_2O_2（30%），HCOOH，$Na_2S_2O_3$ 标准溶液，淀粉溶液（0.5%），HCl（$2mol \cdot L^{-1}$，$6mol \cdot L^{-1}$），NH_4HF_2 固体，KI（20%），KSCN（10%），$KMnO_4$ 标准溶液，EDTA 标准溶液，pH=7 的缓冲溶液，PAR 指示剂，$CuSO_4 \cdot 5H_2O$ 固体，$H_2C_2O_4 \cdot 2H_2O$ 固体，K_2CO_3 固体，KI 固体，废铜屑，金属铜（基准物）。

【实验内容】

1. 甲酸铜的制备与组成分析

（1）甲酸铜的制备

① 碱式碳酸铜的制备。取 40mL $0.5mol \cdot L^{-1}$ $CuSO_4$ 溶液滴加 $0.5mol \cdot L^{-1}$ Na_2CO_3 溶液至沉淀完全，小火煮沸 30min，冷却至室温。吸滤，用蒸馏水洗涤至滤液中不含硫酸根，得到蓝绿色 $Cu(OH)_2 \cdot CuCO_3$。

② 甲酸铜的制备。将制得的 $Cu(OH)_2 \cdot CuCO_3$ 与滤纸一同放入烧杯内，加入 5mL 蒸馏水，加热搅拌至 50℃ 左右，搅拌下逐滴加入甲酸使沉淀完全溶解，趁热吸滤。将滤液加热，蒸发浓缩至约原体积的 1/3。冷却至室温，加 5mL 95% 乙醇，冰水冷却，吸滤，称量，计算产率。

（2）甲酸铜的组成与分析

① 结晶水的测定。准确称量 3.000g 甲酸铜，放入已在 110℃ 下干燥并称量的称量瓶中。

放置在烘箱内 110℃ 下恒温 1.5h 后，置于干燥器中冷却称量，重复恒温干燥冷却称量等操作，直到恒重。

② 铜含量的测定。准确称取制备的甲酸铜约 0.6g 置于小烧杯中加水溶解，将溶液转移至 250mL 容量瓶中定容，摇匀。取 25.00mL 定容的甲酸铜溶液于锥形瓶中定容，摇匀。取 25.00ml 定容的甲酸铜溶液于锥形瓶中，加入 8mL 1∶1 HAc 溶液，1g NH_4HF_2 和 10mL KI 溶液，用 $Na_2S_2O_3$ 标准溶液滴定至蓝色消失即为终点。计算铜的含量。

③ 甲酸根含量的测定。甲酸根在碱性介质中可被高锰酸钾定量氧化，由消耗的高锰酸钾的量便可求出甲酸根的量。

$$2MnO_4^- + HCOO^- + 3OH^- \longrightarrow 2MnO_4^{2-} + 5CO_3^{2-} + 2H_2O$$

准确称取 0.6g 在 110℃ 干燥过的甲酸铜产品置于 100mL 烧杯中，加蒸馏水溶解，然后转入 250mL 容量瓶中定容，摇匀。移取 25.00mL 甲酸铜溶液于锥形瓶中，加入 0.2g 无水 Na_2CO_3，30.00mL 0.1mol·L^{-1} 高锰酸钾标准溶液，在 80℃ 水浴中加热 30min，冷却。加入 10mL 4mol·L^{-1} 的 H_2SO_4、2.0g KI，加盖，暗处放置 5min 后用 $Na_2S_2O_3$ 标准溶液滴定。近终点时，加入 2mL 的淀粉指示剂，继续滴定至溶溶夜蓝色消失。记录消耗 $Na_2S_2O_3$ 标准溶液的体积。

空白实验：按上述步骤，只是不加甲酸铜溶液，记录滴定至溶液蓝色消失时消耗硫代硫酸钠标准溶液的体积，列式计算 $HCOO^-$ 含量。

2. 二草酸根合铜(Ⅱ)酸钾的制备

(1) 二草酸根合铜(Ⅱ)酸钾的制备

① 制备氧化铜。称取 2.0g $CuSO_4·5H_2O$ 于 100mL 烧杯中加入 40mL 水溶解，在搅拌下加入 10mL 2mol·L^{-1} NaOH 溶液，小火加热至沉淀变黑，再煮沸约 20min。稍冷后用双层滤纸吸滤，用少量去离子水洗涤沉淀两次。

② 制备草酸氢钾。称取 3g $H_2C_2O_4·2H_2O$ 放入 250mL 烧杯中，加入 40mL 去离子水，微热溶解（温度不能超过 85℃），稍冷后分数次加入 2.2g 无水 K_2CO_3，溶解后生成 KHC_2O_4 混合溶液。

③ 制备二草酸根和铜酸钾。将含有 KHC_2O_4 和 $K_2C_2O_4$ 的混合溶液水浴加热，再将 CuO 连同滤纸一起加入到该溶液中。水浴加热，充分反应至沉淀大部分溶解。趁热吸滤，用少量的沸水洗涤两次，将滤液转入蒸发皿中。水浴加热将滤液浓缩至约原体积的一半。放置 10min 后用水彻底冷却。待大量晶体析出后吸滤，晶体用滤纸吸干，称量，计算产量。

(2) 二草酸根合铜(Ⅱ)酸钾的组成分析

① 样品溶液的制备。准确称取合成的晶体样品一份（0.95～1.05，精确到 0.0001g），置于 100mL 小烧杯中。加入 5mL 氨水（1∶1）使其溶解，再加入 10mL 水，样品完全溶解，转移至 250mL 容量瓶中，加水至刻度。

② 高锰酸钾溶液的标定。准确称量 $Na_2C_2O_4$ 固体三份（每份 0.18～0.23g，精确到 0.0001）分别置于 250mL 锥形瓶中，分别加入 25mL 蒸馏水使其溶解，加入 10mL 3mol·L^{-1} H_2SO_4 溶液，在水浴上加热至 75～85℃，趁热用高锰酸钾溶液滴定至淡粉色，30s 不褪色，即为终点。计算高锰酸钾溶液的浓度。

③ EDTA 溶液的标定。称取标准铜 0.27～0.33g（精确到 0.0001），置于 100mL 小烧杯，加入 3mL 6mol·L^{-1} HCl 溶液，滴加 2mL 30% 的 H_2O_2 待铜全部溶解后，煮沸赶紧气泡。冷却到室温后转移到 250mL 容量瓶中，加水至刻度。

量取 10mL 标准铜溶液至 250mL 锥形瓶中。依次加入 15mL 蒸馏水，2mL 1∶1 氨水，1mL 2mol·L^{-1} HCl 溶液和 10mL pH＝7 缓冲溶液，在煤气灯上加热至沸腾。加入四滴 PAR 指示剂，趁热用 EDTA 标准溶液滴定至黄绿色，30s 不褪色为终点，计算 EDTA 溶液的浓度。

④ $C_2O_4^{2-}$ 含量的测定。取样品溶液 25mL 至 250mL 锥形瓶中，加入 10mL 3mol·L^{-1} 硫酸溶液，水浴加热至 75～85℃，在水浴中放置 3～4min。趁热用 0.01mol·L^{-1} 高锰酸钾溶液滴定至淡粉色，30s 不褪色即为终点，记下消耗的高锰酸钾溶液的体积，平行滴定三次。计算 $C_2O_4^{2-}$ 的含量。

⑤ 铜离子含量的测定，另取样品溶液 25mL，加入 2mol·L^{-1} HCl 溶液 1mL，加入 4 滴 PAR 指示剂，加入 10mL pH＝7 的缓冲溶液，加热至近沸。趁热用 0.02mol·L^{-1} 的 EDTA 标准溶液滴定至黄绿色，30s 不褪色为终点。记下消耗的 EDTA 溶液的体积。平行滴定三次，计算铜离子的含量。

⑥ 热分析。在教师指导下，对 $K_2[Cu(C_2O_4)_2]$ 水合晶体进行热分析研究，根据其热分析谱图，讨论配合物中结晶水数、草酸根含量、热分解产物、分解温度等。

【思考题】

1. 为什么制备 $Cu(OH)_2CuCO_3$ 温度不能太高？
2. 实验中为什么不采用氢氧化钾与草酸反应生成草酸氢钾？
3. 铜离子和 $C_2O_4^{2-}$ 分别测定的原理是什么？还可采用什么分析方法？
4. 样品分析过程中的 pH 过大或过小对分析有什么影响？

实验二十九　氮　和　磷

【实验目的】

1. 掌握氨的制备方法及氨的性质。
2. 掌握亚硝酸盐和硝酸盐的氧化还原性和热稳定性。
3. 了解磷酸盐的主要性质。
4. 鉴定铵离子、亚硝酸盐、硝酸盐及磷酸盐等。

【仪器和试剂】

台秤，试管，胶塞，酒精灯，导管，烧杯，表面皿，pH 试纸。

$CuSO_4$，Na_3PO_4，Na_2HPO_4，NaH_2PO_4，NaP_2O_7，$NaPO_3$，KI，NH_4Cl（固体，饱和），$KMnO_4$，$AgNO_3$，$NaNO_2$（0.2mol·L^{-1}，饱和），$NaNO_3$（1mol·L^{-1}），$BaCl_2$（0.2mol·L^{-1}），$CaCl_2$（0.2mol·L^{-1}），$FeSO_4$（0.5mol·L^{-1}）H_2SO_4（0.1mol·L^{-1}，2mol·L^{-1}，浓），HCl（浓），HAc(6mol·L^{-1})，HNO_3（2mol·L^{-1}，浓），氨水，蛋清溶液，对氨基苯磺酸，奈斯勒试剂，α-萘胺，KNO_3 固体，$Cu(NO_3)_2$ 固体，$AgNO_3$ 固体，$(NH_4)_2SO_4$ 固体，$Na_4P_2O_7$ 固体，Zn 粒，$Ca(OH)_2$ 固体，硫粉，冰块。

【实验内容】

1. 铵盐

（1）氨的还原性

① 氨的生成与性质。将 1g NH_4Cl 和 1g $Ca(OH)_2$ 混匀，置于干燥的试管中，用带有导管的胶塞塞上，加热试管，将产生的氨气通入少量的 $CuSO_4$ 溶液，观察沉淀的生成和溶解。

② 亚硝酸盐的分解。在试管中混合少量饱和 NH_4Cl 和 $NaNO_2$ 溶液，观察有无变化？

然后将试管水浴加热，观察气体的生成，写出反应方程式，此反应也称消除反应，是实验室制备氨的常用方法。

（2）铵盐的热分解

① 取约 1g NH_4Cl 固体于试管中，并将其压实，在管口贴一小条湿润的 pH 试纸，然后将试管加热，观察试纸颜色的变化，继续加热又有什么变化？写出反应方程式。

② 取少量 $(NH_4)_2SO_4$ 固体，加热，检查产生的气体，写出反应方程式。结合 NH_4NO_2、NH_4Cl、$(NH_4)_2SO_4$ 热分解，说明铵盐热分解的一般规律。

（3）氨离子的鉴定

铵离子鉴定经常用气室法和奈氏法。

① 气室法。NH_4^+ 遇碱生成 NH_3，利用其挥发性和碱性进行鉴定。同学自己设计实验方案，选择液体试剂进行鉴定。

② 奈氏法。奈斯勒试剂是碱性的四碘合汞酸钾溶液，即 K_2HgI_4 的 KOH 溶液，能与 NH_4^+ 生成红棕色沉淀，反应为

$$NH_4^+ + 2[HgI_4]^{2-} + 4OH^- ==== [Hg_2O(NH_2)]I + 7I^- + 3H_2O$$

取 1 滴铵盐溶液，加 1 滴奈斯勒试剂，观察沉淀的生成。

2. 亚硝酸和亚硝酸盐

（1）亚硝酸的生成和分解

向试管内加入饱和 $NaNO_2$ 溶液，用冰水冷却后再加入约同体积用冰水冷却的 $0.1mol \cdot L^{-1}$ H_2SO_4 溶液，混匀，仔细观察溶液的颜色有什么变化。然后从冰水中取出试管，放置片刻又有什么变化？写出反应方程式，解释实验现象。

（2）亚硝酸的氧化还原性

① 向试管内加入几滴 $0.1mol \cdot L^{-1}$ KI 溶液和少量 $2mol \cdot L^{-1}$ H_2SO_4 溶液，滴加 $0.2mol \cdot L^{-1}$ $NaNO_2$ 溶液，观察实验现象，写出反应方程式。

② 向试管内加入几滴 $0.1mol \cdot L^{-1}$ $KMnO_4$ 溶液和少量 $2mol \cdot L^{-1}$ H_2SO_4 溶液，滴加 $0.2mol \cdot L^{-1}$ $NaNO_2$ 溶液，观察实验现象，写出反应方程式。

根据溶液的 pH 近似计算电极电势，说明反应需酸化的原因。

（3）亚硝酸根的鉴定

① 向试管内加入几滴 $0.2mol \cdot L^{-1}$ $NaNO_2$ 溶液、几滴蒸馏水和几滴 $6mol \cdot L^{-1}$ HAc 溶液，然后加 1 滴对氨基苯磺酸和 1 滴 α-萘胺，溶液呈粉红色。当 NO_2^- 浓度大时，粉红色很快褪去，生成黄色溶液或褐色沉淀。

② 向试管内加入几滴 $0.2mol \cdot L^{-1}$ $NaNO_2$ 溶液，滴加 $AgNO_3$ 溶液，观察沉淀的生成和颜色，写出反应方程式。

③ 选用 $NaNO_2$ 和 H_2SO_4 为原料制取少量 HNO_2，观察溶液的颜色和液面上部的颜色，解释现象，并写出反应方程式。

④ 用 HNO_2 溶液分别与 $KMnO_4$、KI 反应，观察现象，写出反应方程式。说明上述两个反应中 $NaNO_2$ 各显什么性质？

3. 硝酸和硝酸盐

（1）硝酸的氧化性

① 选用稀 HNO_3 与浓 HNO_3 分别与 S、Zn、Cu 反应，观察现象。写出反应方程式。

② 采用何种合理的方法来验证 Zn 和 HNO_3 反应的产物之一为 NH_4^+？通过实验①、②

总结浓、稀硝酸与金属与非金属反应的规律。

指导与思考

[1] 锌粉与浓、稀 HNO_3 间的反应较为激烈，所以反应时锌粉用量要少，HNO_3 加入的速度要慢。

[2] 上述实验中，哪些反应要在干燥的试管中进行？如何干燥试管？

(2) 硝酸盐的热分解

向试管中加入少量固体 KNO_3，然后加热熔化分解，观察产物的颜色和状态，检查产生的气体和固体产物，写出反应方程式。

同样，加热分解 $Cu(NO_3)_2$ 和 $AgNO_3$。总结硝酸盐热分解的规律。

(3) 硝酸根的鉴定

向试管内加入 1mL $0.5mol \cdot L^{-1}$ $FeSO_4$ 溶液和几滴 $1mol \cdot L^{-1}$ $NaNO_3$ 溶液，摇匀。将试管斜持沿管壁加入 1mL 浓 H_2SO_4 沉至管底，分为两层，在界面处生成棕色亚硝酰合铁离子，侧面看形成所谓的"棕色环"。反应为

$$NO + Fe^{2+} \Longrightarrow [Fe(NO)]^{2+}$$

NO_2^- 虽有类似的反应，但成棕色溶液而不成环。

(4) NH_4^+、NO_3^-、NO_2^-、PO_4^{3-} 的鉴定

① 用两块干燥的表面皿，一块表面皿内滴入 NH_4Cl 与 $NaOH$，另一块贴上湿的石蕊试纸，然后把两块表面皿扣在一起做成气室，若红色石蕊试纸变蓝，则表示有 NH_4^+ 存在。

② 取少量 $0.1mol \cdot L^{-1}$ KNO_3 溶液和数粒 $FeSO_4 \cdot 7H_2O$ 晶体，振荡溶解后，在混合溶液中，沿试管壁慢慢滴加浓 H_2SO_4，观察浓 H_2SO_4 和液面交界处棕色环的生成，表示 NO_3^- 的存在。

③ 取少量 $0.1mol \cdot L^{-1}$ $NaNO_2$ 溶液，用 $2mol \cdot L^{-1}$ HAc 酸化，再加入数粒 $FeSO_4 \cdot 7H_2O$ 晶体，若有棕色出现，则表示有 NO_2^- 的存在。

④ 取少量 $0.1mol \cdot L^{-1}$ Na_3PO_4 溶液，加入 10 滴浓 HNO_3，再加入 20 滴钼酸铵试剂，加热至 40~50℃，若有黄色沉淀生成，则表示有 PO_4^{3-} 的存在。

指导与思考

[1] NO_2^- 在酸性介质中与 $FeSO_4$ 也能产生棕色反应，那么在 NO_3^- 与 NO_2^- 混合液中将怎样检出 NO_3^-？

[2] 现有三种白色结晶，第一种可能是 $NaNO_3$ 或 $NaNO_2$，第二种可能是 $NaNO_3$ 或 NH_4NO_3，第三种可能是 $NaNO_3$ 或 Na_3PO_4。试加以鉴别。

[3] 由于磷钼酸铵能溶于过量磷酸盐中，所以在鉴定 PO_4^{3-} 时应加过量钼酸铵试剂。

4. 磷酸盐的性质

(1) 向三支试管中分别加入几滴 Na_3PO_4、Na_2HPO_4 和 NaH_2PO_4 溶液，检查其 pH。然后各加入约 3 倍体积的 $AgNO_3$。观察现象并检查其 pH，写出反应方程式并加以解释。

(2) 分别向 Na_3PO_4、Na_2HPO_4、NaH_2PO_4 溶液中加入 $0.2mol \cdot L^{-1}$ $CaCl_2$ 溶液，观察有无沉淀产生？各滴加氨水后有什么变化？再加 $2mol \cdot L^{-1}$ HCl 溶液后又有什么变化？

比较 $Ca_3(PO_4)_2$、$CaHPO_4$、$Ca(H_2PO_4)_2$ 的溶解度，说明它们之间的转化条件，写出反应方程式。

(3) 磷酸根的鉴定。分别取 $NaPO_3$、Na_3PO_4、$Na_4P_2O_7$ 溶液，然后加入 $AgNO_3$ 溶液，

观察沉淀的颜色，写出反应方程式。正磷酸盐也可以钼酸铵进行鉴定。

分别取 $NaPO_3$ 和 $Na_4P_2O_7$ 溶液于两支试管中，加入少量 HAc 酸化，加入蛋清溶液，观察实验现象。

5. 设计实验

（1）在溶液中混有少量的 Cl^- 和 SO_4^{2-}。设计鉴定这些离子并除去 Cl^- 和 SO_4^{2-} 的实验步骤。

（2）有一种白色固体盐类，由下列实验进行检验。

① 取少量固体溶于水；

② 取少量固体加入 NaOH 溶液并加热；

③ 取少量固体加入少量浓 HCl。

根据实验判断它可能是哪种盐？选择其他试剂进一步确定，写出实验方案、实验现象和反应方程式。

【思考题】

1. 在化学反应中，为什么一般不用 HNO_3 和 HCl 作酸化试剂？

2. 结合实验事实说明鉴定 NH_4^+ 的方法。

3. 铜与浓 HNO_3 和稀 HNO_3 反应及锌与浓 HNO_3 和稀 HNO_3 反应的产物有什么不同？

4. 现有 $NaNO_3$ 和 $NaNO_2$ 溶液，用三种方法加以区别。

实验三十　由易拉罐制备明矾及其纯度测定

【实验目的】

1. 了解明矾的制备方法。

2. 认识铝和氢氧化铝的两性。

3. 掌握溶解、过滤、结晶以及沉淀的洗涤和转移等无机化合物制备的基本操作。

【实验原理】

硫酸铝钾的化学式为 $KAl(SO_4)_2·12H_2O$ 或 $K_2SO_4·Al_2(SO_4)_3·24H_2O$，俗称明矾，是一种典型的复盐，溶于水，不溶于乙醇。明矾溶于水后产生 Al^{3+}，Al^{3+} 水解生成 $Al(OH)_3$ 胶体，该胶体粒子带有正电荷，与带负电荷的泥沙胶粒相遇，失去了电荷的胶粒很快就聚结在一起，粒子变大形成沉淀沉入水底，使水澄清。所以，明矾常可用作净水剂。明矾中所含有的铝对人体有害，长期饮用明矾净化的水，可能会引发老年痴呆症。因此，现在已经不再用明矾做净水剂，但其在食品改良剂和膨松剂等方面还有一定的应用。

易拉罐多以铝合金为表面原料，再在罐的内壁涂上有机层，使饮料与铝合金隔离开来，以防人体摄入过量铝而影响健康，易拉罐含铝约 95%，还有少量镁、锰、硅、铁、铜等，易溶于酸，在碱中大部分能溶解。

本实验以易拉罐为原料，经表面处理、剪成碎屑后，溶于氢氧化钠溶液中得 $NaAlO_2$ 溶液（氢气遇明火爆炸，碱溶解易拉罐必须在通风橱中进行）：

$$2Al + 2NaOH + 2H_2O \Longrightarrow 2NaAlO_2 + 3H_2\uparrow$$

用饱和碳酸氢铵溶液调节溶液的 pH，使溶液中的 $NaAlO_2$ 转化为 $Al(OH)_3$ 沉淀：

$$NaAlO_2 + NH_4HCO_3 + H_2O \Longrightarrow Al(OH)_3\downarrow + NH_3\uparrow + NaHCO_3$$

在加热条件下将氢氧化铝溶于硫酸形成硫酸铝溶液，再加入等物质的量的 K_2SO_4 溶解后冷却，结晶过滤，烘干得到明矾晶体（表 30-1）。

$$2Al(OH)_3 + 3H_2SO_4 \rightleftharpoons Al_2(SO_4)_3 + 6H_2O$$

$$Al_2(SO_4)_3 + K_2SO_4 + 24H_2O \rightleftharpoons K_2SO_4 \cdot Al_2(SO_4)_3 \cdot 24H_2O$$

表 30-1　不同温度下明矾、硫酸铝、硫酸钾的溶解度　　　$g \cdot (100g \ H_2O)^{-1}$

温度 T/K	273	283	293	303	313	333	353	363
$KAl(SO_4)_2 \cdot 12H_2O$	3.00	3.99	5.90	8.39	11.7	24.8	71.0	109
$Al_2(SO_4)_3$	31.2	33.5	36.4	40.4	45.8	59.2	73.0	80.8
K_2SO_4	7.4	9.3	11.1	13.0	14.8	18.2	21.4	22.9

【仪器和试剂】

台秤，电子天平，剪刀，烧杯，量筒，锥形瓶，容量瓶，移液管，酸式滴定管，表面皿，电热板，吸滤装置，蒸发皿，砂纸。

铝片（易拉罐），NaOH 固体，HCl（1∶1），H_2SO_4（6mol·L^{-1}），EDTA 标准溶液，锌标准溶液，二甲酚橙指示剂，六亚甲基四胺（20%），NH_4HCO_3（饱和），氨水（1∶1），K_2SO_4 固体，pH 试纸（1~14）。

【实验内容】

1. 由易拉罐制备 $NaAlO_2$ 溶液

（1）前处理

用砂纸将废弃易拉罐表层的污染物清除、洗净，干燥，用剪刀剪成细屑。

（2）用易拉罐制备 $NaAlO_2$ 溶液

将 2.0g NaOH 固体和 20mL 热水（60~80℃）置于 100mL 烧杯中，在通风橱内趁热分 2~3 次加入 1.0g 处理过的易拉罐细屑，盖上表面皿，微热至反应结束（细屑消失或不再上下浮动、表面无微小气泡生成），吸滤，滤液保留。

2. 制备明矾

（1）$Al(OH)_3$ 沉淀的生成与洗涤

将制得的 $NaAlO_2$ 溶液加热至沸腾，在不断搅拌下加入 NH_4HCO_3 饱和溶液，使溶液的 pH 降为 8~9，煮沸数分钟，静置冷却、吸滤、水洗沉淀 2~3 次，保留沉淀。

（2）制备 $Al_2(SO_4)_3$ 溶液

将 $Al(OH)_3$ 沉淀转移至 250mL 烧杯中，加入 50mL 蒸馏水，边搅拌边滴加 6mol·L^{-1} 硫酸溶液至 pH 降为 2~3。

（3）制备明矾

将制备的 $Al_2(SO_4)_3$ 溶液转移至蒸发皿中，加入适量研细的 K_2SO_4 固体，加热至完全溶解，水浴蒸发，浓缩至液面有晶膜出现，室温静置冷却，过滤，晶体干燥后称量，计算产率。

3. 净水实验

取池塘浑浊污水或室外雨后的积水，实验明矾不同投放量时的净水效果。

4. 明矾中铝含量的测定

准确称取 1g 左右的产品，溶解，用蒸馏水定容至 250mL，摇匀。取三个洁净的锥形瓶，分别移取上述产品溶液 20.00mL、0.02205mol·L^{-1} EDTA 溶液 15.00mL，加 2 滴二甲酚橙指示剂，滴加 1∶1 $NH_3 \cdot H_2O$ 调至溶液恰呈紫红色，然后滴加 2 滴 1∶1 HCl。将溶液煮沸 1min，冷却，加入 20mL 20% 六亚甲基四胺溶液，此时溶液应呈黄色，用锌标准溶液滴至溶液由黄色变为紫红色即为终点。根据锌标准溶液所消耗的体积，计算明矾中 Al^{3+} 的百分含量。由于 Al^{3+} 和 Zn^{2+} 与 EDTA 均生成 1∶1 的配合物，由此可由如下公式计算产品中 Al^{3+} 的含量。

$$w(Al^{3+}) = \left[c(Zn^{2+})V(Zn^{2+})\right] \times \frac{250\text{mL}}{20\text{mL}} \times \frac{M(Al^{3+})}{m(\text{产物})} \times 100\%$$

【思考题】

1. 调节溶液的 pH 为什么用稀酸、稀碱，而不用浓酸、浓碱？
2. 本实验能否采用 H_2SO_4 直接溶解铝片以制取 $Al_2(SO_4)_3$？为什么？
3. 本实验中，几次加热的目的是什么？

实验三十一　氧化还原反应和氧化还原平衡

【实验目的】

1. 学会装配原电池。
2. 掌握电极的本性、电对的氧化型或还原型物质的浓度、介质的酸度等因素对电极电势及氧化还原反应的方向、产物、速率的影响。
3. 通过实验了解化学电池电动势。

【仪器和试剂】

离心试管（10mL），烧杯（100mL，250mL），伏特计（或酸度计），表面皿，U 形管。

琼脂、氟化铵，HCl（浓），HNO_3（2mol·L^{-1}、浓），HAc（6mol·L^{-1}），H_2SO_4（1mol·L^{-1}），NaOH（6mol·L^{-1}、40%），$NH_3 \cdot H_2O$（浓），$ZnSO_4$（1mol·L^{-1}），$CuSO_4$（0.01mol·L^{-1}、1mol·L^{-1}），KI（0.1mol·L^{-1}），KBr（0.1mol·L^{-1}），$FeCl_3$（0.1mol·L^{-1}），$Fe_2(SO_4)_3$（0.1mol·L^{-1}），$FeSO_4$（1mol·L^{-1}），H_2O_2（3%），KIO_3（0.1mol·L^{-1}），溴水，碘水（0.1mol·L^{-1}），氯水（饱和），KCl（饱和），CCl_4、酚酞指示剂，淀粉溶液（0.4%），$NaHSO_3$（1mol·L^{-1}），葡萄糖（0.2mol·L^{-1}），$KMnO_4$（0.01mol·L^{-1}）。

电极（锌片，铜片），回形针，红色石蕊试纸（或酚酞试纸），导线，砂纸，滤纸。

【实验内容】

1. 氧化还原反应和电极电势

① 在试管中加入 0.5mL 0.1mol·L^{-1} KI 溶液和 2 滴 0.1mol·L^{-1} $FeCl_3$ 溶液，摇匀后加入 0.5mL CCl_4，充分振荡，观察 CCl_4 层颜色有无变化。

② 用 0.1mol·L^{-1} KBr 溶液代替 KI 溶液进行同样实验，观察实验现象。

③ 往两支试管中分别加入 3 滴碘水、溴水，然后加入约 0.5mL 0.1mol·L^{-1} $FeSO_4$ 溶液，摇匀后，注入 0.5mL CCl_4，充分振荡，观察 CCl_4 层有无变化。

根据以上实验结果，定性地比较 Br_2/Br^-、I_2/I^- 和 Fe^{3+}/Fe^{2+} 三个电对的电极电势。

2. 浓度对电极电势的影响

① 往一只小烧杯中加入约 30mL 1mol·L^{-1} $ZnSO_4$ 溶液，在其中插入锌片；往另一个小烧杯中加入约 30mL 1mol·L^{-1} $CuSO_4$ 溶液，在其中插入铜片。用盐桥将两烧杯相连，组成一个原电池。用导线将锌片和铜片分别与伏特计（或酸度计）的负极和正极相接，测量两极之间的电压（如图 31-1 所示）。

在 $CuSO_4$ 溶液中注入浓氨水至生成的沉淀溶解为止，形成深蓝色的溶液：

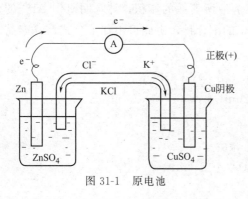

图31-1 原电池

$$Cu^{2+} + 4NH_3 \rightleftharpoons [Cu(NH_3)_4]^{2+}$$

测量电压，观察有何变化。

再于 $ZnSO_4$ 溶液中加入浓氨水至生成的沉淀完全溶解为止：

$$Zn^{2+} + 4NH_3 \rightleftharpoons [Zn(NH_3)_4]^{2+}$$

测量电压，观察又有什么变化。利用 Nernst 方程式来解释实验现象。

② 自行设计并测定下列浓差电池电动势，将实验值与计算值比较。

$$Cu|CuSO_4(0.01mol \cdot L^{-1})||CuSO_4(1mol \cdot L^{-1})|Cu$$

在浓差电池的两极各连一个回形针，然后在表面皿上放一小块滤纸，滴加 $1mol \cdot L^{-1}$ Na_2SO_4 溶液，使滤纸完全湿润，再加入酚酞 2 滴。将两极的回形针压在纸上，使其相距约 1mm，稍等片刻，观察所压处，哪一端出现红色。

3. 酸度和浓度对氧化还原反应方向的影响

(1) 酸度的影响

① 在 3 支均盛有 $0.5mL$ $0.1mol \cdot L^{-1}$ Na_2SO_3 溶液的试管中，分别加入 $0.5mL$ $1mol \cdot L^{-1}$ H_2SO_4 溶液及 $0.5mL$ 蒸馏水和 $0.5mL$ $6mol \cdot L^{-1}$ NaOH 溶液，混合均匀后，再各滴入 2 滴 $0.01mol \cdot L^{-1}$ $KMnO_4$ 溶液，观察颜色的变化有何不同，写出反应式。

② 在试管中加入 $0.5mL$ $0.1mol \cdot L^{-1}$ KI 溶液和 2 滴 $0.1mol \cdot L^{-1}$ KIO_3 溶液，再加几滴淀粉溶液，混合后观察溶液颜色有无变化。然后加 2~3 滴 $1mol \cdot L^{-1}$ H_2SO_4 溶液酸化混合液，观察有什么变化，最后滴加 2~3 滴 $6mol \cdot L^{-1}$ NaOH 使混合液显碱性，又有什么变化。写出有关反应式。

(2) 浓度的影响

① 往盛有 H_2O、CCl_4 和 $0.1mol \cdot L^{-1}$ $Fe_2(SO_4)_3$ 各 $0.5mL$ 的试管中加入 $0.5mL$ $0.1mol \cdot L^{-1}$ KI 溶液，振荡后观察 CCl_4 层的颜色。

② 往盛有 CCl_4、$1mol \cdot L^{-1}$ $FeSO_4$ 和 $0.1mol \cdot L^{-1}$ $Fe_2(SO_4)_3$ 各 $0.5mL$ 的试管中，加入 $0.5mL$ $0.1mol \cdot L^{-1}$ KI 溶液，振荡后观察 CCl_4 层的颜色。与上一实验中 CCl_4 层颜色有何区别？

③ 在实验①的试管中，加入少许 NH_4F 固体，振荡，观察 CCl_4 层颜色的变化。

④ 取少量等体积的 $CuSO_4$ 溶液和 $NaHSO_3$ 溶液于试管中，然后加入少量等体积的 NaCl 溶液，并水浴加热一段时间，冷却，观察是否有白色沉淀析出？写出反应方程式。

重复上述实验，但不加 NaCl 溶液，是否有白色沉淀析出？为什么？

由以上实验结果说明氧化型或还原型的浓度变化对反应方向的影响。

4. 酸度对氧化还原反应速率的影响

① 在两支各盛 $0.5mL$ $0.1mol \cdot L^{-1}$ KBr 溶液的试管中，分别加入 $0.5mL$ $1mol \cdot L^{-1}$ H_2SO_4 和 $6mol \cdot L^{-1}$ HAc 溶液，然后各加入 2 滴 $0.01mol \cdot L^{-1}$ $KMnO_4$ 溶液，观察 2 支试管中紫红色褪去的速度。分别写出有关反应方程式。

② 在 5 支试管中各加 $1mL$ $0.2mol \cdot L^{-1}$ 葡萄糖溶液，分别加 $5.0mL$、$4.5mL$、$4.0mL$、$3.5mL$、$3.0mL$ $6mol \cdot L^{-1}$ H_2SO_4 溶液，补加蒸馏水使各试管中溶液均为 $6mL$。然后各加 2

滴 $0.01mol \cdot L^{-1}$ $KMnO_4$ 溶液并开始计时、搅拌，记录各试管溶液褪去的时间。以酸浓度为横坐标，时间为纵坐标作曲线。说明酸度对氧化还原反应速率的影响。

根据实验事实和对 MnO_4^-/Mn^{2+} 电极电势的近似计算说明介质酸碱性对氧化还原反应速率的影响。

5. 电解

利用原电池产生的电流电解硫酸钠溶液。在 Na_2SO_4 溶液中加入 1 滴酚酞指示剂，插入两根铜丝作为电极，与 Cu^{2+}/Cu 和 $[Zn(NH_3)_4]^{2+}/Zn$ 组成的原电池连接。观察两极发生的现象，写出反应方程式并加以解释。若采用几组原电池串联，电极电势更大，实验效果更好。

6. 氧化数居中的物质的氧化还原性

① 在试管中加入 $0.5mL$ $0.1mol \cdot L^{-1}$ KI 和 2~3 滴 $1mol \cdot L^{-1}$ H_2SO_4，再加入 1~2 滴 3% H_2O_2，观察试管中溶液颜色的变化。

② 在试管中加入 2 滴 $0.01mol \cdot L^{-1}$ $KMnO_4$ 溶液，再加入 3 滴 $1mol \cdot L^{-1}$ H_2SO_4 溶液，摇匀后滴加 2 滴 3% H_2O_2，观察溶液颜色的变化。

【思考题】

1. 从实验结果讨论氧化还原反应和哪些因素有关。

2. 电解硫酸钠溶液为什么得不到金属钠？

3. 什么叫浓差电池？写出实验内容 2.②电池符号，电池反应式，并计算电池电动势。

4. 介质对 $KMnO_4$ 的氧化性有何影响？用本实验事实及电极电势予以说明。

5. 为什么 $KMnO_4$ 能氧化盐酸中的 Cl^-，而不能氧化氯化钠溶液中的 Cl^-？

6. 用实验事实说明浓度如何影响电极电势？在实验中应如何控制介质条件？

7. 电解 Na_2SO_4 溶液和测定阿伏伽德罗常数中电解 $CuSO_4$ 溶液有什么不同？

【附注】

盐桥的制法：称取 1g 琼脂，放在 100mL KCl 饱和溶液中浸泡一会儿，在不断搅拌下，加热煮成糊状，趁热倒入 U 形玻璃管中（管内不能有气泡，否则会增加电阻），冷却即成。

更为简便的方法可用 KCl 饱和溶液装满 U 形玻璃管，两管口以小棉花球塞住（管内不留有气泡），作为盐桥使用。

实验中还可用素烧瓷筒作盐桥。

电极的处理：电极的锌片、铜片要用砂纸擦干净，以免增大电阻。

实验三十二 表面处理技术

（综合实验）

表面处理技术是对金属、非金属材料如塑料、陶瓷、玻璃等的表面进行物理化学处理以改善金属和非金属的性能，从而大大提高金属、非金属材料的应用范围。本实验以塑料材料化学镀、电镀、钢铁发蓝处理以及铝的阳极氧化处理、着色技术为例子介绍表面处理的一些简单方法，使学生进一步加深对元素及其化合物性质的理解和应用。

【实验目的】

1. 了解氧化还原反应在电镀及化学镀方面的应用。

2. 认识并熟悉化学镀的原理及方法。

3. 了解电镀的原理及操作方法。

4. 了解钢铁发蓝处理、铝的阳极氧化处理、着色技术等表面处理的简单方法。

【实验原理】

1. 非金属材料化学镀及电镀

化学镀的基本原理是利用强的还原剂,如次亚磷酸钠盐($NaH_2PO_2 \cdot H_2O$)或甲醛($HCHO$),在非金属表面上进行氧化还原反应,使金属离子被还原并紧密地附着在非金属镀件表面上。本实验化学镀铜的主要反应为:

$$Cu^{2+} + 2OH^- = Cu(OH)_2 \downarrow$$

$$Cu(OH)_2 + 3C_4H_4O_6^{2-} = [Cu(C_4H_4O_6)_3]^{4-} + 2OH^-$$

$$[Cu(C_4H_4O_6)_3]^{4-} + HCHO + 3OH^- \xrightarrow{Ag} Cu \downarrow + 3C_4H_4O_6^{2-} + HCOO^- + 2H_2O$$

在非金属材料表面镀上一层铜后,非金属材料就具有导电性能,因此可以在非金属材料表面进行电镀,如镀锌、镍、铬等。

通常镀件在进行化学镀前,为了使镀件具有亲水性能并形成具有催化活性的金属原子催化中心,镀件必须经过除油粗化、敏化、活化、预镀等预处理工序。

2. 金属表面处理

(1) 铁钉的发蓝处理 利用氧化还原反应使钢铁表面形成一层致密的蓝黑色的或深蓝色的氧化膜以增强钢铁的耐腐蚀能力,使钢铁表面具有光泽。该技术广泛应用于机械零件、精密仪器、光学仪器、钟表元件及军工制造工业中。

本实验是在碱性条件下,用 $NaNO_2$ 氧化铁,其主要反应有:

$$3Fe + NaNO_2 + 5NaOH = 3Na_2FeO_2 + NH_3 \cdot H_2O$$

$$6Na_2FeO_2 + NaNO_2 + 5H_2O = 6NaFeO_2 + 7NaOH + NH_3$$

$$Na_2FeO_2 + 2NaFeO_2 + 2H_2O = Fe_3O_4 \downarrow + 4NaOH$$

(2) 铝的阳极氧化着色处理 以铅为阴极,铝片为阳极,在硫酸介质中电解氧化,使金属铝的表面上形成一层致密的氧化膜后,再利用有机或无机着色液[❶],使铝片着色。该技术广泛应用于铝材加工、装饰材料、飞机、汽车及精密零件的加工制备上,电解氧化过程发生的反应是:

阴极 $\qquad\qquad\qquad 2H^+ + 2e^- = H_2 \uparrow$

阳极 $\qquad\qquad\qquad 4OH^- - 4e^- = 2H_2O + O_2$

$$4Al + 3O_2 = 2Al_2O_3$$

由于 Al_2O_3 在 H_2SO_4 中溶解,因此,要在铝的表面形成致密的氧化膜,必须使 Al_2O_3 的生成速度大于 Al_2O_3 的溶解速度。

【仪器和试剂】

直流电源(600~800W),滑线变阻器,电流表(0~500mA),直流伏特计(0~30V),铜电极。

ABS 塑料[或硬聚氯乙烯,聚苯乙烯,聚砜(PSF),聚丙烯(PP)],零号砂纸。

粗化液:$CrO_3(2g) + 40mL\ H_2O + 60mL$ 浓盐酸。

敏化液:$1\sim2g\ SnCl_2 \cdot 2H_2O + 4mL$ 浓盐酸 $+ 100mL\ H_2O + 1\sim2$ 粒锡粒。

活化液:$0.2\sim0.5g\ AgNO_3 + 100mL\ H_2O$ 后,滴加 $6mol \cdot L^{-1}\ NH_3 \cdot H_2O$ 至溶液澄清。

中和液:10%(质量分数)NaOH。

电镀锌液:$ZnSO_4(36g) + NH_4Cl(3g) + C_6H_{12}O_6(12g) + NaAc(1.5g) + 100mL$ 水。

---

❶常用有机着色液有直接湖蓝染料,酸性铬橙,茜素。如茜素黄溶液(0.3g/L)。常用无机着色液是一些无机盐溶液,例如蓝色:1号 10%(质量分数)$K_4[Fe(CN)_6]$,2号 10%(质量分数)$FeCl_3$。

电镀铜液：20g $CuSO_4 \cdot 5H_2O$ ＋25mL 浓 H_2SO_4 ＋0.5mL 乙醇＋100mL 水。

电镀镍液：15g $NiSO_4 \cdot 6H_2O$ ＋0.8g NaCl＋2g H_3BO_3 ＋0.05g 糖精＋0.01g 十二烷基磺酸钠＋2 滴镀镍光亮剂[1]。

铁钉，砂纸，NaOH($2mol \cdot L^{-1}$)，发蓝液（36g NaOH＋14g $NaNO_2$ ＋50mL H_2O），变压器油。HNO_3 ［10%（质量分数）］，H_2SO_4 ($5mol \cdot L^{-1}$)，$K_2Cr_2O_7$(s)。酒精、苯、着色液。氧化膜质量检验液：3g $K_2Cr_2O_7$(s)＋75mL H_2O ＋25mL 浓盐酸。

【实验内容】

1. 非金属材料化学镀及电镀

注意：以下各步完成后镀件需用镊子镊取，并用清水漂洗干净，以免溶液相混。

(1) 化学镀预处理

① 镀件除油与粗化　取一小块塑料片（4cm×3cm），用砂纸打磨塑料表面后在温度为 70～75℃粗化液中浸泡 3～5min，清水漂洗，再用中和液除去镀件表面的 Cr(Ⅲ)，清水漂洗后，进行下步的敏化处理。

② 镀件敏化　镀件在敏化液（$SnCl_2$ 溶液）中浸泡 3～5min，由于吸附作用，镀件形成了 Sn^{2+} 的还原活化中心。敏化后的镀件小心在清水中漂洗后，进行下步的活化处理。

③ 镀件活化　镀件在活化液中室温活化 3～5min，使镀件形成具有催化活性的 Ag 原子，Cu^{2+} 将在该催化中心上发生还原作用。镀件活化后，水洗，再在 10%（质量分数）甲醛水溶液中浸泡几秒钟以防止多余银盐进入化学镀铜液。清水漂洗后进行下步化学镀铜处理。

④ 化学镀铜　按以下配方配置化学镀铜液。（注意：镀铜液必须现用现配。）

$NaKC_4H_4O_6$（酒石酸钾钠）	约 2g
NaOH	约 0.4g
Na_2CO_3	约 0.2g
$CuSO_4 \cdot 5H_2O$	约 0.2～0.3g
$NiCl_2 \cdot 6H_2O$	约 0.1g
水	50mL
甲醇	7～10mL
37%（质量分数）甲醛	约 1～2mL（搅拌下加入）

镀件在化学镀铜液中浸泡 20～30min，取出，水洗后晾干（表面应有光亮铜膜）。

(2) 电镀条件

① 电镀锌（或铜）　以镀件为阴极、锌片（或铜片）为阳极、电镀锌液（或电镀铜液）为电镀液组成电镀池，电镀时间 0.5～1h，电流密度为 10～15mA·cm^{-2}。

② 电镀镍　以镀件及镍棒、电镀液组成电镀池，电镀时间约 0.5h，电流密度约 30mA·cm^{-2}。

2. 金属表面处理

(1) 铁钉的发蓝处理

---

[1] 常用镀镍光亮剂有丁炔二醇、2,7-萘二磺酸钠＋香豆素、791、BE、BN816、PK 光亮剂等。

① 取铁钉两枚，用砂纸除锈后放入 70℃ 左右的 2mol·L^{-1} NaOH 溶液中处理 5min 后用水清洗干净。

② 将其中一枚铁钉放在蒸发皿中，加入少量发蓝液，盖上表面皿，加热至沸腾后再加热约 3～5min，取出，水洗并与未处理的铁钉进行比较，铁钉表面发生了什么变化？

③ 油封处理。用少许变压器油浸泡已经发蓝处理的铁钉。

④ 取出铁钉，试用最简单的化学方法证实已发蓝处理过的铁钉有较大的化学稳定性。

（2）铝的阳极氧化着色处理

① 铝片的预处理　利用有机溶剂苯、酒精依次擦洗铝片表面，除去油垢后用 2mol·L^{-1} NaOH 在 60～70℃ 下洗 1min，水洗，再用 10%（质量分数）HNO$_3$ 对铝片进行化学抛光 10min。水洗，置于水中待氧化。

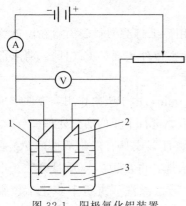

图 32-1　阳极氧化铝装置
1—铅片；2—铝片；3—电解液

② 阳极氧化　装置如图 32-1 所示。以铅、铝为电极，5～6mol·L^{-1} H$_2$SO$_4$ 为电解液，电流密度为 15～20mA·cm^{-2}，电解电压为 15V，电解时间约 40min。电解完毕后取出铝片，浸泡在水中保护并待着色。

③ 氧化膜质量的检验　取出铝片，将水吸干。在氧化膜及未经处理的铝片上分别滴一滴氧化膜质量检验液，检查氧化膜质量。检验液的颜色由于六价铬被铝还原成三价铬而由橙色变为绿色，绿色出现的时间越迟，氧化膜的质量越好。

④ 着色　铝片可用有机或无机着色液着色。在使用有机着色液着色时，只需要在室温下浸泡 5～10min 后取出；在使用无机着色剂着色时，则要按顺序浸泡，先在第一份溶液中浸泡 5～10min 后，水洗；再在第二份溶液中浸泡 5～10min。

⑤ 封闭　将已着色的铝片放在水蒸气（或放在已煮沸的蒸馏水）中进行封闭处理约 20～30min，使着色后的 Al$_2$O$_3$ 氧化膜更加致密。

实验三十三　金属的腐蚀及防止

【实验目的】

1. 了解金属电化学腐蚀的基本原理。

2. 了解防止金属腐蚀的原理及方法。

3. 了解一些腐蚀的应用。

【实验导读】

当金属与周围介质接触时，由于发生化学作用或电化学作用而引起的材料性能的退化与破坏叫做金属的腐蚀。从热力学的观点看，金属腐蚀是一个能量降低的过程，是金属自发地回复到在自然界中原有化合物状态的过程，因此，金属的腐蚀现象是十分普遍的。电化学腐蚀就是金属和电解质溶液接触形成原电池而引起的氧化还原反应。例如 20 多年前，在美国发生一起吊桥突然断裂坠入河中，造成 46 人死亡，伤多人。事后调查是由于钢梁和钢链条因大气中含微量 SO$_2$ 和 H$_2$S 引起电化学腐蚀造成的。另一起是 1965 年，在美国路易斯安那州输气管道大爆炸，死 17 人，伤多人，造成重大经济损失。当时美国当局进行了严格调查，事故的起因也是由于输气管道在土壤的电化学腐蚀作用下，出现穿孔漏气。除此之外腐蚀造成的间接经济损失更是无法估计。各种腐蚀不仅使常规武器性能下降，也使得现代高科技尖端武器精度受到严重威胁。随着腐蚀带来的生产中的跑、冒、滴、漏，有毒气体和液体不断排入空气和水中，人们的生存环境也日益恶化。因此金属腐蚀与防护已成为当前科学研究和工程技术发展的重要课题之一。

金属腐蚀可分为化学腐蚀和电化学腐蚀，化学腐蚀是金属表面与气体或非电解质溶液接触发生化学作用而引起的腐蚀；而电化学腐蚀是由于金属及其合金在周围介质的电化作用下而引起的腐蚀，实质上是由于金属表面形成许多微小的短路原电池作用的结果。电化学腐蚀的现象非常普遍。金属在大气、土壤及海水中的腐蚀和在电解质溶液中的腐蚀都为电化学腐蚀。

影响金属电化学腐蚀的因素较多，包括金属的活泼性，金属在特定介质中的电极电势及环境的酸度、温度等。

金属在酸性介质中通常发生析氢腐蚀，且酸性越强腐蚀速度越快，H^+ 在阴极还原为 H_2 析出：

阳极（Fe）　　　　　　　　　$Fe-2e^- \Longrightarrow Fe^{2+}$

阴极（杂质）　　　　　　　　$2H^+ + 2e^- \Longrightarrow H_2\uparrow$

总反应　　　　　　　　　　　$Fe + 2H^+ \Longrightarrow Fe^{2+} + H_2\uparrow$

在弱酸性（$pH \geqslant 4$）及中性介质中，主要发生的是吸氧腐蚀，反应为：

阳极（Fe）　　　　　　　　　$2Fe - 4e^- \Longrightarrow 2Fe^{2+}$

阴极（杂质）　　　　　　　　$O_2 + 2H_2O + 4e^- \Longrightarrow 4OH^-$

总反应　　　　　　　　　　　$2Fe + O_2 + 2H_2O \Longrightarrow 2Fe(OH)_2$

产物 $Fe(OH)_2$ 可进一步被氧气氧化：

$$2Fe(OH)_2 + 1/2 O_2 + H_2O \Longrightarrow 2Fe(OH)_3$$

$$Fe(OH)_3 \longrightarrow Fe_2O_3 \cdot xH_2O$$

以上反应同时伴随热量的产生。

差异充气腐蚀是吸氧腐蚀的一种形式，它是因金属表面电解质中氧的浓度（分压）分布不均而引起的。由电极反应式：

$$O_2 + 2H_2O + 4e^- \Longrightarrow 4OH^-$$

可得：$\varphi(O_2/OH^-) = \varphi^{\ominus}(O_2/OH^-) + 0.059/4 \lg \dfrac{p_{O_2}}{c_{OH^-}}$

p_{O_2} 大的部分，$\varphi(O_2/OH^-)$ 也越大；p_{O_2} 小的部分，$\varphi(O_2/OH^-)$ 亦小，这就组成了一个氧的浓差电池，于是 p_{O_2} 小处的金属成为阳极，发生氧化反应，被腐蚀；p_{O_2} 大处为阴极，O_2（加水）还原为 OH^-。

当发生电化学腐蚀时，在腐蚀电池中电极电势比较负的金属（阳极）被氧化，即被腐蚀；电极电势比较正的金属（阴极）仅起传递电子的作用，在其上进行氧化剂的还原作用。

为了防止金属的腐蚀，可以隔绝金属与周围电子的接触，即避免腐蚀原电池的形成。比如，在金属表面覆盖各种保护层；可以在腐蚀性介质中加入少量能减小腐蚀速率的物质作为缓蚀剂来抑制腐蚀；也可以改变被保护金属在周围介质中的电极电势值，使其成为阴极而减弱或避免腐蚀的发生，比如将被保护的金属作为腐蚀电池阴极的牺牲阳极保护法和外加电流法等。常用的牺牲阳极材料有铝合金、镁合金与锌合金等，此法适用于海轮外壳、海底设施的保护；而外加电流法适用于防止土壤、海水及河水中设备的腐蚀，尤其是对地下管道（水管、煤气管)、电缆的保护等。

腐蚀会给人类带来危害,引起惊人的损害,但也可利用其为人类造福。例如,工程技术中常利用腐蚀原理进行材料的加工,"化学蚀刻"方法就是利用腐蚀进行金属定域"切削"的加工方法。

【仪器和试剂】

烧杯,酒精灯,量筒,铁三脚架,石棉网,试管,试管架,滴管,毫伏计,直流电源(整流器或干电池),温度计,锥形瓶,碱式滴定管,橡皮管,橡胶塞,玻璃管,滴定台(附蝴蝶夹),玻棒,研钵,盐桥,吸耳球,台天平,电加热套。

硫酸 $H_2SO_4(0.1mol \cdot L^{-1})$,$H_3PO_4(85\%)$,$HNO_3(45\%)$,盐酸 $HCl(0.1mol \cdot L^{-1})$,乌洛托品(20%),$NaOH(2mol \cdot L^{-1})$,氯化钠 $NaCl(5\%)$,$Na_2CO_3(3\%)$,$K_2Cr_2O_7(50g/L)$,铁氰化钾 $K_3[Fe(CN)_6](0.1mol \cdot L^{-1})$,$CuSO_4(1.0mol \cdot L^{-1})$,酚酞(1%),$FeCl_3$(20%),$ZnO(AR)$。

铁电极,锌电极,铜电极,铁钉,砂纸,镊子,锌片条,铁丝,钢片,活性炭,白细布(10cm×10cm),粗棉线(15cm 长),导线,去污粉,铝片,吸水纸,干电池,肥皂,pH 试纸,敷铜板,油漆。

【实验内容】

1. 金属的腐蚀

(1)析氢腐蚀 在 50mL 烧杯中,加入 20mL 0.1mol·L⁻¹ 的 H_2SO_4,用芯片条、铁丝作电极,干电池为电源,按图 33-1 所示进行试验。

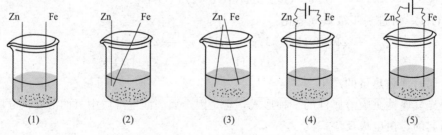

图 33-1 析氢腐蚀

观察所看到的现象并简要解释之(表 33-1)。

表 33-1 析氢腐蚀现象

电　极	现　　　象				
	(1)	(2)	(3)	(4)	(5)
Zn 极					
Fe 极					
解释					

(2)吸氧腐蚀

① 按图 33-2 装置好仪器。

② 检查装置是否漏气:松开抽滤瓶 7 的塞子,往 3 中注入适量自来水(或带有酚酞碱性溶液),使 2 中的水面在刻度 25mL 左右,上下移动 3 以赶尽附在橡皮管和量气管内的气泡。然后使 2、3 保持约 15cm 的液面差,盖紧 7 的塞子,使装置密封,固定 3 的位

置，静观 2～3min，若 2 或 3 管的液面保持恒定，说明装置不漏气，否则要检查并采取措施直至不漏气。

③ 取 2g 铁粉，在研钵中用力研磨约 200 圈，加入约 0.2g 活性炭及 95％酒精 5 滴，继续用力研磨约 200 圈。然后将此铁粉倒在白细布中央，滴加 3～5 滴 5％的 NaCl 溶液于铁粉上，立即快速用从图 33-2 装置中取下的、带有橡胶塞的温度计 6 轻轻搅拌均匀（应呈"豆沙状"），快速用白细布将此混合物包住温度计水银球，并用棉线扎紧使之不能落下。快速将温度计装入抽滤瓶中，迅速盖紧塞子，保证密封不漏气，准确快速读出量气管 2 的液面读数（为此，先取下水平管 3，并一手持管 3 使之与量气管平行靠拢，缓慢上下移动水平管 3，使 2、3 管的液面达到水平一致即可读数），记下温度，之后每隔 2min 照样测定一次体积和温度读数，并按表 33-2 记录。

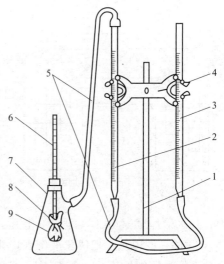

图 33-2　铁粉吸氧腐蚀实验装置图
1—滴定台；2—量气管；3—水平管；
4—蝴蝶夹；5—橡皮管；6—温度计；
7—带胶塞抽滤瓶；8—捆扎棉线；
9—包有铁炭混合物的白棉布

表 33-2　吸氧腐蚀数据

	时间/min	0(初始)	2	4	6	8	10	12
温度/℃	温度计读数							
	温度变化							
体积/mL	量气管读数							
	体积变化							

以"最终"体积（即待温度降低到接近初始温度时的体积）和初始体积之差计算吸氧量。

（3）差异充气腐蚀

① 腐蚀液的配制：在试管中加入 1mL 5％的 NaCl 溶液，加 1 滴 $0.1mol \cdot L^{-1}$ 的 $K_3[Fe(CN)_6]$ 及 1 滴 1％酚酞，摇匀备用。

② 取 1 块锌片，用去污粉擦净油污和氧化层，用水洗净，再用吸水纸拭干。往锌片上滴 1～2 滴腐蚀液，静置 3～5min，仔细观察液滴边缘和内部的颜色变化，说明原因。

2. 金属腐蚀的防止

（1）缓蚀剂法　在两支试管中各加入 2mL $0.1mol \cdot L^{-1}$ 的 HCl 溶液，并各滴入 2 滴 $0.1mol \cdot L^{-1}$ 的 $K_3[Fe(CN)_6]$ 溶液。再向其中一试管中加入 10 滴乌洛托品，另一试管中加入 10 滴水（使两试管中 HCl 浓度相同）。选表面积约相等的两个小钉，用水洗净后同时投入上述两试管中，静置一段时间后观察现象，并比较两试管中蓝色出现的快慢与深浅。

（2）阴极保护法　将一张滤纸碎片放置于表面皿上，并用自己配制的腐蚀液润湿。将两枚铁钉隔开一段距离放置于润湿的滤纸碎片上，并分别与 Cu-Zn 原电池（图 33-3）（或干电池）正负极相连。静置一段时间后，观察有何现象并加以解释。

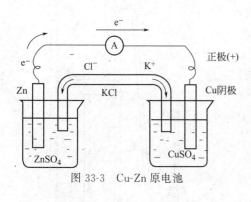

图 33-3　Cu-Zn 原电池

（3）钢铁表面的磷化处理

① 试片的预处理　试片为 85mm×25mm×0.80mm 普通碳素钢片。经除油、酸洗和水洗后放在清水中备用（时间不宜过长，否则易生锈），操作时用镊子夹取试片。

② 磷化液的配制　称量 4.0g ZnO(99.5％) 放入 100mL 烧杯中，加 10mL 自来水润透，用玻璃棒搅成糊状。将烧杯放在石棉网上，加 8.5mL HNO_3(45％) 和 1.8mL H_3PO_4(85％)，边加边搅拌，使固体基本溶解。将溶液倒入 100mL 量筒中，加水稀释至 100mL，配成磷化液。

③ 试片的磷化　把磷化液倒入烧杯中，搅拌均匀，用 pH 试纸测酸度（pH≈2）。将烧杯放在恒温槽中加热至 50℃±1℃，取一试片浸以磷化液中，并计时 15min 时取出，用水冲掉表面上的磷化液，将试片放在支架上自然干燥（约 15min）。若磷化膜外观呈银灰色，连续、均匀、无锈迹，说明磷化效果较好（可重复磷化 3～5 片）。

④ 补充过程　把磷化过的钢片放入 80～90℃ $K_2Cr_2O_7$ 溶液中 5min，取出用水冲洗后风干。再把该钢片放入皂化液中 5min 取出，用水冲洗后风干。

⑤ 磷化膜耐蚀性的检验　选择已干燥的磷化好的试片，滴一滴硫酸铜试液于磷化膜上，记录该处出现红棕色的时间，若接近或超过 1min 为合格。

硫酸铜点滴试液的组成：40mL $CuSO_4$ 溶液（0.1mol·L^{-1}）加 0.8mL NaCl 溶液（0.1mol·L^{-1}）和 20mL HCl 溶液（10％）。

⑥ 涂漆：在检验合格的钢片上涂漆。

注：

a. 去油液：200g NaOH，20g Na_2CO_3/L。

b. 去锈液：25mL 浓 HCl 加 70mL H_2O，加乌洛托品 0.1g。

c. 皂化液：每升含 30～50g 肥皂。

3. 金属腐蚀的应用

① 取一小片铝，用油漆在上面涂写字样，待干后用毛刷将 20％的 $FeCl_3$ 溶液在铝片上多次（5 次以上）轻轻刷洗（注意不要将铝片浸入 $FeCl_3$ 溶液中，为什么？）后，用自来水冲洗，再用 2mol·L^{-1} NaOH 溶液刷洗，然后用冷水冲洗，最后用乙醇溶液清洗铝片上的油漆。

② 取已用油漆画好线路的敷铜板，放入盛有 $FeCl_3$ 溶液的容器中。如温度较低，可将容器微热，使 $FeCl_3$ 溶液温度不超过 50℃。轻轻摇荡容器，约 7～10min 取出线路板，用自来水冲洗，然后放入热碱液中清洗，即可清除板上的油漆，再用水清洗。

实验三十四　碱金属与碱土金属

【实验目的】

1. 熟悉碱金属和碱土金属某些盐类的溶解性。

2. 学习焰色反应的操作方法。

3. 利用 Na^+、K^+、NH_4^+、Ca^{2+}、Ba^{2+} 等离子的特征，自行设计方案对混合液中各离子进行分离和检出。

【仪器和试剂】

小刀，镊子，铂丝（或镍丝），pH 试纸，钴玻璃，温度计。

金属钠（固），钾（固），LiCl（固），NaCl（固），KCl（固），$MgCl_2$（0.5mol·L^{-1}），$CaCl_2$（0.5mol·L^{-1}），$SrCl_2$（0.5mol·L^{-1}），$BaCl_2$（0.5mol·L^{-1}），NH_3-$(NH_4)_2CO_3$（0.5mol·L^{-1}），$K_2Cr_2O_7$（0.5mol·L^{-1}），HAc（2mol·L^{-1}），HCl（2mol·L^{-1}），$Ba(OH)_2$（0.5mol·L^{-1}），$CaCl_2$（mol·L^{-1}），$(NH_4)_2C_2O_4$（饱和），$K[Sb(OH)_6]$（饱和）。

【实验内容】

1. 液滴体积的估计

取大、中、小不同口径的滴管，向 10mL 量筒内滴水，记录 1mL 水的滴数；再用三种滴管分别向试管中滴加液滴数为 1mL 的水，然后用量筒量出其体积，反复数次，将数据填入表 34-1。记住这些数据以便做试管实验时参考。

表 34-1 液滴体积估计数据

滴管口径	大	中	小
1mL 水的滴数			

2. 金属钠与汞反应（演示实验）

取一块绿豆粒大小的金属钠，擦干煤油，放入研钵中，滴入几滴汞，研磨，即可得到钠汞齐。观察反应情况和产物的颜色。将得到的钠汞齐，转入盛有少量水（加入几滴酚酞）的烧杯中观察反映情况。

注意：应在通风橱中进行试验；将钠汞齐与水反应后的汞回收。

3. 钠与空气中氧气的反应

① 取绿豆粒大小的金属钠，用滤纸吸干煤油，立即置于坩埚中加热。当钠刚刚开始燃烧时，停止加热。观察反应情况及产物的颜色和状态。取出少许，放在蒸发皿中观察颜色变化，其余固体用于实验。

② 将上述剩余产物（Na_2O_2）放入成有 2mL 热蒸馏水的小试管中，观察是否有气体放出。检验气体并检验溶液的酸碱性。

4. LiCl、NaCl、KCl 的溶解情况比较

在盛有 3mL 蒸馏水的试管中加入 0.3g LiCl，插入一支温度计，观察温度变化时溶解量的相对多少。用同样的办法进行 NaCl、KCl 溶解实验，比较它们有何不同。

用 3mL 甲醇代替 3mL 蒸馏水，重复上述实验。观察溶解情况及温度变化。与在水中溶解有何不同？为什么？

5. 铬酸钡及草酸钙的生成和性质

① 铬酸盐：两支试管分别注入 0.5mL $CaCl_2$ 和 $BaCl_2$ 溶液，再注入 K_2CrO_4 溶液，并试验产物分别与 HAc（2mol·L^{-1}）及 HCl（2mol·L^{-1}）溶液的反应。

② 草酸盐：往 1mL $CaCl_2$ 溶液中注入 1mL 饱和草酸铵溶液，观察产物颜色与状态，然后将沉淀分成两份，分别试验它们与 HCl（2mol·L^{-1}）和 HAc（6mol·L^{-1}）溶液的反应情况。

6. 焰色反应

取一支铂丝（或镍铬丝），将其尖端弯成小环状，蘸以 6mol·L^{-1} 盐酸溶液在氧化焰中烧片刻，再浸入盐酸中，再灼烧，如此重复直至火焰无色。依照此法，分别蘸取 1mol·L^{-1} 氯化钠、氯化钾、氯化钙、氯化锶、氯化钡溶液在氧化焰中灼烧，观察火焰的颜色。每进行

完一种溶液的焰色反应后，均需蘸浓盐酸溶液灼烧铂丝（或镍铬丝），烧至火焰无色后，再进行新的溶液的焰色反应。观察钾盐的焰色时，为消除钠对钾焰色的干扰，一般需用蓝色钴玻璃片滤光后观察。

7. 设计实验

分别取含有 Na^+、K^+、NH_4^+、Mg^{2+}、Ca^{2+} 及 Ba^{2+} 等的试液各 5 滴，加到离心试管中，混合均匀后，按自己设计（请参考思考题）的步骤框图进行分离与检出。实验过程中和实验后应据实验情况对步骤（框图及具体操作细节）进行修正。

【附注】

① 为了检出 Na^+ 和 K^+，要将溶液中的铵盐除去。其方法是：将除去 Ca^{2+} 及 Ba^{2+} 的清液（为防止 Ba^{2+}、Ca^{2+} 未沉淀完全，可再次加入沉淀剂并加热后离心分离），移入干净的坩埚中，放在石棉网上小火加热，微沸蒸发水分，大约只剩下 2～3 滴时，将灯移开，再加入 8～10 滴浓 HNO_3。继续蒸发至快干时（通风橱中），移开酒精灯（防止迸溅），借石棉网上的余热把它蒸干。最后用大火灼烧至不再冒烟。冷却后往坩埚中加 8～10 滴蒸馏水，溶解后，取一滴溶液于点滴板凹穴中，加 2 滴奈斯勒试剂，如果不产生红褐色沉淀，表明铵盐已被除尽。否则还需再加浓 HNO_3 后蒸发并灼烧，以除尽铵盐。

② 为了用 $K[Sb(OH)_6]$ 检出 Na^+，应在溶液中加 $KOH(6mol \cdot L^{-1})$ 溶液至 pH 稳定在约等于 12。加热后离心分离。取其溶液加入离心试管中，再加入等体积的 $K[Sb(OH)_6]$（aq）。用玻璃棒摩擦试管内壁，密封放置（需放置较长时间）后产生白色晶体沉淀，表示原溶液中有 Na^+。

③ 用 $K[Sb(OH)_6]$ 鉴定 Na^+，若在酸性介质中进行得到锑酸胶状沉淀而不是 $Na[BSb(OH)_6]$ 晶体。

④ 铂丝使用注意事项

a. 洗涤，将铂丝插到一盛有 $6mol \cdot L^{-1}$ HCl 溶液点滴板的凹穴中后取出，并在氧化焰中灼烧，重复上述操作至焰色为"无色"即可进行焰色实验。

b. 不要来回弯铂丝，否则容易折断。

c. 铂丝熔接在玻棒上，因此要注意已烧热的玻璃棒端头，切勿接触冷溶液或水，否则会炸裂。铂丝若从玻璃棒上掉下来，一定要把它交给老师。

⑤ $K[Sb(OH)_6]$ 溶液的配置：KOH 饱和溶液中陆续加入 $SbCl_3$ 加热，当有少量白色沉淀不再溶解时，停止加热。放冷，静置，上层清液为 $K[Sb(OH)_6]$。

⑥ 市售的 $(NH_4)_2CO_3$ 试剂是 NH_2COONH_4 和 NH_4HCO_3 的混合物，其水溶液受热时，前者转化为 $(NH_4)_2CO_3$，反应方程式：

$$NH_2COONH_4 + H_2O \Longrightarrow (NH_4)_2CO_3$$

【思考题】

1. 若实验室中发生镁燃烧的事故，可否用水或二氧化碳来灭火，应用何种方法灭火？

2. $Mg(OH)_2$ 和 $MgCO_3$ 可否溶于 NH_4Cl 溶液，为什么？$Fe(OH)_3$ 呢？

3. 商品 NaOH 中若含有 Na_2CO_3，怎样检验？如何除去？

4. 为检验 Ca^{2+} 和 Ba^{2+}，应将分离出的沉淀溶于 HAc 还是强酸（HCl 或 HNO_3）？溶解所得的溶液先检出 Ba^{2+} 还是先检出 Ca^{2+}？

实验三十五　卤　素

【实验目的】

1. 学习卤化氢的制备方法并验证其性质。
2. 掌握卤素单质和离子的氧化性、还原性变化规律。
3. 掌握卤素含氧酸碱的性质。

4. 了解卤素离子的鉴定方法。

【仪器和试剂】

pH 试纸，淀粉-碘化钾试纸，醋酸铅试纸，石蕊试纸（蓝色）；硫黄粉，靛蓝，溴化钠（固），碘化钠（固），氯酸钾（固），碘（固），食盐（固），KCl（0.1mol·L^{-1}），NaCl（0.1mol·L^{-1}），KBr（0.1mol·L^{-1}），KIO$_3$（0.1mol·L^{-1}），NaHSO$_3$（0.1mol·L^{-1}），AgNO$_3$（0.1mol·L^{-1}），NaClO（0.1mol·L^{-1}），MnSO$_4$（0.1mol·L^{-1}），Na$_2$S$_2$O$_3$（0.1mol·L^{-1}），H$_2$SO$_4$（2mol·L^{-1}），NH$_3$·H$_2$O（2mol·L^{-1}），乙醇，溴水，氯水，H$_2$SO$_4$（浓），HCl（浓），(NH$_4$)$_2$CO$_3$（13%）。

【实验内容】

1. 单质的氧化性

利用 KI（0.1mol·L^{-1}）、KBr（0.1mol·L^{-1}）、溴水、氯水，查阅相关电极电势，自行设计实验，比较卤素单质（Cl$_2$、Br$_2$、I$_2$）氧化性的相对强弱，并写出有关方程式。

2. 卤素的还原性（本实验在通风橱中进行）

取 3 支干燥试管，分别加入绿豆粒大小 NaCl(试管 1)、NaBr(试管 2)、NaI(试管 3) 晶体，再各加入 0.5mL 浓硫酸（浓硫酸不要沾到瓶口处），微热，观察试管中颜色变化，并用湿润的 pH 试纸检验试管 1 放出的气体，用碘化钾淀粉试纸检验试管 2，用醋酸铅试纸检验试管 3。

根据试验结果比较出卤化氢还原性强弱，写出有关反应方程式。

3. 卤素含氧酸碱的性质

(1) 次氯酸钠的性质　取 4 支试管：

① 往第 1 支试管中加入 5 滴次酸钠溶液，再加入浓盐酸（在通风橱中做）。

② 往第 2 支试管中加入 3 滴次氯酸钠溶液，再加入 3 滴硫酸锰溶液。

③ 往第 3 支试管加 2 滴 KI 溶液，再逐滴加入次氯酸钠溶液（pH 不大于 10）至无色。

④ 往第 4 支试管中加 2 滴靛蓝溶液，并用 2～3 滴硫酸酸化，再加入次氯酸钠溶液。

观察各试管中发生的现象，写出 1～3 号试管中反应的反应方程式。

(2) 氯酸钾的氧化性　分别取绿豆大的氯酸钾进行下列实验：

① 与 0.5mL 盐酸反应，如果反应不明显，可微热之。

② 与碘化钾溶液分别在中性和酸性溶液中反应，并检验是否有碘生成，比较它们的现象有什么不同，说明原因。

③ 与单质硫反应，硫黄与氯酸钾分别研磨成粉，各取绿豆粒大小的量，放在纸上用玻璃棒小心混匀，用纸小心包好（包紧），拿到室外，在平坦、干燥的地方用铁锤猛击（注意：实验药品用量，切不可多取！）。

(3) 碘酸钾的氧化性

① 取 1mL KIO$_3$（0.1mol·L^{-1}）溶液，加 2 滴淀粉溶液，再滴入 10 滴 NaHSO$_3$（0.1mol·L^{-1}）溶液。振荡后，观察颜色变化所需时间。

② 再用碘水 5 滴重做上述实验并观察现象。

③ 改进步骤加快①的反应速度。

4. 设计实验

利用 AgNO$_3$、NaCl、KI、KBr、(NH$_4$)$_2$CO$_3$（13%）、Na$_2$S$_2$O$_3$ 等溶液设计出能观察到卤化银的颜色及验证其溶解性相对大小的系列实验（每种试剂只能取用一次）。

5. Cl^-、Br^-、I^- 混合离子的分离和鉴定

① 取 Br^-、I^- 混合液和蒸馏水各 5 滴于离心试管中，滴加 3~5 滴 CCl_4，再滴加少量氯水，不断震荡，CCl_4 层显紫红色，表示有 I^-。继续滴加氯水，不断振荡，CCl_4 层紫色褪去并显棕黄色，表示有 Br^-。

② 取 Cl^-、Br^-、I^- 混合液和蒸馏水各 5 滴于离心试管中。设计步骤使离子全部沉淀完全，再从沉淀中分离出含 Cl^- 的溶液，并鉴定 Cl^-。

③ 使 X^-〔从上述②的沉淀中〕变成游离的水合离子，参考上述①的步骤检出 Br^- 和 I^-。

【附注】

1. 检验气体

若用试纸检验发生的气体，应先准备好湿润的试纸，再产生气体。

2. 氯气、溴蒸气及液体溴的安全操作

氯气剧毒并有刺激性，人体吸入会刺激喉管，引起咳嗽和喘息。因此，在做有氯气产生的实验时，须在通风橱中进行，并尽可能安装吸收装置。闻氯气时，应用手将氯气轻轻扇向自己的鼻孔，切记不可对着吸。若不慎吸入氯气感到不适者，可到室外呼吸新鲜空气，或吸入少量稀薄的氨气解毒。

$$3Cl_2 + 2NH_3 \Longrightarrow N_2 + 6HCl$$

液体溴有强烈的腐蚀性，它能灼伤皮肤，严重时会使皮肤溃烂。因此，在倒液溴时，要在通风橱中且戴橡皮手套进行。若不慎将溴水溅到皮肤上，应立即用水洗，再用碳酸氢钠或食盐水冲洗，也可用稀氨水或稀 $Na_2S_2O_3$ 溶液洗。

$$3Br_2 + 8NH_3 \Longrightarrow 6NH_4Br + N_2$$

3. 氯酸钾的安全使用

① 氯酸钾不可随便与可燃性物质接触并加热、摩擦、撞击，否则放出的氧（$2KClO_3 \Longrightarrow 2KCl + 3O_2\uparrow$）与可燃性物质激烈燃烧而发生爆炸。

② 在做氯酸钾与红磷或硫粉爆炸反应时，氯酸钾和红磷或硫黄，要分开研磨，切不可混合后再研磨。实验时用量要少。

$$2KClO_3 + 3S \Longrightarrow 2KCl + 3SO_2\uparrow + Q\ (热量)$$

③ 实验时不同用途的药匙严格分开，切不可用取过红磷或硫粉的药匙去取氯酸钾。

④ 洒落的氯酸钾固体或溶液，应及时清理回收在专用瓶中待统一处理，切不可投入废液缸中。

4. 浓硫酸的取用安全

① 一定要注意不要将浓硫酸沾到皮肤或衣服上，如果沾上时，要立即用大量水冲洗，衣服可用稀氨水浸泡后再用水洗。如果皮肤感到疼痛，可用被碳酸氢钠浸湿的纱布敷在疼痛处。

② 倾倒浓硫酸时，要借助搅棒。倾倒合适量后，要将盛浓硫酸的瓶口沿搅棒上提一下或在承受容器边碰一下，使最后一滴浓硫酸流到容器中。

③ 不小心撒落的浓硫酸要及时处理。

④ 浓硫酸与高锰酸钾作用即析出淡褐色油样、挥发性液体——高锰酸酐（Mn_2O_7），稍予加热 Mn_2O_7 就易分解（伴随着爆炸），产物为二氧化锰和 O_2（也有 O_3 生成），高锰酸钾与浓硫酸作用时放出的热可以加速这种分解。

$$4KMnO_4 + 2H_2SO_4 \Longrightarrow 2K_2SO_4 + 4HMnO_4$$
$$4HMnO_4 \Longrightarrow 2H_2O + 2Mn_2O_7$$
$$2Mn_2O_7 \Longrightarrow 4MnO_2 + 3O_2\uparrow$$
$$4KMnO_4 + 2H_2SO_4 \Longrightarrow 2K_2SO_4 + 4MnO_2 + H_2O + 3O_2\uparrow$$

⑤ 浓硫酸易吸水，用后立即盖好瓶盖。

⑥ 含有浓硫酸的残液，要小心沿搅棒倾倒入盛有较多水的大烧杯中，并不断搅拌后倒入废液缸。

【思考题】

1. 通 Cl_2（或用氯水）于 KI 溶液中，溶液先变成棕红色，后又褪色，为什么？

2. 总结与 Ag^+ 生成沉淀及能溶解 AgX 的物质有哪些。用 $AgNO_3$ 试剂检验卤素离子时，为什么要加少量 HNO_3？

3. 实验室制备氯气有哪几种方法，试验条件有什么不同？若实验中产生较多的氯气尾气，如何处理？

① 用 $KMnO_4$ 制备氯气时，如果试验者误取了浓硫酸与之反应，将有什么事故发生？

② 如何区别次氯酸盐和氯酸盐？

实验三十六　氧、硫

【实验目的】

1. 掌握过氧化氢、硫化氢及硫的不同价态含氧化物的主要性质。

2. 掌握实验室制备二氧化硫和硫化氢的方法。

3. 掌握金属硫化物的生成和溶解条件。

4. 掌握 S^{2-}、SO_3^{2-}、$S_2O_3^{2-}$ 及 SO_4^{2-} 的分离和检出方法。

【仪器和试剂】

滤纸，醋酸铅试纸，硫黄，过二硫酸钾（固），FeS（固），MnO_2（固），$KMnO_4$（$0.02mol \cdot L^{-1}$），H_2SO_4（$1mol \cdot L^{-1}$），3% H_2O_2 溶液，$AgNO_3$（$0.1mol \cdot L^{-1}$），NaOH（$6mol \cdot L^{-1}$），HCl（$6mol \cdot L^{-1}$），$MnSO_4$（$0.02mol \cdot L^{-1}$），亚硝基铁氰化钠，Na_2SO_3（$0.5mol \cdot L^{-1}$），$Na_2S_2O_3$（$0.1mol \cdot L^{-1}$），$K_2Cr_2O_7$（$0.1mol \cdot L^{-1}$），$Pb(NO_3)_2$（$0.1mol \cdot L^{-1}$），KI（$0.1mol \cdot L^{-1}$），Na_2S（$0.1mol \cdot L^{-1}$），$SrSO_3$（$0.1mol \cdot L^{-1}$），$ZnSO_4$（$0.1mol \cdot L^{-1}$），$Na_2[Fe(CN)_5NO]$（$0.1mol \cdot L^{-1}$），$K_4[Fe(CN)_6]$（$0.1mol \cdot L^{-1}$），Na_2S_x（$0.1mol \cdot L^{-1}$），Na_2SO_4（$0.1mol \cdot L^{-1}$），CS_2，碘水，氯水，戊醇，淀粉溶液等。

【实验内容】

1. 斜方硫的制备（演示实验）

将约 1g 硫黄粉放入试管中，加入约 5mL 二硫化碳（注意：二硫化碳恶臭、有毒、易燃，所以实验在通风橱中进行，并远离明火），振荡试管，将此溶液过滤于锥形瓶中，用滤纸盖住锥形瓶口，在通风橱内将瓶口滤纸扎几个孔，让二硫化碳慢慢挥发，几个小时后，仔细观察（可用放大镜）生成的晶体。在通风橱中彻底处理。

2. 硫化氢的生成与性质

取约 3g FeS 放入 Y 型试管一侧，另一侧注入 5～6mL 的 $6mol \cdot L^{-1}$ 盐酸。做好准备工作后（应该做哪些工作？）将盐酸倾入另一侧。

① 用湿润的醋酸铅试纸检验气体。

② 排尽空气后（为什么？）点燃，观察 H_2S 火焰颜色。然后将气体导入盛有去离子水的试管中（配好塞子）备用。

③ H_2S 的还原性：往试管中滴入 2 滴 $0.02mol \cdot L^{-1} KMnO_4$ 溶液，并用稀硫酸溶液酸化，然后滴入饱和硫化氢溶液。

④ S^{2-} 鉴定：在点滴板上滴 1 滴 H_2S 溶液，1 滴 NaOH 溶液，1 滴亚硝基铁氰化钠 $Na_2[Fe(CN)_5NO]$ 溶液，观察现象（注意：亚硝基铁氰化钠可将 S^{2-} 染色，若被测液是 Na_2S，可直接用试剂检验，若被测液是 HS^- 或 H_2S，应先加碱液再加试剂）。

3. 过二硫酸盐的氧化性

往试管内注入 4mL H_2SO_4（1mol·L^{-1}）溶液，4mL 去离子水和 2 滴 $MnSO_4$（0.002mol·L^{-1}）溶液，混匀后，将溶液分成两份，再各加半药匙过二硫酸钾固体，并在其中 1 支试管里滴入 1 滴 $AgNO_3$ 溶液，两试管同时放入水浴中加热（温度不超过 40℃），观察现象（加热时间较长，注意随时观察）。

4. 亚硫酸盐的性质与鉴定

① 1mL 0.5mol·L^{-1} Na_2SO_3 溶液中加入 0.5mL 稀 H_2SO_4 溶液，分成两份，一份加入饱和 H_2S 溶液，另一份加入 $KMnO_4$（0.02mol·L^{-1}）溶液。

② 设计实验：$SrSO_3$ 难溶于水易溶于稀盐酸的性质（可用于 S^{2-}、$S_2O_3^{2-}$、及 SO_4^{2-} 等离子的分离与检出）。

③ 设计实验：亚硫酸盐与含 $ZnSO_4$、$Na_2[Fe(CN)_5NO]$ 及 $K_4[Fe(CN)_6]$ 的混合溶液（中性或弱碱性）的作用（生成红色沉淀）。

5. 硫代硫酸盐的性质与鉴定（$Na_2S_2O_3$ 溶液浓度为 0.1mol·L^{-1}）

① 取 4 滴碘水，滴入 $Na_2S_2O_3$ 溶液，直至碘水颜色消失。

② 往 2 滴 $Na_2S_2O_3$ 溶液中注入氯水（注意氯水要过量，否则有单质硫生成）。然后证明有 SO_4^{2-} 生成。

③ 0.5mL $Na_2S_2O_3$ 溶液中注入 1mL 6mol·L^{-1} 盐酸（若现象不明显，可微热）。

④ 往 2 滴 $Na_2S_2O_3$ 溶液中逐滴加入 0.1mol·L^{-1} $AgNO_3$ 溶液，直至不再产生白色沉淀为止，观察沉淀颜色变化。

6. 过氧化氢的性质与检验

（1）检验　取 1 滴 H_2O_2 溶液，加入 2mL 蒸馏水，0.5mL 戊醇（或乙醇），0.5mL 稀硫酸溶液，再加入 3 滴 $K_2Cr_2O_7$ 溶液，振荡后观察有机层及水层的颜色。

（2）性质

① 催化分解。用规格为 15mm×150mm 的试管取 1mL 3% H_2O_2 溶液，加入少量 MnO_2，迅速将火柴余烬伸入试管中，检验生成气体。反应停止后，检验溶液中是否存在 H_2O_2（如何检验？请解释你的检验结果）。

② 氧化性

a. 取 3 滴 $Pb(NO_3)_2$ 溶液，加入 2 滴 H_2S 饱和溶液，观察沉淀颜色，再加 3% H_2O_2 溶液直至颜色转为白色。

b. 取 0.5mL 0.1mol·L^{-1} KI 溶液，加入 2 滴稀 H_2SO_4 溶液，再加入 0.5mL 3% H_2O_2 溶液，观察现象，并滴入 2~3 滴淀粉溶液。

③ 还原性　取 1 滴 0.02mol·L^{-1} $KMnO_4$ 溶液，加 4 滴稀硫酸溶液，振摇后，滴入 3% H_2O_2 溶液。

7. 设计实验

① 用 Na_2SO_4 溶液与硫黄粉制备 $Na_2S_2O_3$，并检验之。

② 有 5 瓶无色溶液，可能是 Na_2S、Na_2S_x、Na_2SO_3、$Na_2S_2O_3$、Na_2SO_4，用最简便的方法鉴定出各是什么溶液。

③ 有含有 S^{2-}、SO_3^{2-}、$S_2O_3^{2-}$ 及 SO_4^{2-} 等离子的溶液，请设计步骤将它们分离并鉴定（S^{2-} 可与 $CdCO_3$ 反应转化成更难溶的 CdS）。

④ 分别制备 ZnS、CdS、CuS 及 HgS，并将它们与 1mol·L^{-1} HCl、6mol·L^{-1} HCl、浓

HNO_3 及王水一一对应进行实验，写出它们的反应方程式。

【思考题】

1. 用有关电极电势说明少量 Mn^{2+} 可以使 H_2O_2 全部分解。

2. 根据实验比较 $S_2O_8^{2-}$ 与 MnO_4^- 氧化性强弱，为何实验中二价锰离子用 $MnSO_4$？能否用 $MnCl_2$ 代替？为什么反应要在酸性介质中进行？

3. 为何亚硫酸盐中常含有硫酸盐？怎样检验亚硫酸盐中的 SO_4^{2-}？怎样检验 SO_3^{2-}？

4. $Na_2S_2O_3$ 溶液和 $AgNO_3$ 溶液反应，为什么有时生成 Ag_2S 沉淀，有时却生成 $Ag(S_2O_3)_2^{3-}$ 配离子？

5. 长期放置的 H_2S、Na_2S 和 Na_2SO_3 溶液会发生什么变化？

实验三十七　碳、硅、硼、锡、铅、铝

【实验目的】

1. 掌握一氧化碳的制备及其性质。

2. 掌握碳酸盐和硅酸盐的水解性，硼酸和硼砂的重要性质与鉴定，了解利用硼砂珠实验对某些物质进行初步鉴定的操作方法及现象。

3. 掌握锡(Ⅱ)、锡(Ⅳ)、铅(Ⅱ)氢氧化物的酸碱性，锡(Ⅱ)的还原性，铅(Ⅳ)的氧化性，锡、铅难溶盐的生成与性质。

【仪器和试剂】

铂丝，砂纸，棉花（或吸水棉），石蕊试纸，pH 试纸，铝片，铝丹，KI-淀粉试纸；硼酸(固)，硼砂(固)，硫酸钾(固)，$CaCl_2$(固)，$CuSO_4$(固)，$Co(NO_3)_2$(固)，$NiSO_4$(固)，$MnSO_4$(固)，$ZnSO_4$(固)，$FeSO_4$(固)，$FeCl_3$(固)，Cr_2O_3(固)，PbO_2(固)，甲酸，H_2SO_4(浓)，$AgNO_3$($0.2mol \cdot L^{-1}$)，$NH_3 \cdot H_2O$($2mol \cdot L^{-1}$)，$BaCl_2$($0.5mol \cdot L^{-1}$)，Na_2CO_3($0.5mol \cdot L^{-1}$)，$CuSO_4$($0.5mol \cdot L^{-1}$)，硅酸钠(20%)，NH_4Cl(饱和)，硼砂(饱和)，$NaOH$($2mol \cdot L^{-1}$，$6mol \cdot L^{-1}$)，HCl($2mol \cdot L^{-1}$，浓)，H_2SO_4($1mol \cdot L^{-1}$)，HNO_3($6mol \cdot L^{-1}$)，$MnSO_4$($0.02mol \cdot L^{-1}$)，$SnCl_2$($0.5mol \cdot L^{-1}$)，$Pb(NO_3)_2$($0.5mol \cdot L^{-1}$)，KI($1mol \cdot L^{-1}$)，K_2CrO_4($0.5mol \cdot L^{-1}$)，$NaAc$(饱和)，硫代乙酰胺，$(NH_4)_2S_x$，$HgCl_2$($0.2mol \cdot L^{-1}$)，甘油，酒精，Na_2S($1mol \cdot L^{-1}$)。

【实验内容】

1. 一氧化碳的制备与性质

(1) CO 的制备　在洗气瓶内装 $2mol \cdot L^{-1}$ NaOH 溶液，在三口烧瓶中注入 4mL 浓甲酸，在烧瓶的中口上插装恒压漏斗，内装 5mL 浓硫酸。把仪器组装严密，由恒压漏斗向烧瓶内壁滴入浓硫酸，边微热，则有气体产生（在通风橱内进行试验）。

注意：浓 H_2SO_4 要逐滴滴入。加热至反应开始后可停止加热，因为是放热反应。当气体产生的量少时，可稍加热。

(2) CO 的主要性质

① 还原性　往 0.5mL $0.2mol \cdot L^{-1}$ $AgNO_3$ 溶液中加入 $2mol \cdot L^{-1}$ $NH_3 \cdot H_2O$ 至生成的沉淀溶解。将 CO 气体通入所得的银氨溶液中，观察产物的颜色状态。

$$Ag^+ + 2NH_3 \Longrightarrow [Ag(NH_3)_2]^+$$
$$2[Ag(NH_3)_2]^+ + CO + 2OH^- \Longrightarrow 2Ag\downarrow + (NH_4)_2CO_3 + 2NH_3$$

② 可燃性　将导管从银氨溶液中取出并点燃，观察火焰颜色（注意点燃以前仪器内的

空气要排尽，否则易引起爆炸）。

2. 碳酸盐的水解

往 2 滴 0.5mol·L^{-1} CuSO$_4$ 溶液中，滴入 2 滴 Na$_2$CO$_3$ 溶液，观察现象。

3. 硅酸盐的水解性和微溶硅酸盐的生成

（1）硅酸盐的水解　先用石蕊试纸检验 20％硅酸钠溶液的酸碱性，然后往盛有 1mL 该溶液的试管中注入 2mL 饱和 NH$_4$Cl 溶液，并微热。检验放出气体为何物？

（2）微溶硅酸盐的生成（"水中花园"演示实验）　在一只烧杯中注入约 2/3 体积的 20％水玻璃（或 20％Na$_2$SiO$_3$），然后把 CaCl$_2$、CuSO$_4$·H$_2$O、Co(NO$_3$)$_2$·6H$_2$O、NiSO$_4$·7H$_2$O、MnSO$_4$·5H$_2$O、ZnSO$_4$·5H$_2$O、FeSO$_4$·5H$_2$O、FeCl$_3$·6H$_2$O 晶体各一小粒投入杯内，记住它们的各自位置，0.5h 后观察现象（实验完毕，须立即洗净烧杯，因为 Na$_2$SiO$_3$ 对玻璃有腐蚀作用）。

4. 硼酸的制备、性质和鉴定

① 将盛有 1mL（约 30℃）饱和硼砂溶液的试管和 0.5mL 浓硫酸的试管分别放在冰水中冷却，并混合均匀后，继续冷却（不再搅拌）。观察产物的颜色和状态（包括晶形）。

② 用 pH 试纸测饱和硼酸及硼砂溶液的 pH 值，解释原因。

③ 在蒸发皿（下面垫一石棉网）中放入少量（绿豆大小）硼酸晶体，1mL 酒精和几滴浓 H$_2$SO$_4$，混合后点火，观察火焰的颜色。

5. 硼砂珠实验

将铂丝灼烧后，蘸取一些硼砂固体，在氧化焰中灼烧，并熔融成圆珠（仔细观察硼砂珠的形成过程和硼砂珠的颜色、状态）。用灼热的硼砂珠沾极少量硝酸钴，在氧化焰中烧融。冷却后观察硼砂珠颜色。

把硼砂珠在氧化焰中灼烧至熔融后，轻轻振动玻璃棒，使熔珠落下（落在石棉网上），然后重新制作硼砂珠，把硝酸钴换成三氧化二铬再实验。

【思考题】

1. 试用最简单的方法鉴别下列两组气体

（1）H$_2$、CO、CO$_2$；（2）CO$_2$、SO$_2$、N$_2$

2. 试用最简单的方法区别下列 7 种固体物质：

NaHSO$_4$、NAHCO$_3$、Na$_2$CO$_3$、NaH$_2$PO$_4$、Na$_3$PO$_4$、Na$_2$SO$_3$、NaS$_2$

3. 本实验有哪些有毒药品，使用时注意什么？哪些实验应该在通风橱内操作？

4. 如何配制 SnCl$_2$ 溶液？

5. 为什么硫化亚锡不溶于硫化钠，而硫化锡可溶于硫化钠？哪些硫化物能溶于硫化钠？

6. 如何鉴别 SnCl$_2$ 溶液和 SnCl$_4$ 溶液？

7. 如何制备无水三氯化铝？若将三氯化铝溶液在蒸发皿中蒸干并灼烧，得到的产物是什么？

实验三十八　铁、钴、镍

【实验目的】

1. 实验并掌握二价铁、钴、镍的还原性和三价铁、钴、镍的氧化性。

2. 实验并掌握铁、钴、镍配合物的生成和 Fe^{2+}、Fe^{3+}、Co^{2+}、Ni^{2+} 的鉴定方法。

3. 了解金属铁腐蚀的基本原理及其防止腐蚀的方法。

【仪器和试剂】

试管、离心试管。

　　硫氰酸钾，H_2SO_4（$1mol\cdot L^{-1}$，$6mol\cdot L^{-1}$），HCl（浓），NaOH（$6mol\cdot L^{-1}$，$2mol\cdot L^{-1}$），氨水（$6mol\cdot L^{-1}$，浓），$(NH_4)_2Fe(SO_4)_2$（固体，$0.1mol\cdot L^{-1}$），$CoCl_2$（$0.1mol\cdot L^{-1}$），$NiSO_4$（$0.1mol\cdot L^{-1}$），KI（$0.5mol\cdot L^{-1}$），$K_4[Fe(CN)_6]$（$0.5mol\cdot L^{-1}$），草酸钾溶液（1∶10），硫酸铜溶液（1∶10），$K_3[Fe(CN)_6]$ 溶液（1∶10），醋酸溶液（1∶10），$FeCl_3$（$0.2mol\cdot L^{-1}$），KSCN（$0.5mol\cdot L^{-1}$），H_2O_2（3%），氯水，碘水，四氯化碳，戊醇，乙醚。

　　材料：碘化钾-淀粉试纸。

【实验内容】

　　1. 铁（Ⅱ）、钴（Ⅱ）、镍（Ⅱ）化合物的还原性

　　（1）铁（Ⅱ）的还原性

　　① 酸性介质　往盛有 5 滴氯水的试管中加入 2 滴 $6mol\cdot L^{-1}$ 硫酸溶液，然后滴加硫酸亚铁铵溶液 1～2 滴，观察现象，写出反应式。如现象不明显，可加 1 滴 KSCN 溶液，出现红色，证明有 Fe^{3+} 生成。

　　② 碱性介质　在一试管中放入 2mL 蒸馏水和 3 滴 $6mol\cdot L^{-1}$ 硫酸溶液，煮沸，以赶尽溶于其中的空气，然后溶入少量硫酸亚铁铵晶体（溶液表面若加 3～4 滴油以隔绝空气，效果更好）。在另一试管中加入 1mL $6mol\cdot L^{-1}$ 氢氧化钠溶液，煮沸（为什么?）。冷却后，用一长滴管吸取氢氧化钠溶液，插入硫酸亚铁铵溶液（直至试管底部）内，慢慢放出氢氧化钠（整个操作都要避免空气带进溶液中，为什么?），观察产物的颜色和状态。振荡后放置一段时间，观察又有何变化。写出反应方程式。产物留作下面实验用。

　　（2）钴（Ⅱ）的还原性

　　① 往盛有二氯化钴溶液的试管中注入氯水，观察有何变化。

　　② 在盛有 0.5mL 氯化钴溶液的试管中滴入稀氢氧化钠溶液，观察沉淀的生成。将所得沉淀分为两份，一份置于空气中，一份加入新配制的氯水，观察有何变化，第二份留作下面实验用。

　　（3）镍（Ⅱ）的还原性　用硫酸镍溶液按（2）实验方法操作，观察现象，第二份沉淀留作下面实验用。

　　2. 铁（Ⅲ）、钴（Ⅲ）、镍（Ⅲ）化合物的氧化性

　　① 在上面实验保留下来的氢氧化铁（Ⅲ）、氢氧化钴（Ⅲ）和氢氧化镍（Ⅲ）沉淀中均加入浓盐酸，振荡后各有何变化，并用碘化钾-淀粉试纸检验所放出的气体。

　　② 在上述制得的三氯化铁溶液中注入碘化钾溶液，再注入四氯化碳，振荡后，观察现象，写出反应方程式。

　　3. 配合物的生成和 Fe^{2+}、Fe^{3+}、Co^{2+} 的鉴定方法

　　（1）铁的配合物

　　① 往盛有 1mL 亚铁氰化钾溶液的试管里，注入约 0.5mL 碘水，摇动试管后，滴入数滴硫酸亚铁铵溶液，观察有何现象发生。此为 Fe^{2+} 的鉴定反应。

　　② 向盛有 1mL 新配制的硫酸亚铁铵溶液的试管里注入碘水，摇动试管后，将溶液分成两份，并各滴入数滴硫氰酸钾溶液，然后向其中一支试管中注入约 0.5mL 3% H_2O_2 溶液，观察现象。此为 Fe^{3+} 的鉴定反应。

　　试从配合物的生成对电极电势的改变来解释为什么 $[Fe(CN)_6]^{4-}$ 能把 I_2 还原成 I^-，而 Fe^{2+} 则不能。

③ 往三氯化铁溶液中注入亚铁氰化钾溶液，观察现象，写出反应方程式。这也是鉴定 Fe^{3+} 的一种常用方法。

④ 往盛有 0.5mL 0.2mol·L^{-1} 三氯化铁的试管中，滴入浓氨水直至过量，观察沉淀是否溶解。

*⑤ 照片调色：黑白照片的调色是借助化学反应将银的图像变成其他的有色化合物，使照片色泽鲜艳美观或防止变色。这种染色过程在照相化学中称为调色。铁的配合物在照片调色中有广泛应用，例如红色调色法。

调色液的配制：取 5mL 草酸钾（1∶10）溶液、2mL 硫酸铜溶液（1∶10）、1mL 赤血盐溶液（1∶10）、1mL 醋酸（1∶10）溶液、40mL 水注入 250mL 烧杯中混合备用。

调色：先将黑白照片放在清水中浸泡约 10min，然后放入调色液中进行调色。其色调是靠反应中生成的亚铁氰化铜产生的，亚铁氰化铜是紫红色的在照片上渐渐地呈现红色色调。当认为颜色合适时，取出照片，用清水冲洗，直到照片的白色部分不发黄为止，最后晾干或上光。其反应原理为：

$$4Ag + 4K_3[Fe(CN)_6] = Ag_4[Fe(CN)_6] + 3K_4[Fe(CN)_6]$$
$$Ag_4[Fe(CN)_6] + 2CuSO_4 = Cu_2[Fe(CN)_6] + 2Ag_2FeSO_4$$

（2）钴的配合物

① 往盛有 1mL 氯化钴溶液的试管里加入少量的固体硫氰酸钾，观察固体周围的颜色，再注入 0.5mL 戊醇和 0.5mL 乙醚，振荡后，观察水相和有机相的颜色，这个反应可用来鉴定钴（Ⅱ）离子。

② 往 0.5mL 氯化钴溶液中滴加浓氨水，至生成的沉淀刚好溶解为止，静置一段时间后，观察溶液的颜色有何变化。

（3）镍的配合物　往盛有 2mL 0.1mol·L^{-1} NiSO$_4$ 溶液中加入过量 6mol·L^{-1} 氨水，观察现象。静置片刻，再观察现象，写出离子反应方程式。把溶液分成四份：一份加 2mol·L^{-1} NaOH 溶液；一份加 1mol·L^{-1} H$_2$SO$_4$ 溶液；一份加水稀释，一份煮沸，观察有何变化。

【思考题】

1. 今有一瓶含有 Fe^{3+}、Cr^{3+} 和 Ni^{2+} 的混合液，如何将它们分离出来，请设计分离示意图。

2. 有一浅绿色晶体 A，可溶于水得到溶液 B，于 B 中加入饱和碳酸氢钠溶液，有白色沉淀 C 和气体 D 生成。C 在空气中逐渐变棕色，将气体 D 通入澄清的石灰水会变浑浊。

① 若将溶液 B 加以酸化，再滴加紫红色溶液 E，则得到浅黄色溶液 F，于 F 中加入黄血盐溶液，立即产生深蓝色的沉淀 G。

② 若溶液 B 中加入氯化钡溶液，有白色沉淀 H 析出，此沉淀不溶于强酸。

问 A、B、C、D、E、F、G、H 是什么物质，写出分子式，并写出有关的反应式。

实验三十九　铜、锌、银、汞

【实验目的】

1. 了解铜、银、锌、汞氧化物或氢氧化物的酸碱性，硫化物的溶解性。

2. 掌握铜（Ⅰ）、铜（Ⅱ）重要化合物的性质和相互转化条件。

3. 试验并熟悉铜、银、锌、汞的配位能力，以及 Hg_2^{2+} 和 Hg^{2+} 的转化。

【仪器和试剂】

试管，烧杯，量筒，离心机，抽滤瓶，布氏漏斗。

碘化钾，铜屑，$NaOH[2mol \cdot L^{-1}$（新配），$6mol \cdot L^{-1}$，40%]，$KOH(40\%)$，氨水（$2mol \cdot L^{-1}$，浓），$H_2SO_4(2mol \cdot L^{-1})$，$HNO_3(2mol \cdot L^{-1})$，$HCl(2mol \cdot L^{-1}$，浓），$HAc(2mol \cdot L^{-1}$，$10\%)$，$CuSO_4(0.2mol \cdot L^{-1})$，$CuCl_2(0.5mol \cdot L^{-1})$，$AgNO_3(0.1mol \cdot L^{-1})$，$KI(0.2mol \cdot L^{-1})$，$Na_2S_2O_3(0.5mol \cdot L^{-1})$，$KSCN(0.1mol \cdot L^{-1})$，$ZnSO_4(0.2mol \cdot L^{-1})$，$CdSO_4(0.2mol \cdot L^{-1})$，$Hg(NO_3)_2(0.2mol \cdot L^{-1})$，$HgCl_2(0.2mol \cdot L^{-1})$，$SnCl_2(0.2mol \cdot L^{-1})$，$NaCl(0.2mol \cdot L^{-1})$，$Na_2S(1mol \cdot L^{-1})$，金属汞，葡萄糖溶液（$10\%$）。

【实验内容】

1. 铜、银、锌、汞氢氧化物和氧化物的生成和性质

（1）铜、锌氢氧化物的生成和性质　向两支试管中分别加入 5 滴 $0.2mol \cdot L^{-1}$ $CuSO_4$、$ZnSO_4$ 溶液，滴加新配制的 $2mol \cdot L^{-1}$ $NaOH$ 溶液，观察溶液的颜色和状态。将生成的沉淀和溶液摇荡均匀后分为二份，一份滴加 $2mol \cdot L^{-1}$ H_2SO_4 溶液，第二份滴入过量的 $2mol \cdot L^{-1}$ $NaOH$ 溶液，观察有何现象？写出反应方程式。

（2）银、汞氧化物的生成和性质

① 氧化银的生成和性质　取 5 滴 $0.1mol \cdot L^{-1}$ $AgNO_3$ 溶液，慢慢滴加新配制的 $2mol \cdot L^{-1}$ $NaOH$ 溶液，振荡，观察 Ag_2O（为什么不是 $AgOH$？）的颜色和状态。洗涤并离心分离沉淀，将沉淀分成两份，分别与 $2mol \cdot L^{-1}$ HNO_3 溶液和 $2mol \cdot L^{-1}$ 氨水反应，观察现象，并写出反应方程式。

② 氧化汞的生成和性质　取 $0.5mL$ $0.2mol \cdot L^{-1}$ $Hg(NO_3)_2$ 溶液，慢慢滴入新配制的 $2mol \cdot L^{-1}$ $NaOH$ 溶液，振荡，观察溶液的颜色和状态。将沉淀分成两份，分别与 $2mol \cdot L^{-1}$ HNO_3 和 40% $NaOH$ 溶液反应，观察现象，并写出反应方程式。

2. 锌、汞硫化物的生成和性质

往盛有 $0.5mL$ $0.2mol \cdot L^{-1}$ 硫酸锌、$0.2mol \cdot L^{-1}$ 硝酸汞溶液的试管中，分别滴入 $1mol \cdot L^{-1}$ 硫化钠溶液，观察沉淀的生成和颜色。

将沉淀离心分离、洗涤，然后将每种沉淀分成三份：一份加入 $2mol \cdot L^{-1}$ 盐酸，另一份加入浓盐酸，再一份加入王水（自配，$HCl：HNO_3 = 3：1$），水浴加热，观察沉淀溶解情况。

根据实验现象并查阅有关数据，对铜、银、锌、汞硫化物的溶解情况作出结论。写出反应方程式。

3. 铜、银、锌、汞的配合物

（1）氨合物的生成　往四支分别盛有 5 滴 $0.2mol \cdot L^{-1}$ $CuSO_4$、$AgNO_3$、$ZnSO_4$、$HgCl_2$ 溶液的试管中，分别滴入 $2mol \cdot L^{-1}$ 氨水，观察沉淀的生成。继续加入过量的 $2mol \cdot L^{-1}$ 氨水，又有何现象发生？写出反应方程式。比较 Cu^{2+}、Ag^{2+}、Zn^{2+}、Hg^{2+} 与氨水反应有什么不同。

（2）汞配合物的生成和应用

① 往盛有 $0.5mL$ $0.2mol \cdot L^{-1}$ $Hg(NO_3)_2$ 溶液的试管中，滴入 $0.2mol \cdot L^{-1}$ KI，观察沉淀的生成和颜色。再往该沉淀中加入少量 KI 固体（直至沉淀刚好溶解为止，不要过量），溶液显何色？写出反应方程式。

在所得的溶液中，滴入几滴 40% KOH，再与氨水反应，观察沉淀的颜色。

② 往 5 滴 $0.2mol\cdot L^{-1}$ $Hg(NO_3)_2$ 溶液中，逐滴加入 $0.1mol\cdot L^{-1}$ KSCN 溶液，最初生成白色 $Hg(SCN)_2$ 沉淀，继续滴加 KSCN 溶液，沉淀溶解生成 $[Hg(SCN)_4]^{2-}$ 配离子。再在该溶液中加几滴 $0.2mol\cdot L^{-1}$ $ZnSO_4$ 溶液，观察白色 $Zn[Hg(SCN)_4]$ 沉淀的生成（该反应可定性检验 Zn^{2+}），必要时用玻璃棒摩擦试管壁。

4. 铜、银、汞的氧化还原性

（1）氧化亚铜的生成和性质 取 $0.5mL$ $0.2mol\cdot L^{-1}$ 硫酸铜溶液，注入过量的 $6mol\cdot L^{-1}$ 氢氧化钠溶液，使起初生成的蓝色沉淀全部溶解成深蓝色溶液。再往此澄清的溶液中注入 $1mL$ 10% 葡萄糖溶液，混匀后微热，观察有何现象？写出反应方程式。

离心分离并且用蒸馏水洗涤沉淀，将沉淀分成两份：一份沉淀与 $1mL$ $2mol\cdot L^{-1}$ 硫酸作用，静置一会，注意沉淀的变化，然后加热至沸，观察有何现象？另一份沉淀中加入 $1mL$ 浓氨水，振摇后，静置 $10min$，观察清液颜色。放置一段时间后，溶液为什么会变成深蓝色？

（2）氯化亚铜的生成和性质 取 $1.0mL$ $0.5mol\cdot L^{-1}$ 氯化铜溶液，加 10 滴浓盐酸和少量铜屑，加热直到溶液变成深棕色为止。取出几滴，注入 $1mL$ 蒸馏水中，如有白色沉淀产生，则迅速把全部溶液倒入 $20mL$ 蒸馏水中，观察沉淀的生成。等大部分沉淀析出后，静置，倾出上层清液，并用少量蒸馏水洗涤沉淀。取出少许沉淀，分成两份。一份与浓氨水反应，另一份与浓盐酸反应，观察沉淀是否溶解？写出反应方程式。

（3）碘化亚铜的生成和性质 取 $1mL$ $0.2mol\cdot L^{-1}$ 的硫酸铜溶液，滴入 $0.1mol\cdot L^{-1}$ 的碘化钾溶液，观察有何变化？再滴入少量 $0.5mol\cdot L^{-1}$ 硫代硫酸钠溶液，以除去反应中生成的碘（加入硫代硫酸钠不能过量，否则就会使碘化亚铜溶解，为什么？）。观察碘化亚铜的颜色和状态，写出反应方程式。

（4）汞（Ⅱ）和汞（Ⅰ）的相互转化

① Hg^{2+} 的氧化性 在一支试管中滴入 2 滴 $0.2mol\cdot L^{-1}$ $Hg(NO_3)_2$ 溶液，逐滴加入 $0.2mol\cdot L^{-1}$ $SnCl_2$ 溶液，观察沉淀的颜色。再继续加入过量的 $0.2mol\cdot L^{-1}$ $SnCl_2$ 溶液，观察现象，写出反应方程式。

② Hg^{2+} 转化为 Hg_2^{2+} 和 Hg_2^{2+} 的歧化分解 往 $0.2mol\cdot L^{-1}$ $Hg(NO_3)_2$ 溶液中，滴入金属汞 1 滴，充分振荡。用滴管把清液转入两支试管中（余下的汞回收！），在一支试管中注入 $0.2mol\cdot L^{-1}$ 氯化钠溶液，观察现象。写出反应方程式。另一支试管中加入 $2mol\cdot L^{-1}$ 氨水，观察现象，写出反应式。

【思考题】

1. 使用汞时应注意什么？为什么储存汞时要用水封？

2. 用平衡原理预测在硝酸亚汞溶液中通入硫化氢气体后，生成的沉淀为何物，并加以解释。

实验四十　铬、锰

【实验目的】

了解铬、锰主要氧化态化合物的重要性质以及它们之间相互转化的条件。

【仪器和试剂】

离心机、试管、离心试管、烧杯、酒精灯等。

MnO_2、$KMnO_4$、KOH^*、$KClO_3^*$、H_2SO_4（$1mol\cdot L^{-1}$，浓）、HCl（$2mol\cdot L^{-1}$，浓）、NaOH（$2mol\cdot L^{-1}$，$6mol\cdot L^{-1}$，40%）、HAc（$2mol\cdot L^{-1}$）、$K_2Cr_2O_7$（$0.1mol\cdot L^{-1}$，

饱和*）、K_2CrO_4（$0.1mol \cdot L^{-1}$）、$KMnO_4$（$0.01mol \cdot L^{-1}$）、KI（$0.1mol \cdot L^{-1}$）、$NaNO_2$（$0.1mol \cdot L^{-1}$）、$MnSO_4$（$0.1mol \cdot L^{-1}$）、NH_4Cl（$2mol \cdot L^{-1}$）、Na_2SO_3（$0.1mol \cdot L^{-1}$）、Na_2S（$0.1mol \cdot L^{-1}$）、H_2S（饱和）、$BaCl_2$（$0.1mol \cdot L^{-1}$）、$Pb(NO_3)_2$（$0.1mol \cdot L^{-1}$）、$AgNO_3$（$0.1mol \cdot L^{-1}$）、$3\% H_2O_2$、乙醇。

木条、冰。

【实验内容】

1. 化合物的重要性质

（1）铬（Ⅵ）的氧化性 $Cr_2O_7^{2-}$（橙红色）转变为 Cr^{3+}（紫色）。在少量（5mL）重铬酸钾溶液中，加入少量你选择的还原剂，观察溶液颜色的变化（如果现象不明显，该怎么办?），写出反应方程式［保留溶液供下面实验（3）用］。

思考：转化反应须在何种介质（酸性或碱性）中进行？为什么？从电势值和还原剂被氧化后产物的颜色考虑，应选择哪些还原剂为宜（Na_2SO_3、$3\% H_2O_2$、Sn^{2+} 等）？如果选择亚硝酸钠溶液，可以吗？

（2）铬（Ⅵ）的缩合平衡 $Cr_2O_7^{2-}$（橙红色）与 CrO_4^{2-}（黄色）的相互转化。

思考：$Cr_2O_7^{2-}$（橙红色）与 CrO_4^{2-}（黄色）在何种介质中可相互转化？

① 取少量重铬酸钾溶液，加入你所选择的试剂使其转变为 CrO_4^{2-}。

② 在上述 CrO_4^{2-} 溶液中，加入你所选择的试剂使其转变为 $Cr_2O_7^{2-}$。

（3）氢氧化铬（Ⅲ）的两性 Cr^{3+} 转变为 $Cr(OH)_3$（灰绿色）沉淀，并试验 $Cr(OH)_3$ 的两性。

在实验（1）保留的 Cr^{3+} 溶液中，逐滴加入 $6mol \cdot L^{-1}$ 氢氧化钠溶液，观察沉淀物的颜色，写出反应方程式。

（4）铬（Ⅲ）的还原性 CrO_2^-（亮绿色）转变为 CrO_4^{2-}（黄色）。

在实验（3）得到的 CrO_2^- 溶液中，加入少量所选择的氧化剂，水浴加热，观察溶液颜色的变化，写出反应方程式。

思考：转化反应须在何种介质中进行？为什么？从电势值和氧化剂被还原后产物的颜色考虑，应选择哪些氧化剂？3% 过氧化氢溶液可用否？（可以）

（5）重铬酸盐和铬酸盐的溶解性 分别在 $Cr_2O_7^{2-}$ 与 CrO_4^{2-} 溶液中，各加入少量的硝酸铅、氯化钡和硝酸银，观察产物的颜色和状态，比较并解释实验结果，写出反应方程式。

思考：试总结 $Cr_2O_7^{2-}$ 与 CrO_4^{2-} 相互转化的条件及它们形成相应盐的溶解性大小。

*（6）三氧化铬的生成和性质 在试管中加入 4mL 重铬酸钾饱和溶液，放在冰水中冷却后，慢慢加入 8mL 用冰水冷却过的浓硫酸，把试管放在冰水中冷却，观察产物的颜色，写出反应方程式。

将沉淀转移至玻璃砂芯漏斗中，抽滤至干，用玻璃棒取三氧化铬固体少许，置于石棉网上，滴入几滴无水酒精，观察有何现象？写出反应方程式。

根据实验结果，设计一张铬的各种氧化态转化关系图。

2. 锰的化合物的重要性质

（1）氢氧化锰的生成和性质 用 10mL $0.2mol \cdot L^{-1}$ $MnSO_4$ 溶液分成四份。

第一份：滴加 $0.2mol \cdot L^{-1}$ $NaOH$ 溶液，观察沉淀的颜色。振荡试管，有何变化？

第二份：滴加 $0.2mol \cdot L^{-1}$ $NaOH$ 溶液，产生沉淀后加入过量的氢氧化钠，沉淀是否溶解？

第三份：滴加 $0.2mol \cdot L^{-1}$ NaOH 溶液，产生沉淀后迅速加入 $2mol \cdot L^{-1}$ 盐酸溶液，有何现象发生？

第四份：滴加 $0.2mol \cdot L^{-1}$ NaOH 溶液，产生沉淀后迅速加入 $2mol \cdot L^{-1}$ 氯化铵溶液，沉淀溶解否？

写出上述有关反应方程式。此实验说明氢氧化锰具有哪些性质？

（2）锰（Ⅱ）的氧化　试验硫酸锰和次氯酸钠溶液在酸、碱性介质中的反应。比较锰（Ⅱ）在何种介质中易氧化。

（3）硫化锰的生成和性质　往硫酸锰溶液中滴加饱和硫化氢溶液，有无沉淀产生？若用硫化钠代替硫化氢溶液，又有何结果？请用事实说明硫化锰的性质和生成沉淀的条件。

（4）二氧化锰的生成和氧化性

① 往盛有少量 $0.01mol \cdot L^{-1}$ 高锰酸钾溶液的试管中，逐滴滴入 $0.5mol \cdot L^{-1}$ 硫酸锰溶液，观察沉淀的颜色，往沉淀中加入 $1mol \cdot L^{-1}$ 硫酸溶液和 $0.1mol \cdot L^{-1}$ 亚硫酸钠溶液，沉淀是否溶解？写出有关的反应方程式。

② 在盛有少量（米粒大小）二氧化锰固体的试管中，加入 2mL 浓硫酸，加热，观察反应前后颜色。有何气体产生？写出反应方程式。

（5）* 钾的生成和性质　在干燥的试管中混合固体氯酸钾、二氧化锰和氢氧化钾（其质量分别为 0.1g、0.2g 和 0.3g），加热熔融；观察产物的颜色。冷却后，加入 5mL 水，使熔块溶解，取少量上层清液，然后加入 $2mol \cdot L^{-1}$ 醋酸溶液，观察有何变化？再加入过量的 $6mol \cdot L^{-1}$ 氢氧化钠溶液，又有何变化？写出反应方程式。

通过实验说明锰酸钾稳定存在的介质条件和歧化后的产物，并解释之。

思考：实验中若需制备稍大量的锰酸钾时，应在何容器（铁或镍）中进行？是否可用玻璃器皿或瓷质器皿？为什么？

（6）锰酸钾的性质

① 加热固体高锰酸钾，观察有何现象发生？检验产生的气体，写出反应方程式。

② 分别实验高锰酸钾（2 滴 $0.01mol \cdot L^{-1}$）溶液与亚硫酸钠（0.5mL $0.1mol \cdot L^{-1}$）在酸性（0.5mL $1mol \cdot L^{-1}$ H_2SO_4）、近中性（0.5mL 水）、碱性（0.5mL $6mol \cdot L^{-1}$ NaOH）介质中的反应，比较它们的产物有何不同？写出反应式。

【思考题】

1. 如何实现 $MnO_4^- \longrightarrow Mn^{2+}$，$MnO_4^- \longrightarrow MnO_2$，$MnO_4^- \longrightarrow MnO_4^{2-}$ 的转化。

2. 氧化剂可将锰（Ⅱ）氧化为高锰酸根？在由 $Mn^{2+} \longrightarrow MnO_4^{2-}$ 的反应中，应如何控制锰（Ⅱ）的用量（Mn^{2+} 不要过量）？为什么？

实验四十一　元素性质综合实验

（微型实验）

【实验目的】

1. 了解 Cl_2、HCl 及 $KClO_3$ 和 NaClO 的制备方法。掌握 Cl_2、HCl 的重要性质。

2. 掌握 H_2S 的酸性、氧化还原性及其实验室制备方法，认识金属硫化物的难溶性。

3. 掌握 SO_2 的制备方法及 SO_2 的氧化还原性。

4. 掌握 CO 的实验室制法及 CO 的还原性。

5. 掌握实验室制备 NH_3 的方法及 NH_3 的一系列性质。

6. 了解红磷与白磷的转化条件，认识白磷的不稳定性。

【实验内容】

1. 氯气的制备及性质

（1）仪器和试剂

① 试剂：MnO_2（s）、浓盐酸、浓 H_2SO_4、KOH（30%）、NaOH（0.1mol·L^{-1}）、NaOH（2%、30%）、NaBr（0.1mol·L^{-1}）、KI（0.1mol·L^{-1}）、冰、酚酞溶液、靛蓝溶液。

② 仪器装置如图 41-1 所示。

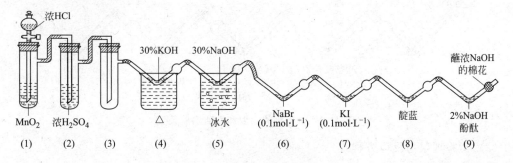

图 41-1 氯气的制备及性质实验装置

（2）实验现象与反应方程式

① 氯气的制取

$$MnO_2 + 4HCl(浓) \xrightarrow{\triangle} MnCl_2 + 2H_2O + Cl_2$$

现象：试管中有黄绿色气体生成。

② 浓 H_2SO_4：干燥氯气。

③ Cl_2 收集：共收集两试管，供下面性质试验用。

④ $KClO_3$ 的制备

$$6KOH + 3Cl_2 \xrightarrow{70\sim75℃} 5KCl + KClO_3 + 3H_2O$$

因为 $KClO_3$ 在水中溶解度较小，所以有白色 $KClO_3$ 晶体析出。

⑤ NaClO 的制备

$$2NaOH + Cl_2 \xrightarrow{冰水} NaCl + NaClO + H_2O$$

⑥ Cl_2 的氧化性

$$2NaBr + Cl_2 === 2NaCl + Br_2$$

现象：溶液由无色变为浅棕黄色。

⑦ Cl_2 的氧化性

$$2NaI + Cl_2 === 2NaCl + I_2$$

现象：溶液由无色变为红棕色或黄棕色。

$$I_2 + 5Cl_2 + 6H_2O === 2HIO_3 + 10HCl$$

现象：Cl_2 进一步将 I_2 氧化成无色 IO_3^-。

⑧ Cl_2 的漂白作用：靛蓝褪色。

⑨ Cl_2 的吸收

$$Cl_2 + 2NaOH = NaCl + NaClO + H_2O$$

现象：酚酞由红色变为无色。

2. 氯化氢的制取和性质

（1）仪器和试剂

① 试剂：浓 H_2SO_4、NaCl(s)、稀 NaOH、$AgNO_3$、浓 NH_3 水、甲基橙试液、酚酞溶液。

② 仪器装置如图 41-2 所示。

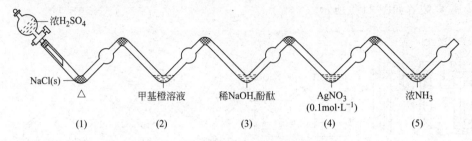

图 41-2　氯化氢的制取和性质实验装置

（2）实验现象与反应方程式

① HCl 的制取

$$NaCl(s) + H_2SO_4 = NaHSO_4 + HCl\uparrow$$

$$NaCl + NaHSO_4 \xrightarrow{500\sim600℃} Na_2SO_4 + HCl\uparrow$$

② HCl 溶解性：HCl 溶于水生成盐酸。

现象：甲基橙变红。

③ 酸碱中和

$$NaOH + HCl = NaCl + H_2O$$

现象：酚酞指示剂由红色变为无色。

④ HCl 与 $AgNO_3$ 反应

$$Ag^+ + Cl^- = AgCl\downarrow（白）$$

⑤ HCl 与浓 NH_3 反应

$$NH_3 + HCl = NH_4Cl$$

现象：白色烟雾。

注：浓 NH_3 水待 HCl 气体产生后加入，防止逆扩散。

3. 硫化氢的制备和性质

（1）仪器试剂

① 试剂：FeS(s)、HCl($2mol\cdot L^{-1}$，$6mol\cdot L^{-1}$)、NaOH($2mol\cdot L^{-1}$)、碘水、$KMnO_4$（$0.01mol\cdot L^{-1}$）、$ZnSO_4$（$0.1mol\cdot L^{-1}$）、$CdSO_4$（$0.1mol\cdot L^{-1}$）、$CuSO_4$（$0.1mol\cdot L^{-1}$）、酚酞指示剂。

② 仪器装置如图 41-3 所示。

（2）实验现象与反应方程式

① 硫化氢的制备：打开分液漏斗使 HCl 与 FeS 反应，生成 H_2S 气体。

$$FeS + HCl = FeCl_2 + H_2S\uparrow$$

② H_2S 的酸性：硫化氢气体由导管通入 NaOH 溶液中，观察液体有何变化。

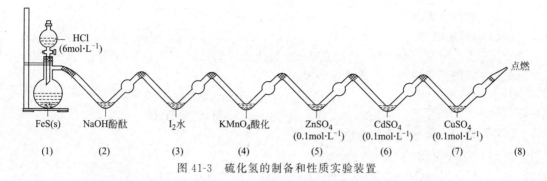

图 41-3　硫化氢的制备和性质实验装置

$$NaOH + H_2S \rule{1cm}{0.4pt} NaHS + H_2O$$

③ H_2S 的还原性：

$$H_2S + I_2 \rule{1cm}{0.4pt} 2HI + S\downarrow$$

④ H_2S 气体通过 $KMnO_4$ 溶液时，观察被酸化的 $KMnO_4$ 颜色有何变化。

$$8MnO_4^- + 5H_2S + 14H^+ \rule{1cm}{0.4pt} 8Mn^{2+} + 5SO_4^{2-} + 12H_2O$$

⑤ 难溶盐的生成：观察 H_2S 与 $ZnSO_4$、$CdSO_4$、$CuSO_4$ 反应生成沉淀的颜色。

$$Zn^{2+} + H_2S \rule{1cm}{0.4pt} ZnS\downarrow（白）+ 2H^+$$

$$Cd^{2+} + H_2S \rule{1cm}{0.4pt} CdS\downarrow（黄）+ 2H^+$$

$$Cu^{2+} + H_2S \rule{1cm}{0.4pt} CuS\downarrow（黑）+ 2H^+$$

⑥ H_2S 的可燃性

H_2S 在充足的 O_2 中完全燃烧：$2H_2S + 3O_2 \rule{1cm}{0.4pt} 2H_2O + 2SO_2$

H_2S 在 O_2 不充足的条件下，燃烧不完全：$2H_2S + O_2 \rule{1cm}{0.4pt} 2H_2O + S\downarrow$

4. 二氧化硫的制备与性质

（1）仪器试剂

① 试剂：浓 H_2SO_4、$Na_2SO_3(s)$〔或 $NaHSO_3(s)$〕、H_2S 水（饱和）、I_2 水、NaOH（$0.1mol \cdot L^{-1}$）、$K_2Cr_2O_7$（$0.1mol \cdot L^{-1}$）、$KMnO_4$（$0.1mol \cdot L^{-1}$）、NaCl 水溶液、冰、品红溶液、酚酞溶液。

② 仪器装置如图 41-4 所示。

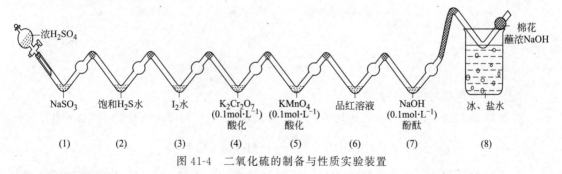

图 41-4　二氧化硫的制备与性质实验装置

（2）实验现象与反应方程式

① SO_2 的制备

$$Na_2SO_3 + H_2SO_4 \rule{1cm}{0.4pt} Na_2SO_4 + H_2O + SO_2\uparrow$$

② SO_2 的氧化性

$$SO_2 + 2H_2S \rule{1cm}{0.4pt} 2H_2O + 3S\downarrow$$

现象：乳白色浑浊。

③ SO$_2$ 的还原性

$$I_2 + SO_2 + 2H_2O \Longrightarrow H_2SO_4 + 2HI$$

现象：碘的棕色褪去，生成无色溶液。

④ SO$_2$ 的还原性

$$Cr_2O_7^{2-} + 3SO_2 + 2H^+ \Longrightarrow 2Cr^{3+} + 3SO_4^{2-} + H_2O$$

现象：溶液由橘红色变为绿色。

⑤ SO$_2$ 的还原性

$$2MnO_4^- + 5SO_2 + 2H_2O \Longrightarrow 2Mn^{2+} + 5SO_4^{2-} + 4H^+$$

现象：溶液由紫红色变为无色。

⑥ SO$_2$ 的漂白作用　使品红褪色，微热又变成红色，证明 SO$_2$ 的漂白作用是可逆的。

⑦ SO$_2$ 的酸性

$$2NaOH + SO_2 \Longrightarrow Na_2SO_3 + H_2O$$

现象：使酚酞由红色变为无色。

⑧ SO$_2$ 的液化

形成无色 SO$_2$ 溶液（b.p.$=10℃$）。

5. 二氧化碳的制备和性质

（1）仪器试剂

① 试剂：甲酸（CP）、浓硫酸（CP）、CuO（CP）、Ca(OH)$_2$（新配，饱和，澄清）、NaOH（40%）、银氨溶液（0.1mol·L^{-1}）。

② 仪器装置如图 41-5 所示。

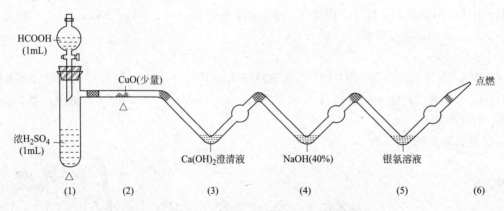

图 41-5　二氧化碳的制备和性质实验装置

（2）实验现象与反应方程式

① CO 的制备　在试管底部加热浓硫酸，逐滴加入 HCOOH，则有 CO 气体产生。

$$HCOOH \xrightarrow[\triangle]{\text{浓 } H_2SO_4} H_2O + CO\uparrow$$

② CO 的还原性　将直玻璃管下部的酒精灯点燃，则当图 41-5(1) 中产生的 CO 通过时，CuO 被还原为红色金属铜。

$$CuO(黑) + CO \xrightarrow{\triangle} Cu(红) + CO_2$$

③ 生成 CO$_2$ 的验证　图 41-5(2) 的残余气体沿 U 形导管通过新制的澄清 Ca(OH)$_2$ 溶液后，使之变浑浊再变澄清，说明有 CO$_2$ 气体。

$$Ca(OH)_2 + CO_2 = CaCO_3 \downarrow + H_2O$$
$$CaCO_3 + CO_2(过量) + H_2O = Ca(HCO_3)_2$$

④ 剩余 CO_2 的吸收　使气体沿 U 形导管通过 NaOH(40%) 溶液，则 CO_2 将被几乎除尽，余下较纯净的 CO 气体。

$$2NaOH + CO_2 = Na_2CO_3 + H_2O$$

⑤ CO 的还原性　使通过图 41-5(4) 后的较纯净的 CO 通过银氨溶液，则有黑的银粉生成。

$$2[Ag(NH_3)_2]^+ + CO + 2OH^- = 2Ag \downarrow + (NH_4)_2CO_3 + 2NH_3$$

⑥ CO 的可燃性　将管内的气体排空点燃，则它将安静地燃烧，呈蓝色火焰。

$$2CO + O_2 = 2CO_2$$

6. 氨的制备和性质

(1) 仪器试剂

① 试剂：$NH_4Cl(s)$、$Ca(OH)_2(s)$、$Al_2(SO_4)_3(0.1mol \cdot L^{-1})$、$ZnSO_4(0.1mol \cdot L^{-1})$、$CuSO_4(0.1mol \cdot L^{-1})$、$AgNO_3(0.1mol \cdot L^{-1})$、浓 HCl、酚酞指示剂。

② 仪器装置如图 41-6 所示。

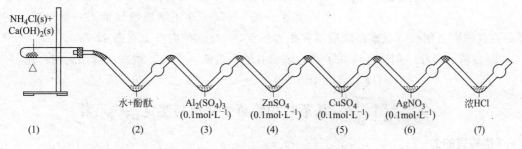

图 41-6　氨的制备和性质实验装置

(2) 实验现象与反应方程式

① 氨气的制备　取等质量（1g）的固体 NH_4Cl 和 $Ca(OH)_2$，放在研钵内混合均匀（此时会闻到氨的气味）。将混合物装入一支干燥的大试管中，按图 41-6(1)（注意：管底要留高于管口）装好。微微加热混合物，便有氨气放出，在 (1)、(2) 接头处用试管收集一试管 NH_3。用塞子塞紧管口，留作下面试验用。

② 氨在水中的溶解度　把盛有氨气的试管倒置在盛水的大烧杯中，在水中打开塞子，观察有何现象发生？并加以解释。为了加速氨的溶解，需要轻轻摇动试管。

③ 氨的碱性　观察将氨气接通图 41-6(2) 时，其中液体的颜色有何变化。

$$NH_3 + H_2O = NH_3 \cdot H_2O \qquad 显碱性$$

④ 氨与金属盐的配位反应　当 NH_3 通过图 41-6 中 (3)、(4)、(5)、(6) 时，观察各 W 管底部液体变化。

$$6NH_3 + Al_2(SO_4)_3 + 6H_2O = 2Al(OH)_3 \downarrow + 3(NH_4)_2SO_4$$
$$白色$$
$$2NH_3 + ZnSO_4 + 2H_2O = Zn(OH)_2 \downarrow + (NH_4)_2SO_4$$
$$白色$$
$$Zn(OH)_2 + 4NH_3 = [Zn(NH_3)_4]^{2+} + 2OH^-$$
$$2NH_3 + CuSO_4 + 2H_2O = Cu(OH)_2 \downarrow + (NH_4)_2SO_4$$
$$蓝色$$

$$Cu(OH)_2 + 4NH_3 \Longrightarrow [Cu(NH_3)_4]^{2+} + 2OH^-$$

$$AgNO_3 + NH_3 + H_2O \Longrightarrow AgOH \downarrow + NH_4NO_3$$

白（不稳定）

$$2Ag^+ + 2OH^- \Longrightarrow 2AgOH \downarrow \Longrightarrow Ag_2O + H_2O$$

白　　　　　棕色

$$Ag_2O + 4NH_3 + H_2O \Longrightarrow 2[Ag(NH_3)_2]^+ + OH^-$$

⑤ NH_3 与浓 HCl 反应　观察图 41-6（7）中冒出白烟

$$NH_3 + HCl \Longrightarrow NH_4Cl$$

注意：在图 41-6(7) 中滴 1～2 滴浓 HCl 即可。

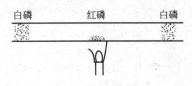

图 41-7　红磷与白磷
相互转化实验装置

7. 红磷与白磷的相互转化及性质

（1）仪器试剂

① 试剂：红磷。

② 仪器装置：15～20cm 直玻璃管、细玻璃棒。

（2）实验现象与反应方程式

① 红磷与白磷的相互转化　取一支 15～20cm 直玻璃管，在距一端 6～7cm 处用细玻璃棒推入一绿豆粒大的红磷，在红磷底处加热，观察白磷凝结在距加热点 3～4cm 的内壁上（图 41-7）。

② 白磷的氧化　用洗耳球在上述直玻璃管的一端吹入空气，观察白磷燃烧的火花。

$$4P + 5O_2 \Longrightarrow 2P_2O_5$$

实验四十二　从茶叶和紫菜中分离与鉴定某些元素

【实验目的】

1. 了解并掌握从茶叶和紫菜中分离与鉴定某些化学元素的方法。

2. 增加探索大自然奥秘的兴趣，提高学习化学的积极性。

【仪器和试剂】

酒精喷灯，研钵，蒸发皿，电子天平，烧杯（100mL）。

茶叶，紫菜，HCl（2mol·L^{-1}），$(NH_4)_2C_2O_4$（0.5mol·L^{-1}），$NH_3·H_2O$（浓），镁试剂，铝试剂，KSCN（饱和），$K_4[Fe(CN)_6]$（0.1mol·L^{-1}），氯水，CCl_4，HNO_3（浓），铝酸铵试剂，HAc（2mol·L^{-1}）。

【实验原理】

植物是有机体，主要由 C、H、O 和 N 等元素组成，还含有 P、I 和某些金属元素。把植物烧成灰烬，经过一系列的化学处理，即可从中分离和鉴定某些元素。本实验要求从茶叶中检出钙、镁、铝、铁和磷 5 种元素，从紫菜中检出碘元素。

钙、镁、铝和铁 4 种金属元素的氢氧化物完全沉淀的 pH 范围如下：$Ca(OH)_2$ 为 pH＞13；$Mg(OH)_2$ 为 pH＞11；$Al(OH)_3$ 为 pH≥5.2；$Fe(OH)_3$ 为 pH≥4.1。而 pH＞9 时，$Al(OH)_3$ 又开始溶解。故本实验先用 2mol·L^{-1}HCl 溶解茶叶灰，然后用浓 $NH_3·H_2O$ 将其滤液调至 pH 值为 7 左右，此时，只有铝和铁的氢氧化物完全沉淀。过滤后，Mg^{2+} 和 Ca^{2+} 留在滤液中，从滤液中可分别鉴定 Mg^{2+} 和 Ca^{2+}。沉淀与过量的 2mol·L^{-1}NaOH 溶液反应，由于 $Al(OH)_3$ 具有两性，因而又可将 Al^{3+} 分离并鉴定之。

茶叶灰用浓 HNO_3 溶解后，从滤液中可检出磷元素。紫菜灰用醋酸溶解后，从滤液中可检出碘元素。

【实验内容】

1. 茶叶中钙、镁、铝和铁元素的分离和鉴定

① 称取 15g 干燥的茶叶，放入蒸发皿中，用酒精喷灯加热充分灰化（在通风橱中进行），并移入研钵磨细（取出少量茶叶灰以作鉴定 P 元素用）。然后将 15mL HCl 加入灰中搅拌，过滤此盐酸溶液。

② 设计一实验方案，分离并鉴定上面滤液中 Ca、Mg、Al 和 Fe 四种元素，并实验之。

2. 茶叶中磷元素的鉴定

取一药匙茶叶灰于 100mL 烧杯中，用 2mL 浓 HNO_3 溶解，并加入 30mL 蒸馏水，过滤后得透明溶液，鉴定 PO_4^{3-} 的存在。

3. 紫菜中碘元素的鉴定

① 取 10g 左右的紫菜进行灰化（在通风橱中进行）。

② 取一药匙紫菜灰于 100mL 烧杯中，放入 10mL HAc 溶液，稍加热溶解，过滤。

③ 在滤液中鉴定 I^- 的存在。

【思考题】

1. 茶叶和紫菜中还含有哪些元素？可用何种方法鉴定？

2. 从茶叶中分离和鉴定钙、镁、铝和铁 4 种元素时，各步反应的条件应如何控制？

实验四十三　　常见阳离子的分离、鉴定

【实验目的】

1. 了解常见阳离子的基本性质和重要反应。

2. 掌握常见阳离子的分离原理及鉴定方法。

3. 进一步练习分离、鉴定的基本操作。

【预习内容】

1. 选取一组混合阳离子试液，根据阳离子的基本性质和本实验提供的试剂，制定分离鉴定方案。

2. 写出本实验中常见阳离子个别鉴定的相关反应方程式。

【实验原理】

离子的分离和鉴定是以各离子对试剂的不同反应为依据的，这种反应常伴随有特殊的现象，如沉淀的生成或溶解，特殊颜色的出现，气体的产生等。各离子对试剂作用的相似性和差异性都是构成离子分离与检出方法的基础，也就是说，离子的基本性质是进行分离鉴定的基础。因而要想掌握阳离子的分离鉴定方法，就要熟悉阳离子的基本性质。

离子的分离和鉴定只有在一定条件下才能进行。所谓一定的条件主要指溶液的酸度、反应物的浓度、反应温度、促进或妨碍此反应的物质是否存在等。为使反应向期望的方向进行，就必须选择适当的反应条件。因此，除了要熟悉离子的有关性质外，还要学会运用离子平衡（酸碱、沉淀、氧化还原、配位等平衡）的规律控制反应条件，这对于我们进一步掌握离子分离条件和鉴定方法的选择将有很大帮助。

常见阳离子的分离原理是利用常见阳离子与常用试剂的反应及其差异，重点在于应用这些差异性将离子分开。常见阳离子与常用试剂的反应如下。

1. 与 HCl 反应

$$\left.\begin{array}{l} Ag^+ \\ Hg_2^{2+} \\ Pb^{2+} \end{array}\right\} \xrightarrow{HCl} \left\{\begin{array}{l} AgCl\downarrow \quad \text{白色，溶于氨水} \\ Hg_2Cl_2\downarrow \quad \text{白色，溶于浓 } HNO_3 \text{ 及 } H_2SO_4 \\ PbCl_2\downarrow \quad \text{白色，溶于热水、} NH_4AC \text{、} NaOH \end{array}\right.$$

2. 与 H_2SO_4 反应

$$
\left.\begin{array}{l}
Ba^{2+} \\
Sr^{2+} \\
Ca^{2+} \\
Pb^{2+} \\
Ag^+
\end{array}\right\} \xrightarrow{H_2SO_4}
$$

$BaSO_4\downarrow$　白色，难溶于酸

$SrSO_4\downarrow$　白色，溶于煮沸的酸

$CaSO_4\downarrow$　白色，溶解度较大，当 Ca^{2+} 浓度很大时，才析出沉淀

$PbSO_4\downarrow$　白色，溶于 $NaOH$、NH_4Ac（饱和）、热 HCl 溶液、浓 H_2SO_4，不溶于稀 H_2SO_4

$Ag_2SO_4\downarrow$　白色，在浓溶液中产生沉淀，溶于热水

3. 与 NaOH 反应

$$
\left.\begin{array}{l}
Al^{3+} \\
Zn^{2+} \\
Pb^{2+} \\
Sb^{3+} \\
Sn^{2+}
\end{array}\right\} \xrightarrow{过量\ NaOH}
$$

AlO_2^-　或 $[Al(OH)_4]^-$

ZnO_2^{2-}　或 $[Zn(OH)_4]^{2-}$

PbO_2^-　或 $[Pb(OH)_4]^{2-}$

SbO_2^-

SnO_2^{2-}　或 $[Sn(OH)_4]^{2-}$

$$Cu^{2+} \xrightarrow[\triangle]{浓\ NaOH} [Cu(OH)_4]^{2-}$$

4. 与 NH₃ 反应

$$
\left.\begin{array}{l}
Ag^+ \\
Cu^{2+} \\
Cd^{2+}
\end{array}\right\} \xrightarrow{过量\ NH_3}
$$

$[Ag(NH_3)_2]^+$

$[Cu(NH_3)_4]^{2+}$（深蓝）

$[Cd(NH_3)_4]^{2+}$

$$
\left.\begin{array}{l}
Zn^{2+} \\
Ni^{2+} \\
Co^{2+}
\end{array}\right\} \xrightarrow{过量\ NH_3}
$$

$[Zn(NH_3)_4]^{2+}$

$[Ni(NH_3)_4]^{2+}$（蓝紫色）

$[Co(NH_3)_6]^{4+}$（土黄色）$\xrightarrow{O_2}[Co(NH_3)_6]^{3+}$（棕红色）

5. 与 $(NH_4)_2CO_3$ 反应

$$
\left.\begin{array}{l}
Cu^{2+} \\
Ag^+ \\
Zn^{2+} \\
Cd^{2+} \\
Hg^{2+} \\
Hg_2^{2+} \\
Mg^{2+} \\
Pb^{2+} \\
Bi^{3+} \\
Ca^{2+} \\
Sr^{2+} \\
Ba^{2+} \\
Al^{3+} \\
Sn^{2+} \\
Sn^{4+} \\
Sb^{3+}
\end{array}\right\} \xrightarrow[（适量）]{(NH_4)_2CO_3}
$$

$Cu_2(OH)_2CO_3\downarrow$ 浅蓝

$Ag_2CO_3(Ag_2O)\downarrow$ 白色

$Zn_2(OH)_2CO_3\downarrow$ 白色

$Cd_2(OH)_2CO_3\downarrow$ 白色

$Hg_2(OH)_2CO_3\downarrow$ 白色

Hg_2CO_3（白）$\downarrow\rightarrow HgO\downarrow$（黄）$+Hg\downarrow$（黑）$+CO_2\uparrow$

$Mg_2(OH)_2CO_3\downarrow$ 白色

$Pb_2(OH)_2CO_3\downarrow$ 白色

$(BiO)_2CO_3\downarrow$ 白色

$CaCO_3\downarrow$ 白色

$SrCO_3\downarrow$ 白色

$BaCO_3\downarrow$ 白色

$Al(OH)_3\downarrow$ 白色

$Sn(OH)_2\downarrow$ 白色

$Sn(OH)_4\downarrow$ 白色

$Sb(OH)_3\downarrow$ 白色

（上方 $Cu^{2+}\sim Cd^{2+}$ 四项）$\xrightarrow[（过量）]{(NH_4)_2CO_3}$

$[Cu(NH_3)_4]^{2+}$ 深蓝

$[Ag(NH_3)_2]^+$ 无色

$[Zn(NH_3)_4]^{2+}$ 无色

$[Cd(NH_3)_4]^{2+}$ 无色

6. 与 H_2S 或$(NH_4)_2S$ 反应

应当掌握各种阳离子生成硫化物沉淀的条件及其硫化物溶解度的差别,并用于阳离子分离。除黑色硫化物以外,可利用颜色进行离子鉴别。

(1) 在 $0.3mol \cdot L^{-1}$ HCl 溶液中通入 H_2S 气体生成沉淀的离子

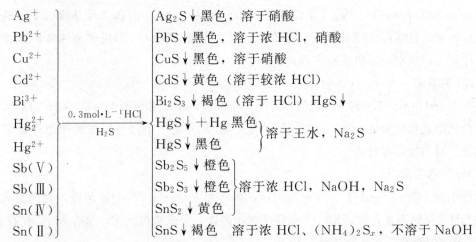

(2) 在 $0.3mol \cdot L^{-1}$ HCl 溶液中通入 H_2S 气体不生成沉淀,但在氨性介质通入 H_2S 气体 [或加入$(NH_4)_2S$] 产生沉淀的离子

$$\left.\begin{array}{l} Zn^{2+} \\ Co^{2+} \\ Ni^{2+} \end{array}\right\} \xrightarrow[H_2S]{NH_3-NH_4Cl} \left\{\begin{array}{l} ZnS \downarrow 白色,溶于稀 HCl 溶液,不溶于 HAc 溶液 \\ CoS \downarrow 黑色,溶于稀 HCl 溶液,不溶于 HAc 溶液 \\ NiS \downarrow 黑色,溶于稀 HCl 溶液,不溶于 HAc 溶液 \end{array}\right.$$

$$\left.\begin{array}{l} Mn^{2+} \\ Al^{3+} \\ Cr^{3+} \end{array}\right\} \xrightarrow[H_2S]{NH_3-NH_4Cl} \left\{\begin{array}{l} MnS \downarrow 肉色,溶于稀 HCl 溶液 \\ Al(OH)_3 \downarrow 白色,溶于强碱及稀 HCl 溶液 \\ Cr(OH)_3 \downarrow 灰绿色,溶于强碱及稀 HCl 溶液 \end{array}\right.$$

【仪器和试剂】

离心机,试管,离心试管,酒精灯,烧杯,pH 试纸,玻璃棒。

亚硝酸钠(AR),$NaBiO_3$(AR),HCl ($2mol \cdot L^{-1}$, $6mol \cdot L^{-1}$,浓),H_2SO_4($2mol \cdot L^{-1}$),HNO_3($6mol \cdot L^{-1}$),HAc($2mol \cdot L^{-1}$, $6mol \cdot L^{-1}$),NaOH($2mol \cdot L^{-1}$, $6mol \cdot L^{-1}$),KOH($2mol \cdot L^{-1}$),$NH_3 \cdot H_2O$($2mol \cdot L^{-1}$, $6mol \cdot L^{-1}$),NH_4Ac($2mol \cdot L^{-1}$),$(NH_4)_2C_2O_4$(饱和),NaAc($2mol \cdot L^{-1}$),NaCl($1mol \cdot L^{-1}$),Na_2S($0.5mol \cdot L^{-1}$),$NaHC_4H_4O_6$(饱和),KCl($1mol \cdot L^{-1}$),K_2CrO_4($1mol \cdot L^{-1}$),$K_4[Fe(CN)_6]$ ($0.1mol \cdot L^{-1}$, $0.5mol \cdot L^{-1}$),$K_3[Fe(CN)_6]$($0.1mol \cdot L^{-1}$),$KSb(OH)_6$(饱和),$MgCl_2$($0.5mol \cdot L^{-1}$),$CaCl_2$($0.5mol \cdot L^{-1}$),$BaCl_2$($0.5mol \cdot L^{-1}$),$Ba(NO_3)_2$($0.1mol \cdot L^{-1}$),$SnCl_2$($0.1mol \cdot L^{-1}$),$AlCl_3$($0.1mol \cdot L^{-1}$),$Al(NO_3)_3$($0.1mol \cdot L^{-1}$),$Pb(NO_3)_2$($0.1mol \cdot L^{-1}$),$SbCl_3$($0.1mol \cdot L^{-1}$),$HgCl_2$($0.1mol \cdot L^{-1}$),$Bi(NO_3)_3$($0.1mol \cdot L^{-1}$),$AgNO_3$($0.1mol \cdot L^{-1}$),$CuCl_2$($0.1mol \cdot L^{-1}$),$ZnSO_4$($0.1mol \cdot L^{-1}$),$Cd(NO_3)_2$($0.1mol \cdot L^{-1}$),$MnSO_4$($0.1mol \cdot L^{-1}$),$CrCl_3$($0.1mol \cdot L^{-1}$),$FeCl_3$($0.1mol \cdot L^{-1}$),$FeSO_4$($0.1mol \cdot L^{-1}$),$NiSO_4$($0.1mol \cdot L^{-1}$),$CoCl_2$($0.1mol \cdot L^{-1}$),$NaNO_3$($0.5mol \cdot L^{-1}$),Na_2CO_3(饱和),NH_4SCN(饱和),镁试剂,0.1%铝试剂,罗丹明 B,苯,邻二氮菲1%,2.5%硫脲,H_2O_2(3%),乙醚,1%丁二酮肟,丙酮,奈斯勒试剂,$(NH_4)_2[Hg(SCN)_4]$

试剂。

【实验内容】

1. 常见阳离子的个别鉴定

（1）Na^+ 的鉴定

在盛有 0.5mL 1mol·L^{-1}NaCl 溶液的试管中，加入 0.5mL 饱和六羟基锑（Ⅴ）酸钾 $KSb(OH)_6$ 溶液，观察白色结晶状沉淀的产生。如无沉淀产生，可以用玻璃棒摩擦试管内壁，放置片刻，再观察，写出反应方程式。

（2）K^+ 的鉴定

在盛有 0.5mL 1mol·L^{-1}KCl 溶液的试管中，加入 0.5mL 饱和酒石酸氢钠 $NaHC_4H_4O_6$ 溶液，如有白色结晶状沉淀的产生，示有 K^+ 存在。如无沉淀产生，可用玻璃棒摩擦试管内壁，再观察，写出反应方程式。

（3）Mg^{2+} 的鉴定

在试管中加 2 滴 0.5mol·L^{-1} $MgCl_2$ 溶液，再滴加 6mol·L^{-1}NaOH 溶液，直到生成絮状的 $Mg(OH)_2$ 沉淀为止；然后加入 1 滴镁试剂，搅拌，生成蓝色沉淀，示有 Mg^{2+} 存在。

（4）Ca^{2+} 的鉴定

取 0.5mL 0.5mol·L^{-1}CaCl$_2$溶液于离心试管中，加 10 滴饱和草酸铵溶液，有白色沉淀产生，离心分离，弃去清液。若白色沉淀不溶于 6mol·L^{-1}HAc 溶液而溶于 2mol·L^{-1}HCl，示有 Ca^{2+} 存在。写出反应方程式。

（5）Ba^{2+} 的鉴定

在试管中加 2 滴 0.5mol·L^{-1} $BaCl_2$ 溶液，加入 2mol·L^{-1}HAc 和 2mol·L^{-1}NaAc 各 2 滴，然后加 2 滴 1mol·$L^{-1}$$K_2CrO_4$，有黄色沉淀生成，示有 Ba^{2+} 存在，写出反应方程式。

（6）Al^{3+} 的鉴定

取 2 滴 0.1mol·L^{-1}AlCl$_3$溶液于试管中，加 2 滴 2mol·L^{-1}HAc 及 2 滴 0.1％铝试剂，振荡后，置水浴上加热片刻，再加入 1 滴 6mol·L^{-1}氨水，有红色絮状沉淀产生，示有 Al^{3+} 存在。

（7）Sn^{2+} 的鉴定

取 5 滴 0.1mol·L^{-1}SnCl$_2$溶液于试管中，加入 2 滴 0.1mol·L^{-1} $HgCl_2$ 溶液，轻轻摇动，若产生的沉淀很快由白色变为灰色，然后变为黑色，示有 Sn^{2+} 存在（该方法也可用于 Hg^{2+} 的定性鉴定）。写出反应方程式。

（8）Pb^{2+} 的鉴定

在离心试管中加 5 滴 0.1mol·L^{-1}Pb(NO$_3$)$_2$溶液，加 2 滴 1mol·$L^{-1}$$K_2CrO_4$ 溶液，有黄色沉淀生成，离心分离，弃去清液。在沉淀上加数滴 2mol·L^{-1}NaOH 溶液，沉淀溶解，示有 Pb^{2+} 存在。写出反应方程式。

（9）Sb^{3+} 的鉴定

在离心试管中加 5 滴 0.1mol·L^{-1}SbCl$_3$溶液，加入 3 滴浓盐酸及少许亚硝酸钠，将 Sb(Ⅲ) 氧化为 Sb(Ⅴ)，当无气体放出时，加数滴苯及 2 滴罗丹明 B 溶液，苯层显紫色，示有 Sb^{3+}

存在。

（10）Bi^{3+} 的鉴定

取 1 滴 $0.1mol\cdot L^{-1}$ $Bi(NO_3)_3$ 溶液于试管中，加 1 滴 2.5% 的硫脲，生成鲜黄色配合物，示有 Bi^{3+} 存在。

（11）Cu^{2+} 的鉴定

取 1 滴 $0.5mol\cdot L^{-1}$ $CuCl_2$ 溶液于试管中，加 1 滴 $6mol\cdot L^{-1}$ HAc 溶液酸化，再加入 1 滴 $0.5mol\cdot L^{-1}$ 亚铁氰化钾 $K_4[Fe(CN)_6]$ 溶液，生成红棕色 $Cu_2[Fe(CN)_6]$ 沉淀，示有 Cu^{2+} 存在。写出反应方程式。

（12）Ag^+ 的鉴定

取 5 滴 $0.1mol\cdot L^{-1}$ $AgNO_3$ 溶液于试管中，加 5 滴 $2mol\cdot L^{-1}$ 盐酸，产生白色沉淀，在沉淀上滴加 $2mol\cdot L^{-1}$ 氨水至沉淀完全溶解，再用 $6mol\cdot L^{-1}$ 硝酸酸化，生成白色沉淀，示有 Ag^+ 存在。写出反应方程式。

（13）Zn^{2+} 的鉴定

取 3 滴 $0.1mol\cdot L^{-1}$ $ZnSO_4$ 溶液于试管中，用 2 滴 $2mol\cdot L^{-1}$ HAc 溶液酸化，再加入等体积硫氰酸汞铵 $(NH_4)_2[Hg(SCN)_4]$ 溶液，摩擦试管内壁，生成白色沉淀，示有 Zn^{2+} 存在。写出反应方程式。

注：硫氰酸汞铵 $(NH_4)_2[Hg(SCN)_4]$ 溶液的配制：取 8g $HgCl_2$ 和 9g NH_4SCN 固体溶于 100mL 蒸馏水中即可。

（14）Cd^{2+} 的鉴定

取 3 滴 $0.1mol\cdot L^{-1}$ $Cd(NO_3)_2$ 溶液于试管中，加 2 滴 $0.5mol\cdot L^{-1}$ Na_2S 溶液，生成亮黄色沉淀，示有 Cd^{2+} 存在。写出反应方程式。

（15）Hg^{2+} 的鉴定 ［参照 （7）Sn^{2+} 的鉴定］

取 2 滴 $0.1mol\cdot L^{-1}$ $HgCl_2$ 溶液于试管中，逐滴加入 $0.1mol\cdot L^{-1}$ $SnCl_2$ 溶液，边加边振荡，观察沉淀颜色变化过程，最后变为灰色，示有 Hg^{2+} 存在。

（16）Mn^{2+} 的鉴定

取 2 滴 $0.1mol\cdot L^{-1}$ $MnSO_4$ 溶液于试管中，加 10 滴 $6mol\cdot L^{-1}$ HNO_3 溶液酸化，再加少许 $NaBiO_3$ 固体，微热，溶液呈紫色，示有 Mn^{2+} 存在。写出反应方程式。

（17）Cr^{3+} 的鉴定

取 5 滴 $0.1mol\cdot L^{-1}$ $CrCl_3$ 溶液于试管中，滴加 $6mol\cdot L^{-1}$ NaOH 溶液至生成的灰绿色沉淀溶解为亮绿色溶液，然后加入 0.5mL 3% H_2O_2，水浴加热使溶液变为黄色。

① 取所得黄色溶液用 $6mol\cdot L^{-1}$ HNO_3 溶液酸化，再滴加 $0.1mol\cdot L^{-1}$ $Pb(NO_3)_2$ 溶液，生成黄色沉淀，示有 Cr^{3+} 存在。写出反应方程式。

② 取所得黄色溶液用 $6mol\cdot L^{-1}$ HNO_3 溶液酸化至 pH2～3，再加入 0.5mL 乙醚和 2mL 3% H_2O_2，乙醚层呈蓝色，示有 Cr^{3+} 存在。写出反应方程式。

（18）Fe^{2+} 的鉴定

① 取 5 滴 $0.1mol\cdot L^{-1}$ $FeSO_4$ 溶液于试管中，滴入 $0.1mol\cdot L^{-1}$ $K_3[Fe(CN)_6]$ 溶液，生成深蓝色沉淀，示有 Fe^{2+} 存在。写出反应方程式。

② 取 10 滴 $0.1mol \cdot L^{-1}$ $FeSO_4$ 溶液于试管中，滴入 1% 邻二氮菲溶液，生成橘红色沉淀，也示有 Fe^{2+} 存在。

(19) Fe^{3+} 的鉴定

① 取 1 滴 $0.1mol \cdot L^{-1}$ $FeCl_3$ 溶液滴于点滴板上，滴入 $0.1mol \cdot L^{-1}$ $K_4[Fe(CN)_6]$ 溶液 1 滴，生成蓝色沉淀（习惯称普鲁士蓝），示有 Fe^{3+} 存在。写出反应方程式。

② 取 1 滴 $0.1mol \cdot L^{-1}$ $FeCl_3$ 溶液滴于点滴板上，滴入 2 滴饱和 NH_4SCN 溶液，生成血红色溶液，示有 Fe^{3+} 存在。写出反应方程式。

(20) Co^{2+} 的鉴定

取 5 滴 $0.1mol \cdot L^{-1}$ $CoCl_2$ 溶液于试管中，滴入 $2mol \cdot L^{-1}$ HCl 溶液 2 滴，饱和 NH_4SCN 溶液 5 滴和丙酮 10 滴，振荡试管，溶液出现蓝色，示有 Co^{2+} 存在。写出反应方程式。

(21) Ni^{2+} 的鉴定

取 1 滴 $0.1mol \cdot L^{-1}$ $NiSO_4$ 溶液滴于点滴板上，加 1 滴 $2mol \cdot L^{-1}$ $NH_3 \cdot H_2O$，再加 1 滴 1% 丁二酮肟溶液，生成鲜红色沉淀，示有 Ni^{2+} 存在。

(22) NH_4^+ 的鉴定

① 取 1 滴铵盐溶液，滴入点滴板中，滴 2 滴奈斯勒试剂（碱性四碘合汞溶液），生成红棕色沉淀，示有 NH_4^+ 存在。

② 气室法：用洁净的表面皿两块，在其中一块表面皿的凹面黏附一小段湿润的红色石蕊试纸（或 pH 试纸），在另一块表面皿的凹面中心滴入 3 滴铵盐溶液，再加 3 滴 $6mol \cdot L^{-1}$ NaOH 溶液，立即闭合两表面皿做成气室（图 43-1）。将此气室放在水浴上微热 2min，试纸变蓝，示有 NH_4^+ 存在。

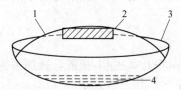

图 43-1　气室法示意图

1—75mm 表面皿；2—湿润的红色石蕊试纸；

3—90mm 表面皿；4—NH_4^+ 溶液中

加几滴 $6mol \cdot L^{-1}$ NaOH

2. 混合阳离子分离、鉴定的设计实验参考试液如下：

(1) Ag^+、Cd^{2+}、Cr^{3+}、Fe^{3+}、Ba^{2+}

(2) Al^{3+}、Fe^{3+}、Zn^{2+}、Mn^{2+}、NH_4^+

(3) Hg^{2+}、Cu^{2+}、Ca^{2+}、Al^{3+}、Na^+

(4) $Sn(IV)$、Mn^{2+}、Co^{2+}、K^+、NH_4^+

(5) $Sb(III)$、Cu^{2+}、Fe^{3+}、Zn^{2+}、Mg^{2+}

(6) Pb^{2+}、Hg^{2+}、Ni^{2+}、Mn^{2+}、Ba^{2+}

(7) Bi^{3+}、Cr^{3+}、Ni^{2+}、Ca^{2+}、Na^+

(8) Ag^+、Cd^{2+}、Co^{2+}、Pb^{2+}、K^+

以上几组混合液，由教师安排给学生选做。学生可先自行配制一种混合液，根据实验室提供的试剂，设计合理方案，进行分离鉴定。然后领取一份相应未知液，其中的阳离子可能全部存在或部分存在，请将它们一一鉴别出来。

【思考题】

1. Al^{3+}、Fe^{3+}、Fe^{2+}、Co^{2+}、Zn^{2+}、Mn^{2+} 中，哪些离子的氢氧化物具有两性？哪些离子的氢氧化物不稳定？哪些能生成氨配合物？

2. Cu^{2+} 的鉴定条件是什么？硫化铜溶于热的 $6mol \cdot L^{-1}$ HNO_3 后，如何证实有 Cu^{2+}？

3. 在未知溶液分析中，当由碳酸盐沉淀转化为铬酸盐时，为什么必须用醋酸溶液去溶解碳酸盐沉淀，而不用强酸如盐酸去溶解？

实验四十四　　废干电池的综合利用

（设计实验）

【实验目的】

1. 进一步熟悉无机物的实验室提取、制备、提纯、分析等方法与技能。

2. 学习实验方案的设计。

3. 了解废弃物中有效成分的回收利用方法。

【实验原理与材料准备】

日常生活中用的干电池主要为锌锰干电池，其负极是作为电池壳体的锌电极，正极是被 MnO_2（为增强导电能力，填充有碳粉）包围着的石墨电极，电解质是氯化锌及氯化铵的糊状物，其结构如图 44-1 所示。其电池反应为：

$$Zn+2NH_4Cl+2MnO_2 = Zn(NH_3)_2Cl_2+2MnOOH$$

在使用过程中，锌皮消耗最多，二氧化锰只起氧化作用，氯化铵作为电解质没有消耗，炭粉是填料。因而回收处理废干电池可以获得多种物质，如铜、锌、二氧化锰、氯化铵和炭棒等，实为变废为宝的一种可利用资源。

回收时，剥去废干电池外层包装纸，用螺丝刀撬去顶盖，用小刀除去盖下面的沥青层，即可用钳子慢慢拔出炭棒（连同铜帽），取下铜帽集存，可作为实验或生产硫酸铜的原料。炭棒留作电极使用。

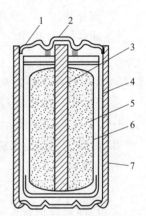

图 44-1　锌-锰电池构造图
1—火漆；2—黄铜帽；
3—石墨；4—锌筒；
5—去极剂；6—电解液＋
淀粉；7—厚纸壳

用剪刀把废电池外壳剥开，取出里面的黑色物质，它是二氧化锰、炭粉、氯化铵、氯化锌等的混合物。把这些黑色物质倒入烧杯中，加入蒸馏水（按每节 1 号电池加入 50mL 水计算），搅拌溶解，澄清后过滤。滤液用以提取氯化铵，滤渣用以制备 MnO_2 及锰的化合物，电池的锌壳可用以制锌粒及锌盐（请同学利用课外活动时间预先分解废干电池）。

剖开电池后，从下列三项中选做一项。

【实验内容】

1. 从黑色混合物的滤液中提取氯化铵

（1）要求

① 设计实验方案，提取并提纯氯化铵。

② 产品定性检验：a. 证实其为铵盐；b. 证实其为氯化物；c. 判断有否杂质存在。

③ *测定产品中 NH_4Cl 的百分含量。（不作要求）

（2）提示　已知滤液的主要成分为 NH_4Cl 和 $ZnCl_2$，两者在不同温度下的溶解度见表 44-1。

表 44-1　NH_4Cl、$ZnCl_2$ 在不同温度下的溶解度　　　　$g \cdot (100gH_2O)^{-1}$

T/K	273	283	293	303	313	333	353	363	373
NH_4Cl	29.4	33.2	37.2	31.4	45.8	55.3	65.3	71.2	77.3
$ZnCl_2$	342	363	395	437	452	488	541	—	614

氯化铵在 100℃时开始显著地挥发，338℃时离解，350℃时升华。

2. 从黑色混合物的滤渣中提取 MnO_2

（1）要求

① 设计实验方案，精制二氧化锰。

② 设计实验方案，验证二氧化锰的催化作用。

③ 试验 MnO_2 与盐酸、MnO_2 与 $KMnO_4$ 的作用。

（2）提示　黑色混合物的滤渣中含有二氧化锰、炭粉和其他少量有机物。用少量水冲洗，滤干固体，灼烧以除去炭粉和有机物。

粗二氧化锰中尚含有一些低价锰和少量其他金属氧化物，应设法除去，以获得精制二氧化锰。纯二氧化锰密度 $5.03g \cdot mL^{-1}$，535℃时分解为 O_2 和 Mn_2O_3，不溶于水、硝酸及稀 H_2SO_4。

取精制二氧化锰做如下试验：

① 催化作用　二氧化锰对氯酸钾热分解反应有催化作用。

② 与浓 HCl 作用　二氧化锰与浓 HCl 发生如下反应：

$$MnO_2 + 4HCl \Longrightarrow MnCl_2 + Cl_2 \uparrow + 2H_2O$$

注意：所设计的实验方法（或采用的装置）要尽可能避免产生实验室空气污染。

③ MnO_4^{2-} 的生成及歧化反应　在大试管中加入 5mL $0.002mol \cdot L^{-1}$ $KMnO_4$ 及 5mL $2mol \cdot L^{-1}$ NaOH 溶液，再加入少量所制备的 MnO_2 固体。

3. 由锌壳制取七水硫酸锌

（1）要求

① 设计实验方案，以锌单质制备七水硫酸锌。

② 产品定性检验：a. 证实硫酸盐；b. 证实为锌盐；c. 不含 Fe^{3+}、Cu^{2+}。

（2）提示　将洁净的碎锌片以适量的酸溶解。溶液中有 Fe^{3+}、Cu^{2+} 杂质时，设法除去。七水硫酸锌极易溶于水（在 15℃时，无水盐为 33.4%），不溶于乙醇。在 39℃时溶于结晶水，100℃开始失水。在水中水解呈酸性。

实验四十五　趣味实验

【实验目的】

1. 通过一系列趣味实验，提高学生学习无机化学的兴趣。

2. 熟悉一些化学基本操作。

3. 了解不同趣味实验的制作原理和过程，进一步加深对无机化学原理的理解。

一、"硅酸盐"花园

【实验原理】

当金属盐加入到硅酸钠溶液中，形成了难溶的硅酸盐，在盐的四周形成了一层半透膜，由于在膜内的溶液浓度较高，水进入膜内稀释浓的溶液，这个效应称为渗透作用。

渗透作用导致袋状膜破裂，它的破裂是由于在晶体一边水的压力比上部的压力大，当新的膜形成时，上述过程重复进行，其结果就是晶体花园不断向上生长。

【溶液的配制】

1. 硅酸钠（也称水玻璃）是相对密度约 1.10 的稀溶液，一种较好的配比约为 1 份硅酸钠加 4 份水稀释。

2. 使用下列结晶体，可以在花园里得到各种颜色：氯化铁（棕色）、硝酸镍（绿色）、氯化铜（亮绿色）、硝酸铀酰（黄色）、氯化钴（深蓝色）、硝酸钴（深蓝色）、硝酸锰（白色）、硝酸锌（白色）。

【实验现象】

将几小粒有色晶体放入装有一种溶液的大广口瓶或缸中，数秒之内，从晶体上生长出像植物一样的物质。

【实验步骤】

① 选取一个广口容器（使用小鱼缸更佳），装入硅酸钠溶液，液面离顶部约 25mm。

② 投入 3～4 粒小晶体（火柴头大小）。

③ 观察在数秒钟内这些晶体的生长。

【提示】

1. 在容器底部盖一薄层沙子，防止晶体与玻璃容器底部粘在一起。

2. 可以把它作为一个永久性的陈列品。假如数天后溶液变浑浊，则小心地移去硅酸钠溶液，并换清水。

3. 可作为渗透作用的演示实验。

【思考题】

1. 为什么这些晶体"树"会不断地向上生长？

2. 大晶体似乎是从小晶体中生长出来的，解释其原因。

3. 这些现象与渗透有什么关系？

4. 这种生长会持续下去吗？假如不能，试解释其原因。

5. 其他化合物的晶体能产生上述生长现象吗？试一试。

二、振荡反应

【反应原理】

此实验包括一系列复杂的反应，在一系列反应中形成了氧气和碘。

$$2IO_3^- + 2H^+ + 5H_2O_2 =\!\!=\!\!= I_2 + 5O_2 + 6H_2O$$

碘和淀粉反应产生蓝色。

由于在另一系列反应中，碘被消耗掉了，溶液的颜色褪去，但当碘的浓度增加时，将再出现蓝色。

$$H_2O_2 =\!\!=\!\!= H_2O + [O\cdot]$$

$$5[O\cdot] + H_2O + I_2 =\!\!=\!\!= 2IO_3^- + 2H^+$$

【溶液的配制】

1. 溶液 A：将 20mL 30％ 的 H_2O_2 加入到 50mL 水中。

2. 溶液 B：在搅拌下，将 2.2g KIO_3 和 10 滴浓硫酸加入 50mL 水中。

3. 溶液 C：取 50mL 新配制的淀粉溶液，加入 0.8g 丙二酸和 0.9g $MnSO_4\cdot H_2O$。

【实验现象】

混合几种溶液，并把它放在磁力搅拌器上，经搅拌后，此混合溶液的颜色由亮黄色变成蓝色，又从蓝色变到亮黄色，振荡反应可以持续 10～15min。

【实验步骤】

① 在磁力搅拌器上放置一个内盛 50mL 溶液 A 的 250mL 烧杯。

② 将搅拌器置于最慢的一档。

③ 加入 50mL 溶液 B。

④ 加入 50mL 溶液 C。

⑤ 数秒后，振荡反应开始。

【思考题】

1. 在这个反应中产生了什么气体？

2. 总结这一系列反应中所包含的反应机制？

3. 这是一个氧化还原反应吗？

4. 可用什么方法使这个振荡反应重新恢复？试一试。

三、"铅树"的形成

【反应原理】

在含有 Cu^{2+} 和 Pb^{2+} 的溶液中，有下列平衡：

$$Cu + Pb^{2+} \rightleftharpoons Cu^{2+} + Pb$$

标准态下此反应自发向左，但在硅酸凝胶的存在下，加入硫化钠溶液，此时反应向右进行，铅晶体靠硅胶的支撑，便像树一样有规则地从溶液中析出。

【溶液的配制】

1. 醋酸铅硅胶。按 $Pb(NO)_2 : HAc : Na_2SiO_3 = 1 : 10 : 10$ 的比例，先将浓度为 $1mol \cdot L^{-1}$ $Pb(NO_3)_2$ 和 $1mol \cdot mL^{-1}$ HAc 按 $1:10$ 混合均匀，再缓慢加入密度 $\rho = 1.05 \sim 1.06 g \cdot mL^{-1}$ Na_2SiO_3，搅拌均匀，在 85～90℃水浴中小心加热成胶。

2. $0.5mol \cdot mL^{-1} Na_2S$ 溶液。溶解 $Na_2S \cdot 9H_2O$ 60g 及 NaOH 10g 于一定量水中，稀释至 1L。

3. 醋酸硅胶溶液。按 $1:1$ 比例混合 $1mol \cdot L^{-1}$ HAc 溶液和密度为 $1.05 \sim 1.06 g \cdot mL^{-1}$ 的硅胶，并在 85～90℃水浴中小心加热成胶。

【实验现象】

在溶液中分别加入 2 种化学试剂，可看到铅晶体像树一样，有规则地逐渐生长出来，形成铅树。

【实验步骤】

在一支试管中，制取醋酸铅硅胶（约占试管体积的 1/3）。

① 将硝酸铅（$1mol \cdot L^{-1}$）、醋酸（$1mol \cdot L^{-1}$）、硅酸钠溶液（$\rho = 1.05 \sim 1.06 g \cdot mL^{-1}$）以下列体积混合：$Pb(NO_3)_2 : HAc : Na_2SiO_3 = 4 : 40 : 40$（滴）。

② 混合步骤：先将 $Pb(NO_3)_2$ 和 HAc 混合搅匀，缓慢加入 Na_2SiO_3 溶液，振荡，搅匀。

③ 在 85～90℃水浴中加热成胶（水浴温度不宜超过 90℃，否则成胶后容易产生气泡造成空隙）。

在制取的醋酸铅硅胶中插入铜丝（先用砂皮纸擦去表面氧化膜），并加入制备好的醋酸硅胶，使插入的铜丝穿过两胶层并漏出液面一定长度。

加入数滴新配制的 $0.5mol \cdot L^{-1} Na_2S$ 溶液。30min 后观察现象。

【思考题】

1. 上述实验试管内物质分上中下三层，每层各起什么作用。

2. 已知 $Cu^{2+} + 2e^- \rightleftharpoons Cu$ $E^\ominus = 0.34V$，$Pb^{2+} + 2e^- \rightleftharpoons Pb$ $E^\ominus = -0.13V$，从电极电势推断铜不可能将铅从它的盐溶液中置换出来，是什么使反应 $Cu + Pb^{2+} \rightleftharpoons Cu^{2+} + Pb$ 能向右进行？是否可通过计算说明？

3. 除加入 Na_2S 溶液能降低 Cu^{2+} 的浓度外，还能选什么试剂降低 Cu^{2+} 浓度使铅盐析出晶体铅。

四、自制银镜

【反应原理】

硝酸银的氨水溶液与葡萄糖按一定比例混合共热后，硝酸银就被葡萄糖还原变成金属银沉淀，附着在玻璃片上，形成银镜。

$$R-CHO + 2Ag(NH_3)_2OH \longrightarrow R-COONH_4 + 2Ag\downarrow + 3NH_3 + H_2O$$

【溶液配制】

1. 取一支试管加入 5mL 27% $AgNO_3$ 溶液，再加入浓氨水，出现沉淀后，继续加浓氨水到沉淀溶解，然后再加入 3% $NaOH$ 溶液，用水稀释一倍。

2. 另取一支试管，加 25mL 水、1.3g 葡萄糖，溶解后，再加入 1 滴浓硝酸，煮沸 2min，冷却后，用等体积的酒精稀释一倍。

【实验现象】

在一块玻璃上，涂上化学药品，在小火上烘烤，玻璃即可变成一个镜子。

【实验步骤】

取一块小玻璃片，用水洗几遍，再用氯化亚锡洗刷后，用蒸馏水洗 3～5 遍，烘干，取 10mL 配制好的硝酸银溶液，1mL 葡萄糖溶液，混合均匀，放在洗净的玻璃片上，置于温水浴加热 15～20min，很快一个能照人的镜子便制成了。

【提示】

1. 若将玻璃片直接在火上烘烤加热，可能产生有爆炸性的氮化银。

2. 银氨溶液现用现配，久放会析出易爆炸的氮化银。

【思考题】

1. 该生成镜的反应主要活性基团是什么？是否其他具有该活性基团的化合物也可与银氨溶液发生银镜反应。

2. 在利用银镜反应制造镜子之前，你知道古人用什么做镜子？现在人们发明的新型镜子是用什么制造的？

五、玻璃棒点灯

【实验原理】

玻璃棒上事先粘上的浓硫酸和高锰酸钾都是强氧化剂，当接触到酒精灯芯上的酒精后，能发生氧化还原反应并放出大量的热，达到酒精的燃点，使之燃烧。

【实验现象】

不用火柴、打火机，只用一个玻璃棒在酒精灯芯上蘸一蘸就能把酒精灯点着。

【实验步骤】

在蒸发皿上，倒入 1～2g $KMnO_4$ 粉末，可用玻璃棒轻轻压碎，再用吸管取浓硫酸在 $KMnO_4$ 粉末上滴 2～3 滴，用玻璃棒混匀后，均匀粘在玻璃棒一端，取下酒精灯罩盖用玻璃棒接触灯芯，即可点燃。

【思考题】

1. 写出上述反应的化学反应方程式。

2. 是否还有其他物质可以点燃酒精灯？

3. 将 $KMnO_4$ 和浓 H_2SO_4 混合很长时间后是否还可以点燃酒精灯，为什么？

实验四十六　高温超导材料制备及性能测量

【实验目的】

1. 学习利用固相反应烧结制备超导样品。

2. 了解液氮温度下超导体的两大基本特性，即电阻为零（$R=0$）和体内磁场为零（$B=0$）。

3. 测量超导材料电阻与温度（$R\text{-}T$）的关系，确定超导转变温度 T_c。

4. 利用 X 射线衍射确定材料的超导结构。

【仪器和试剂】

SK3-3-12-4 程序控温管式电阻炉，流量计控制阀，氧气钢瓶，铂铑 10-铂热电偶温度计，电子天平，玛瑙研钵，压片机，长方体块状和圆片状模具，刚玉舟，刚玉棒，BW2 型超导转变温度测试装置，X-Y 记录仪，电脑，磁悬浮演示仪（或磁铁）。

Y_2O_3 粉末（纯度 99.999%），CuO 粉末（纯度 99.9%），$BaCO_3$ 粉末（纯度 99.9%）。

【实验原理】

根据反应式 $1/2O_2+\ Y_2O_3+\ 4BaCO_3+6CuO =\!=\!= 2YBaCuO+4CO_2$，按照比例将 Y_2O_3、$BaCO_3$、CuO 研磨混匀，利用常压烧结的方法制备具有高温超导电性的 YBaCuO 材料。

利用四引线法测量 YBaCuO 超导材料电阻与温度（$R\text{-}T$）的关系；利用磁悬浮实验验证超导体内磁场为零（$B=0$）。

【实验内容】

1. 超导块材制备

（1）化学试剂的配比及研磨

严格按照摩尔比 Y∶Ba∶Cu=1∶2∶3 的比例，根据用量用电子天平分别精确称量 Y_2O_3、CuO、$BaCO_3$ 三种粉末，并将它们放入玛瑙研钵中充分研磨混合（研磨直到不再出现黑色或白色的粉末痕迹。如果不是马上用就保存在干燥器皿里，防止受潮），或用球磨机研磨 1h。

（2）第一阶段焙烧

把研磨好的粉末放在刚玉舟中，置于管式炉中央处进行第一阶段焙烧，调节程序控温，从室温经过 1.5h 升至 850℃，保持 850℃ 8h，自然冷却至室温。

（3）再次研磨、压片

把第一阶段焙烧过的粉末样品再仔细研磨，直到无任何烧结成的颗粒存在。取出约 1g 左右该粉末样品，倒入模具的样品槽内，控制压片机压力为 6～7MPa，将样品粉末压成较为致密的片材。注意每次压片后，要清洁模具。

（4）第二阶段焙烧

将上步压成的样品片材置于刚玉棒上，送至管式炉中央，进行第二阶段焙烧。调节程序控温，从室温经过 1.5h 升至 900℃，保持 900℃ 20h，用 1h 降温至 650℃并保持 650℃ 1h，自然冷却至室温（同时注意，当温度升到 350℃左右时，开始通入氧气，流量 0.3L·min^{-1}；当温度降至 350℃时，停止通氧气）。

（5）取出烧结好的超导片材放入干燥器内备用。

2. 样品性能测试

（1）超导电性能测试

① 超导样品制作及连线焊接

a. 用镊子取出已烧结好的超导块材，用合适的钻头在上面并排 1、2、3、4 位置上打 4 个浅穴（注意不要打穿）。

b. 用钢粒将 4 根细银丝或漆包铜丝（ϕ0.05mm）分别压在浅穴上，并用镊子柄轻轻压紧（也可用导电胶把引线胶粘在浅穴上）。

c. 把样品固定在在探测头样品架上，并把样品引线的另一端焊到样品架的铆钉上。

d. 把铂电阻温度计放在探测头样品架紫铜块内样品附近，并把温度计的两个引线焊到样品架的铆钉接点上。最后把探测头的套筒装上并旋紧。

② 样品与测量仪器用连接线连接起来（见使用说明书）。

③ 测量

测量超导材料的转变温度 T_c，也就是在常气压环境下超导体从非超导态变为超导态时的温度。由于超导材料在超导状态时电阻为零，因此可用检测其电阻随温度变化的方法来判定其转变温度。实验中要测电阻及温度二个量。样品的电阻用四端法测量，通以恒定电流，测量电压端的电压信号，由于电流恒定，电压信号的变化即是电阻的变化。

温度用铂电阻温度计测量，铂的电阻会随温度变化而变化，比较稳定，线性也较好，实验时通以恒定的 1.00mA 电流，测量温度计两端电压随温度变化情况，从表中可查到其对应的温度。

温度的变化是利用液氮杜瓦瓶空间的温度梯度来获得。样品及温度计的电压信号，可从数字显示表中读得，也可用 x，y 记录仪记录。

具体操作方法参照 BW2 型超导转变温度测试装置使用说明。

当样品达到液氮温度后，小心地把探头从瓶内提出到液氮面上部，样品处温度会慢慢升高变化，与此同时记录仪根据温度变化规律画出样品电压信号的变化曲线。实验过程中，如果温度变化太快或太慢，可通过控制探测头在液氮面上部的位置及停留的时间加以调节。得到样品从低温到高温的电压（或电阻）变化曲线，最终确定样品 T_c。

④ 实验结束工作

实验结束后关掉仪器电源，用热吹风把探测头吹干。取出样品把样品吹干。用烙铁把样品与样品架连接的四个焊点焊开，用滤纸包好样品，放回干燥箱内，以备以后实验再使用。

（2）超导体抗磁性测试

将制备的高温超导材料放入液氮中，待超导材料和液氮达到同等温度，此时超导材料已进入超导状态。将其用木夹从液氮中取出，放在磁悬浮演示仪的永磁体导轨（或磁铁）上方，这时可观察到高温超导材料悬浮在导轨上。该现象说明制备的材料已具备超导材料的一个基本特性——迈斯纳效应。

3. XRD 的检测

通过 X 射线衍射确定材料的超导结构。

【思考题】

1. 从电阻测量实验中如何判断样品进入超导态了？

2. 如何准确测量超导样品的温度？

3. 为什么选择四引线法测定超导样品的电阻？

4. 超导材料在超导态时 $R=0$，有什么应用价值？

5. 当样品放入液氮中时，会发生什么现象，怎样确定样品温度已达到液氮温度？

附　　录

附录1　无机化学实验常用仪器

仪器名称	规　格	用　途	注意事项
试管　离心试管	分硬质试管、软质试管、普通试管、离心试管。普通试管以管口外径(mm)×长度(mm)表示。如 25×100,10×15 等。离心试管以容积(mL)表示	用作少量试剂的反应容器,便于操作和观察。离心试管还可用作定性分析中的沉淀分离	可直接用火加热;硬质试管可以加热至高温;加热后不能骤冷,特别是软质试管更容易破裂;离心试管只能用水浴加热
试管架	有木质、铝质、塑料的	放试管用	
试管夹	由木头、钢丝或塑料制成	夹试管用	防止烧损或锈蚀
毛刷	以大小和用途表示。如试管刷、滴定管刷等	洗刷玻璃仪器用	小心刷子顶端的铁丝撞破玻璃仪器
烧杯	玻璃质。分硬质、软质,有一般型和高型,有刻度和无刻度。规格按容量(mL)大小表示	用作反应物量较多时的反应容器。反应物易混合均匀	加热时应放置在石棉网上,使受热均匀
烧瓶	玻璃质。分硬质和软质。有平底、圆底、长颈、短颈几种及标准磨口烧瓶。规格按容量大小表示。磨口烧瓶是以标号表示其口径的大小的。如 10、14、19 等	反应物多,且需长时间加热时,常用它作反应容器	加热时应放置在石棉网上,使受热均匀
锥形瓶	玻璃质。分硬质和软质	反应容器。振荡很方便,适用于滴定操作	加热时应放置在石棉网上,使受热均匀

仪器名称	规　格	用　途	注意事项
量筒　　量杯	玻璃质。以所能量度的最大容积(mL)表示	用于量度一定体积的液体	不能加热；不能用作反应容器；不能量热溶液或液体
容量瓶	玻璃质。以刻度以下的容积大小表示	配制准确浓度的溶液时用	配制时液面应恰在刻度上
滴定管(及支架)	玻璃质。分酸式和碱式两种；规格按刻度最大标度表示	用于滴定或准确量取液体体积	不能加热或量取热的液体或溶液；酸式滴定管的玻璃活塞是配套的，不能互换使用
称量瓶	玻璃质。规格以外径(mm)×高(mm)表示。分"扁型"和"高型"两种	差减法称量一定量的固体样品时用	不能用火直接加热；瓶和塞是配套的，不能互换
干燥器	玻璃质。规格以外径(mm)表示；分普通干燥器和真空干燥器	内放干燥剂，可保持样品或产物的干燥	防止盖子滑动打碎；灼热的东西待稍冷后才能放入
药勺	由牛角、瓷或塑料制成，现多数是塑料的	取固体样品用，药勺两端各有一勺，一大一小，根据用药量的大小分别选用	取用一种药品后，必须洗净，并用滤纸擦干后，才能取另一种药品
滴瓶　细口瓶　广口瓶	一般多为玻璃质	广口瓶用于盛放固体样品；细口瓶、滴瓶用于盛放液体样品；不带磨口的广口瓶可用作集气瓶	不能用火直接加热；瓶塞不要互换，不能盛放碱液，以免腐蚀塞子

仪器名称	规　格	用　途	注意事项
表面皿	以口径大小表示，质地玻璃	盖在烧杯上，防止液体迸溅或其他用途	不能用火直接加热
漏斗和长颈漏斗	以口径大小表示，质地玻璃	用于过滤等操作；长颈漏斗特别适用于定量分析中的过滤操作	不能用火直接加热
吸滤瓶和布氏漏斗	布氏漏斗为瓷质，以容量或口径大小表示。吸滤瓶为玻璃质，以容量大小表示	两者配套用于沉淀的减压过滤（利用水泵或真空泵降低吸滤瓶中压力时将加速过滤）	滤纸要略小于漏斗的内径才能贴紧；不能用火直接加热
分液及滴液漏斗	以容积大小和形状（球形、梨形）表示，质地玻璃	用于互不相溶的液-液分离；也可用于反应器装置中加液或浸提天然物质中的有效单体	不能用火直接加热；漏斗塞子不能互换，活塞处不能漏液
蒸发皿	以口径或容积大小表示；用瓷、石英或铂制作	蒸发浓缩液体用；随液体性质不同可选用不同质地的蒸发皿	能耐高温，但不宜骤冷；蒸发溶液时，一般放在石棉网上加热
坩埚	以容积（mL）大小表示；用瓷、石英、铁、镍或铂制作	灼烧固体时用；随固体性质不同可选用不同质地的坩埚	可直接用火灼烧至高温，热的坩埚稍冷后移入干燥器中存放
泥三角	由铁丝弯成并套有瓷管，有大小之分	灼烧坩埚时放置坩埚用	

续表

仪器名称	规　格	用　途	注意事项
石棉网	由铁丝编成,中间涂有石棉,有大小之分	石棉是一种不良导体,它能使受热物体均匀受热,不造成局部高温	不能与水接触,以免石棉脱落或铁丝锈蚀
铁架台		用于固定或放置反应容器,铁环还可以代替漏斗架使用	
三脚架	铁制品;有大小、高低之分,比较牢固	放置较大或较重的加热容器	
研钵	用瓷、玻璃、玛瑙或铁制成;规格以口径大小表示	用于研磨固体物质,或固体物质的混合,按固体的性质和硬度选择不同的研钵	不能用火直接加热。大块固体物质只能碾压,不能捣碎
燃烧匙	铁制品或铜制品	检验物质可燃性用	用后立即洗净,并将匙勺擦干

附录 2　水在不同温度下的密度

温度 $t/℃$	密度 $\rho/g \cdot mL^{-1}$	温度 $t/℃$	密度 $\rho/g \cdot mL^{-1}$
0	0.99984	14	0.99924
2	0.99994	15	0.999099
4	0.99997	16	0.99894
5	0.999965	18	0.99860
6	0.99994	20	0.998203
8	0.99985	22	0.99777
10	0.999700	24	0.99730
12	0.99950	25	0.997044

续表

温度 $t/℃$	密度 $\rho/g \cdot mL^{-1}$	温度 $t/℃$	密度 $\rho/g \cdot mL^{-1}$
26	0.99678	64	0.98109
28	0.99623	66	0.98001
30	0.995646	68	0.97890
32	0.99503	70	0.97777
34	0.99437	72	0.97661
35	0.99403	74	0.97544
36	0.99369	76	0.97424
38	0.99297	78	0.97303
40	0.99222	80	0.97179
42	0.99144	82	0.97053
44	0.99063	84	0.96926
46	0.98979	86	0.96796
48	0.98893	88	0.96665
50	0.98804	90	0.96531
52	0.98712	92	0.96396
54	0.98618	94	0.96259
56	0.98521	96	0.96120
58	0.98422	98	0.95979
60	0.98320	100	0.95836
62	0.98216		

附录 3 元素的相对原子质量表

（按元素符号的字母顺序排列，不包括人工元素）

元素		原子	相对原子质量	元素		原子	相对原子质量
符号	名称	序数		符号	名称	序数	
Ac	锕	89	227.0278	Ce	铈	58	140.115(4)
Ag	银	47	107.8632(2)	Cl	氯	17	35.4527(9)
Al	铝	13	26.981539(5)	Co	钴	27	58.93320(1)
Ar	氩	18	39.948(1)	Cr	铬	24	51.9961(6)
As	砷	33	74.92159(2)	Cs	铯	55	132.90543(5)
Au	金	79	196.96654(3)	Cu	铜	29	63.546(3)
B	硼	5	10.811(5)	Dy	镝	66	162.50(3)
Ba	钡	56	137.327(7)	Er	铒	68	167.26(3)
Be	铍	4	9.012182(3)	Eu	铕	63	151.965(9)
Bi	铋	83	208.98037(3)	F	氟	9	18.9984032(9)
Br	溴	35	79.904(1)	Fe	铁	26	55.847(3)
C	碳	6	12.011(1)	Ga	镓	31	69.723(1)
Ca	钙	20	40.078(4)	Gd	钆	64	157.25(3)
Cd	镉	48	112.411(8)	Ge	锗	32	72.61(2)

元素 符号	元素 名称	原子序数	相对原子质量	元素 符号	元素 名称	原子序数	相对原子质量
H	氢	1	1.00794(7)	Pt	铂	78	195.08(3)
He	氦	2	4.002602(2)	Ra	镭	88	226.0254
Hf	铪	72	178.49(2)	Rb	铷	37	85.4678(3)
Hg	汞	80	200.59(2)	Re	铼	75	186.207(1)
Ho	钬	67	164.93032(3)	Rh	铑	45	102.90550(3)
I	碘	58	126.90447(3)	Ru	钌	44	101.07(2)
In	铟	49	114.82(1)	S	硫	16	32.066(6)
Ir	铱	77	192.22(3)	Sb	锑	51	121.757(3)
K	钾	19	39.0983(1)	Sc	钪	21	44.955910(9)
Kr	氪	36	83.80(1)	Se	硒	34	78.96(3)
La	镧	57	138.9055(2)	Si	硅	14	28.0855(3)
Li	锂	3	6.941(2)	Sm	钐	62	150.36(3)
Lu	镥	71	174.967(1)	Sn	锡	50	118.710(7)
Mg	镁	12	24.3050(6)	Sr	锶	38	87.62(7)
Mn	锰	25	54.93805(1)	Ta	钽	73	180.9479(1)
Mo	钼	42	95.94(1)	Tb	铽	65	158.92534(3)
N	氮	7	14.00674(7)	Te	碲	52	127.60(3)
Na	钠	11	22.989768(6)	Th	钍	90	232.0381(1)
Nb	铌	41	92.90638(2)	Ti	钛	22	47.88(3)
Nd	钕	60	144.24(3)	Tl	铊	81	204.3833(2)
Ne	氖	10	20.1797(6)	Tm	铥	69	168.9342(3)
Ni	镍	28	58.6934(2)	U	铀	92	238.0289(1)
Np	镎	93	237.0482	V	钒	23	50.9415(1)
O	氧	8	15.9994(3)	W	钨	74	183.85(3)
Os	锇	76	190.2(1)	Xe	氙	54	131.29(2)
P	磷	15	30.973762(4)	Y	钇	39	88.90585(2)
Pa	镤	91	231.0588(2)	Yb	镱	70	173.04(3)
Pb	铅	82	207.2(1)	Zn	锌	30	65.39(2)
Pd	钯	46	106.42(1)	Zr	锆	40	91.224(2)
Pr	镨	59	140.90765(3)				

附录4 常用酸碱的浓度

试剂名称	密度 /g·mL^{-1}	质量分数 /%	物质的量浓度 /mol·L^{-1}	试剂名称	密度 /g·mL^{-1}	质量分数 /%	物质的量浓度 /mol·L^{-1}
浓硫酸	1.84	98	18	氢溴酸	1.38	40	7
稀硫酸	1.1	9	2	氢碘酸	1.70	57	7.5
浓盐酸	1.19	38	12	冰醋酸	1.05	99	17.5
稀盐酸	1.0	7	2	稀醋酸	1.04	30	5
浓硝酸	1.4	68	16	稀醋酸	1.0	12	2
稀硝酸	1.2	32	6	浓氢氧化钠	1.44	~41	~14.4
稀硝酸	1.1	12	2	稀氢氧化钠	1.1	8	2
浓磷酸	1.7	85	14.7	浓氨水	0.91	~28	14.8
稀磷酸	1.05	9	1	稀氨水	1.0	3.5	2
浓高氯酸	1.67	70	11.6	氢氧化钙水溶液		0.15	
稀高氯酸	1.12	19	2	氢氧化钡水溶液		2	~0.1
浓氢氟酸	1.13	40	23				

附录 5　溶度积常数表

化合物	溶度积	化合物	溶度积	化合物	溶度积
醋酸盐		**氢氧化物**		CdS	8.0×10^{-27}
AgAc	1.94×10^{-3}	AgOH	2.0×10^{-8}	CoS(α-型)	4.0×10^{-21}
卤化物		Al(OH)$_3$(无定形)	1.3×10^{-33}	CoS(β-型)	2.0×10^{-25}
AgBr	5.0×10^{-13}	Be(OH)$_2$(无定形)	1.6×10^{-22}	Cu$_2$S	2.5×10^{-48}
AgCl	1.8×10^{-10}	Ca(OH)$_2$	5.5×10^{-6}	CuS	6.3×10^{-36}
AgI	8.3×10^{-17}	Cd(OH)$_2$	5.27×10^{-15}	FeS	6.3×10^{-18}
BaF$_2$	1.84×10^{-7}	Co(OH)$_2$(粉红色)	1.09×10^{-15}	HgS(黑色)	1.6×10^{-52}
CaF$_2$	5.3×10^{-9}	Co(OH)$_2$(蓝色)	5.92×10^{-15}	HgS(红色)	4×10^{-53}
CuBr	5.3×10^{-9}	Co(OH)$_3$	1.6×10^{-44}	MnS(晶形)	2.5×10^{-13}
CuCl	1.2×10^{-6}	Cr(OH)$_2$	2×10^{-16}	NiS	1.07×10^{-21}
CuI	1.1×10^{-12}	Cr(OH)$_3$	6.3×10^{-31}	PbS	8.0×10^{-28}
Hg$_2$Cl$_2$	1.3×10^{-18}	Cu(OH)$_2$	2.2×10^{-20}	SnS	1×10^{-25}
Hg$_2$I$_2$	4.5×10^{-29}	Fe(OH)$_2$	8.0×10^{-16}	SnS$_2$	2×10^{-27}
HgI$_2$	2.9×10^{-29}	Fe(OH)$_3$	4×10^{-38}	ZnS	2.93×10^{-25}
PbBr$_2$	6.60×10^{-6}	Mg(OH)$_2$	1.8×10^{-11}	**磷酸盐**	
PbCl$_2$	1.6×10^{-5}	Mn(OH)$_2$	1.9×10^{-13}	Ag$_3$PO$_4$	1.4×10^{-16}
PbF$_2$	3.3×10^{-8}	Ni(OH)$_2$(新制备)	2.0×10^{-15}	AlPO$_4$	6.3×10^{-19}
PbI$_2$	7.1×10^{-9}	Pb(OH)$_2$	1.2×10^{-15}	CaHPO$_4$	1×10^{-7}
SrF$_2$	4.33×10^{-9}	Sn(OH)$_2$	1.4×10^{-28}	Ca$_3$(PO$_4$)$_2$	2.0×10^{-29}
碳酸盐		Sr(OH)$_2$	9×10^{-4}	Cd$_3$(PO$_4$)$_2$	2.53×10^{-33}
Ag$_2$CO$_3$	8.45×10^{-12}	Zn(OH)$_2$	1.2×10^{-17}	Cu$_3$(PO$_4$)$_2$	1.40×10^{-37}
BaCO$_3$	5.1×10^{-9}	**草酸盐**		FePO$_4$·2H$_2$O	9.91×10^{-16}
CaCO$_3$	3.36×10^{-9}	Ag$_2$C$_2$O$_4$	5.4×10^{-12}	MgNH$_4$PO$_4$	2.5×10^{-13}
CdCO$_3$	1.0×10^{-12}	BaC$_2$O$_4$	1.6×10^{-7}	Mg$_3$(PO$_4$)$_2$	1.04×10^{-24}
CuCO$_3$	1.4×10^{-10}	CaC$_2$O$_4$·H$_2$O	4×10^{-9}	Pb$_3$(PO$_4$)$_2$	8.0×10^{-43}
FeCO$_3$	3.13×10^{-11}	CuC$_2$O$_4$	4.43×10^{-10}	Zn$_3$(PO$_4$)$_2$	9.0×10^{-33}
Hg$_2$CO$_3$	3.6×10^{-17}	FeC$_2$O$_4$·2H$_2$O	3.2×10^{-7}	**其他盐**	
MgCO$_3$	6.82×10^{-6}	Hg$_2$C$_2$O$_4$	1.75×10^{-13}	[Ag$^+$][Ag(CN)$_2^-$]	7.2×10^{-11}
MnCO$_3$	2.24×10^{-11}	MgC$_2$O$_4$·2H$_2$O	4.83×10^{-6}	Ag$_4$[Fe(CN)$_6$]	1.6×10^{-41}
NiCO$_3$	1.42×10^{-7}	MnC$_2$O$_4$·2H$_2$O	1.70×10^{-7}	Cu$_2$[Fe(CN)$_6$]	1.3×10^{-16}
PbCO$_3$	7.4×10^{-14}	PbC$_2$O$_4$	8.51×10^{-10}	AgSCN	1.03×10^{-12}
SrCO$_3$	5.6×10^{-10}	SrC$_2$O$_4$·H$_2$O	1.6×10^{-7}	CuSCN	4.8×10^{-15}
ZnCO$_3$	1.46×10^{-10}	ZnC$_2$O$_4$·2H$_2$O	1.38×10^{-9}	AgBrO$_3$	5.3×10^{-5}
铬酸盐		**硫酸盐**		AgIO$_3$	3.0×10^{-8}
Ag$_2$CrO$_4$	1.12×10^{-12}	Ag$_2$SO$_4$	1.4×10^{-5}	Cu(IO$_3$)$_2$·H$_2$O	7.4×10^{-8}
Ag$_2$Cr$_2$O$_7$	2.0×10^{-7}	BaSO$_4$	1.1×10^{-10}	KHC$_4$H$_4$O$_6$(酒石酸氢钾)	3×10^{-4}
BaCrO$_4$	1.2×10^{-10}	CaSO$_4$	9.1×10^{-6}	Al(8-羟基喹啉)$_3$	5×10^{-33}
CaCrO$_4$	7.1×10^{-4}	Hg$_2$SO$_4$	6.5×10^{-7}	K$_2$Na[Co(NO$_2$)$_6$]·H$_2$O	2.2×10^{-11}
CuCrO$_4$	3.6×10^{-6}	PbSO$_4$	1.6×10^{-8}	Na(NH$_4$)$_2$[Co(NO$_2$)$_6$]	4×10^{-12}
Hg$_2$CrO$_4$	2.0×10^{-9}	SrSO$_4$	3.2×10^{-7}	Ni(丁二酮肟)$_2$	4×10^{-24}
PbCrO$_4$	2.8×10^{-13}	**硫化物**		Mg(8-羟基喹啉)$_2$	4×10^{-16}
SrCrO$_4$	2.2×10^{-5}	Ag$_2$S	6.3×10^{-50}	Zn(8-羟基喹啉)$_2$	5×10^{-25}

附录6 标准电极电势 (298.15K) (按 $\varphi^{\ominus}$ 值由小到大编排)

电 对	电对平衡式	$\varphi^{\ominus}/V$
	氧化态 $+n$e$^-$ $\Longrightarrow$ 还原态	
Li$^+$/Li	Li$^+$(aq)$+$e$^-$ $\Longrightarrow$ Li(s)	-3.0401
K$^+$/K	K$^+$(aq)$+$e$^-$ $\Longrightarrow$ K(s)	-2.931
Ba^{2+}/Ba	Ba^{2+}(aq)$+2$e$^-$ $\Longrightarrow$ Ba(s)	-2.912
Ca^{2+}/Ca	Ca^{2+}(aq)$+2$e$^-$ $\Longrightarrow$ Ca(s)	-2.868
Na$^+$/Na	Na$^+$(aq)$+$e$^-$ $\Longrightarrow$ Na(s)	-2.71
Mg^{2+}/Mg	Mg^{2+}(aq)$+2$e$^-$ $\Longrightarrow$ Mg(s)	-2.372
Al^{3+}/Al	Al^{3+}(aq)$+3$e$^-$ $\Longrightarrow$ Al(s)	-1.662
Ti^{2+}/Ti	Ti^{2+}(aq)$+2$e$^-$ $\Longrightarrow$ Ti(s)	-1.630
Mn^{2+}/Mn	Mn^{2+}(aq)$+2$e$^-$ $\Longrightarrow$ Mn(s)	-1.185
Zn^{2+}/Zn	Zn^{2+}(aq)$+2$e$^-$ $\Longrightarrow$ Zn(s)	-0.7618
Cr^{3+}/Cr	Cr^{3+}(aq)$+3$e$^-$ $\Longrightarrow$ Cr(s)	-0.744
Fe(OH)$_3$/Fe(OH)$_2$	Fe(OH)$_3$(s)$+$e$^-$ $\Longrightarrow$ Fe(OH)$_2$(s)$+$OH$^-$(aq)	-0.56
S/S^{2-}	S(s)$+2$e$^-$ $\Longrightarrow$ S^{2-}(aq)	-0.4763
Cd^{2+}/Cd	Cd^{2+}(aq)$+2$e$^-$ $\Longrightarrow$ Cd(s)	-0.403
PbSO$_4$/Pb	PbSO$_4$(s)$+2$e$^-$ $\Longrightarrow$ Pb(s)$+$SO$_4^{2-}$(aq)	-0.3588
Co^{2+}/Co	Co^{2+}(aq)$+2$e$^-$ $\Longrightarrow$ Co(s)	-0.28
H$_3$PO$_4$/H$_3$PO$_3$	H$_3$PO$_4$(aq)$+2$H$^+$(aq)$+2$e$^-$ $\Longrightarrow$ H$_3$PO$_3$(aq)$+$H$_2$O(l)	-0.276
Ni^{2+}/Ni	Ni^{2+}(aq)$+2$e$^-$ $\Longrightarrow$ Ni(s)	-0.257
AgI/Ag	AgI(s)$+$e$^-$ $\Longrightarrow$ Ag(s)$+$I$^-$(aq)	-0.1522
Sn^{2+}/Sn	Sn^{2+}(aq)$+2$e$^-$ $\Longrightarrow$ Sn(s)	-0.1375
Pb^{2+}/Pb	Pb^{2+}(aq)$+2$e$^-$ $\Longrightarrow$ Pb(s)	-0.1262
H$^+$/H$_2$	2H$^+$(aq)$+2$e$^-$ $\Longrightarrow$ H$_2$(g)	0
AgBr/Ag	AgBr(s)$+$e$^-$ $\Longrightarrow$ Ag(s)$+$Br$^-$(aq)	0.071
Sn^{4+}/Sn^{2+}	Sn^{4+}(aq)$+2$e$^-$ $\Longrightarrow$ Sn^{2+}(aq)	0.151
Cu^{2+}/Cu$^+$	Cu^{2+}(aq)$+$e$^-$ $\Longrightarrow$ Cu$^+$(aq)	0.153
AgCl/Ag	AgCl(s)$+$e$^-$ $\Longrightarrow$ Ag(s)$+$Cl$^-$(aq)	0.222
Hg$_2$Cl$_2$/Hg	Hg$_2$Cl$_2$(s)$+2$e$^-$ $\Longrightarrow$ 2Hg(l)$+2$Cl$^-$(aq)	0.268
Cu^{2+}/Cu	Cu^{2+}(aq)$+2$e$^-$ $\Longrightarrow$ Cu(s)	0.3419
[Fe(CN)$_6$]$^{3-}$/[Fe(CN)$_6$]$^{4-}$	[Fe(CN)$_6$]$^{3-}$(aq)$+$e$^-$ $\Longrightarrow$ [Fe(CN)$_6$]$^{4-}$(aq)	0.36
O$_2$/OH$^-$	O$_2$(g)$+2$H$_2$O(l)$+4$e$^-$ $\Longrightarrow$ 4OH$^-$(aq)	0.401
Cu$^+$/Cu	Cu$^+$(aq)$+$e$^-$ $\Longrightarrow$ Cu(s)	0.521
I$_2$/I$^-$	I$_2$(s)$+2$e$^-$ $\Longrightarrow$ 2I$^-$(aq)	0.5355
MnO$_4^-$/MnO$_4^{3-}$	MnO$_4^-$(aq)$+$e$^-$ $\Longrightarrow$ MnO$_4^{2-}$(aq)	0.558
MnO$_4^-$/MnO$_2$	MnO$_4^-$(aq)$+2$H$_2$O(l)$+3$e$^-$ $\Longrightarrow$ MnO$_2$(s)$+4$OH$^-$(aq)	0.595

电　对	电对平衡式	$\varphi^{\ominus}/V$
	氧化态 $+ne^- \rightleftharpoons$ 还原态	
BrO_3^-/Br^-	$BrO_3^-(aq)+3H_2O(l)+6e^- \rightleftharpoons Br^-(aq)+6OH^-(aq)$	0.61
O_2/H_2O_2	$O_2(g)+2H^+(aq)+2e^- \rightleftharpoons H_2O_2(aq)$	0.695
Fe^{3+}/Fe^{2+}	$Fe^{3+}(aq)+e^- \rightleftharpoons Fe^{2+}(aq)$	0.771
Ag^+/Ag	$Ag^+(aq)+e^- \rightleftharpoons Ag(s)$	0.7996
ClO^-/Cl^-	$ClO^-(aq)+H_2O(l)+2e^- \rightleftharpoons Cl^-(aq)+2OH^-(aq)$	0.841
NO_3^-/NO	$NO_3^-(aq)+4H^+(aq)+3e^- \rightleftharpoons NO(g)+2H_2O(l)$	0.957
Br_2/Br^-	$Br_2(l)+2e^- \rightleftharpoons 2Br^-(aq)$	1.066
IO_3^-/I_2	$2IO_3^-(aq)+12H^+(aq)+10e^- \rightleftharpoons I_2(s)+6H_2O(l)$	1.20
MnO_2/Mn^{2+}	$MnO_2(s)+4H^+(aq)+2e^- \rightleftharpoons Mn^{2+}(aq)+2H_2O(l)$	1.224
O_2/H_2O	$O_2(g)+4H^+(aq)+4e^- \rightleftharpoons 2H_2O(l)$	1.229
$Cr_2O_7^{2-}/Cr^{3+}$	$Cr_2O_7^{2-}(aq)+14H^+(aq)+6e^- \rightleftharpoons 2Cr^{3+}(aq)+7H_2O(l)$	1.232
O_3/OH^-	$O_3(g)+H_2O(l)+2e^- \rightleftharpoons O_2(g)+2OH^-(aq)$	1.24
Cl_2/Cl^-	$Cl_2(g)+2e^- \rightleftharpoons 2Cl^-(aq)$	1.358
PbO_2/Pb^{2+}	$PbO_2(s)+4H^+(aq)+2e^- \rightleftharpoons Pb^{2+}(aq)+2H_2O(l)$	1.455
MnO_4^-/Mn^{2+}	$MnO_4^-(aq)+8H^+(aq)+5e^- \rightleftharpoons Mn^{2+}+4H_2O(l)$	1.507
$HBrO/Br_2$	$2HBrO(aq)+2H^+(aq)+2e^- \rightleftharpoons Br_2(l)+2H_2O(l)$	1.596
$HClO/Cl_2$	$2HClO(aq)+2H^+(aq)+2e^- \rightleftharpoons Cl_2(g)+2H_2O(l)$	1.611
H_2O_2/H_2O	$H_2O_2(aq)+2H^+(aq)+2e^- \rightleftharpoons 2H_2O(l)$	1.776
$S_2O_8^{2-}/SO_4^{2-}$	$S_2O_8^{2-}(aq)+2e^- \rightleftharpoons 2SO_4^{2-}(aq)$	2.010
O_3/H_2O	$O_3(g)+2H^+(aq)+2e^- \rightleftharpoons O_2(g)+H_2O(l)$	2.076
F_2/F^-	$F_2(g)+2e^- \rightleftharpoons 2F^-(aq)$	2.866

附录7　常用缓冲溶液

缓冲溶液组成	pK_a	缓冲溶液 pH	配　制　方　法
一氯乙酸-NaOH	2.86	2.8	200g 一氯乙酸溶于 200mL 水中,加 NaOH 40g,溶解后稀释至 1L
甲酸-NaOH	3.76	3.7	95g 甲酸和 40g NaOH 溶于 500mL 水中,稀释至 1L
NH_4Ac-HAc	4.74	4.5	77g NH_4Ac 溶于 200mL 水中,加冰醋酸 10mL,稀释至 1L
NaAc-HAc	4.74	5.0	120g 无水 NaAc 溶于水,加冰醋酸 20mL,稀释至 1L
$(CH_2)_6N_4$-HCl	5.15	5.4	40g 六亚甲基四胺溶于 200mL 水中,加浓 HCl 10mL,稀释至 1L
NH_4Ac-HAc	4.74	6.0	600g NH_4Ac 溶于水,加冰醋酸 220mL,稀释至 1L
NH_4Cl-NH_3	9.26	9.2	54g NH_4Cl 溶于水,加浓 NH_3 水 63mL,稀释至 1L
NH_4Cl-NH_3	9.26	9.5	45g NH_4Cl 溶于水,加浓 NH_3 水 126mL,稀释至 1L
NH_4Cl-NH_3	9.26	10.0	54g NH_4Cl 溶于水,加浓 NH_3 水 350mL,稀释至 1L

附录8 常用试剂的配制

试 剂	浓度 /(mol·L^{-1})	配 制 方 法
三氯化铋 BiCl$_3$	0.1	溶解 31.6g BiCl$_3$ 于 330mL 6mol·L^{-1} HCl 中,加水稀释至 1L
三氯化锑 SbCl$_3$	0.1	溶解 22.8g SbCl$_3$ 于 330mL 6mol·L^{-1} HCl 中,加水稀释至 1L
氯化亚锡 SnCl$_2$	0.1	溶解 22.6g SnCl$_2$·2H$_2$O 于 330mL 6mol·L^{-1} HCl 中,加水稀释至 1L,加入数粒纯锡,以防氧化
硝酸汞 Hg(NO$_3$)$_2$	0.1	溶解 33.4g Hg(NO$_3$)$_2$·$\frac{1}{2}$H$_2$O 于 0.6mol·L^{-1} HNO$_3$ 中,加水稀释至 1L
硝酸亚汞 Hg$_2$(NO$_3$)$_2$	0.1	溶解 56.1g Hg$_2$(NO$_3$)$_2$·$\frac{1}{2}$H$_2$O 于 0.6mol·L^{-1} HNO$_3$ 中,加水稀释至 1L,并加入少许金属汞
碳酸铵 (NH$_4$)$_2$CO$_3$	1	96g 研细的 (NH$_4$)$_2$CO$_3$ 溶于 1L 2mol·L^{-1} 氨水
硫酸铵 (NH$_4$)$_2$SO$_4$	饱和	50g (NH$_4$)$_2$SO$_4$ 溶于 100mL 热水,冷却后过滤
硫酸亚铁 FeSO$_4$	0.5	溶解 69.5g FeSO$_4$·7H$_2$O 于适量水中,加入 5mL 18mol·L^{-1} H$_2$SO$_4$,用水稀释至 1L,置入小铁钉数枚
六羟基锑酸钠 Na[Sb(OH)$_6$]	0.1	溶解 12.2g 锑粉于 50mL 浓 HNO$_3$ 微热,使锑粉全部作用成白色粉末,用倾析法洗涤数次,然后加入 50mL 6mol·L^{-1} NaOH 使之溶解,稀释至 1L
六硝基钴酸钠 Na$_3$[Co(NO$_2$)$_6$]		溶解 230g NaNO$_2$ 于 500mL 水中,加入 165mL 6mol·L^{-1} HAc 和 30g Co(NO$_3$)$_2$·6H$_2$O 放置 24h,取其清液,稀释至 1L,保存在棕色瓶中。此溶液应呈橙色,若变成红色,表示已分解,应重新配制
硫化钠 Na$_2$S	2	溶解 240g Na$_2$S·9H$_2$O 和 40g NaOH 于水中,稀释至 1L
钼酸铵 (NH$_4$)$_6$Mo$_7$O$_{24}$·4H$_2$O	0.1	溶解 124g (NH$_4$)$_6$Mo$_7$O$_{24}$·4H$_2$O 于 1L 水中,将所得溶液倒入 1L 6mol·L^{-1} HNO$_3$ 中,放置 24h,取其澄清溶液
硫化铵 (NH$_4$)$_2$S	3	取一定量氨水,将其平均分配成两份,把其中一份通入 H$_2$S 至饱和,而后与另一份氨水混合
铁氰化钾 K$_3$[Fe(CN)$_6$]		取铁氰化钾约 0.7~1g 溶解于水中,稀释至 100mL(使用前临时配制)
铬黑 T		将铬黑 T 和烘干的 NaCl 按 1∶100 的比例研细,均匀混合,贮于棕色瓶中
二苯胺		将 1g 二苯胺在搅拌下溶于 100mL 密度 1.84g·mL^{-1} 硫酸或 100mL 1.7g·mL^{-1} 磷酸中(该溶液可保存较长时间)
镍试剂		溶解 10g 镍试剂于 1L 95%的酒精中
镁试剂		溶解 0.01g 镁试剂于 1L 1mol·L^{-1} 的 NaOH 溶液中
铝试剂		1g 铝试剂溶于 1L 水中
镁铵试剂		将 100g MgCl$_2$·6H$_2$O 和 100g NH$_4$Cl 溶于水中,加 50mL 浓氨水,用水稀释至 1L
奈氏试剂		溶解 115g HgI 和 80g KI 于水中,稀释至 500mL,加入 500mL 6mol·L^{-1} NaOH 溶液,静置后取其清液,保存在棕色瓶中
五氰氧氮合铁(Ⅲ)酸钠 Na$_2$[Fe(CN)$_5$NO]		10g 亚硝酰铁氰酸钠溶解于 100mL H$_2$O 中,保存在棕色瓶中,如果溶液变绿就不能用了
格里斯试剂		(1) 在加热下溶解 0.5g 对氨基苯磺酸于 50mL 30% HAc 中,贮于暗处保存 (2) 将 0.4g α-萘胺与 100mL 水混合煮沸,在从蓝色渣滓中倾出的无色溶液中加入 6mL 80% HAc 使用前将(1)、(2)两液体等体积混合
打萨宗(二苯缩氨硫脲)		溶解 0.1g 打萨宗于 1L CCl$_4$ 或 CHCl$_3$ 中
甲基红		每升 60% 乙醇中溶解 2g
甲基橙	0.1%	每升水中溶解 1g
酚酞		每升 90% 乙醇中溶解 1g

续表

试 剂	浓度 /(mol·L⁻¹)	配 制 方 法
溴甲酚蓝(溴甲酚绿)		0.1g 该指示剂与 2.9mL 0.05mol·L⁻¹ NaOH 一起搅匀,用水稀释至 250mL;或每升 20%乙醇中溶解 1g 该指示剂
石蕊		2g 石蕊溶于 50mL 水中,静置一昼夜后过滤。在滤液中加 30mL 95%乙醇,再加水稀释至 100mL
氨水		在水中通入氯气直至饱和,该溶液使用时临时配制
溴水		在水中滴入液溴至饱和
碘液	0.01	溶解 1.3g 碘和 5g KI 于尽可能少量的水中,加水稀释至 1L
品红溶液		0.01%的水溶液
淀粉溶液	0.2%	将 0.2g 淀粉和少量冷水调成糊状,倒入 100mL 沸水中,煮沸后冷却即可
NH₃-NH₄Cl 缓冲溶液		20g NH₄Cl 溶于适量水中,加入 100mL 氨水(密度 0.9g·mL⁻¹),混合后稀释至 1L,即为 pH=10 的缓冲溶液

附录9　常见离子及化合物的颜色

一、离子

1. 无色离子

Na^+、K^+、NH_4^+、Mg^{2+}、Ca^{2+}、Sr^{2+}、Ba^{2+}、Al^{3+}、Sn^{2+}、Sn^{4+}、Pb^{2+}、Bi^{3+}、Ag^+、Zn^{2+}、Cd^{2+}、Hg_2^{2+}、Hg^{2+} 等阳离子。

$B(OH)_4^-$、$B_4O_7^{2-}$、$C_2O_4^{2-}$、Ac^-、CO_3^{2-}、SiO_3^{2-}、NO_3^-、NO_2^-、PO_4^{3-}、AsO_3^{3-}、AsO_4^{3-}、$[SbCl_6]^{3-}$、$[SbCl_6]^-$、SO_3^{2-}、SO_4^{2-}、S^{2-}、$S_2O_3^{2-}$、F^-、Cl^-、ClO_3^-、Br^-、BrO_3^-、I^-、SCN^-、$[CuCl_2]^-$、VO_3^-、VO_4^{3-}、MoO_4^{2-}、WO_4^{2-} 等阴离子。

2. 有色离子

离子	颜色	离子	颜色	离子	颜色
$[Cu(H_2O)_4]^{2+}$	浅蓝色	$[Cr(H_2O)_4Cl_2]^+$	暗绿色	$[Fe(CN)_6]^{3-}$	浅枯黄色
$[CuCl_4]^{2-}$	黄色	$[Cr(NH_3)_2(H_2O)_4]^{3+}$	紫红色	$[Fe(NCS)_n]^{3-n}$	血红色
$[Cu(NH_3)_4]^{2+}$	深蓝色	$[Cr(NH_3)_3(H_2O)_3]^{3+}$	浅红色	$[Co(H_2O)_6]^{2+}$	粉红色
$[Ti(H_2O)_6]^{3+}$	紫色	$[Cr(NH_3)_4(H_2O)_2]^{3+}$	橙红色	$[Co(NH_3)_6]^{2+}$	黄色
$[Ti(H_2O)_4]^{2+}$	绿色	$[Cr(NH_3)_5(H_2O)]^{3+}$	橙黄色	$[Co(NH_3)_6]^{3+}$	橙黄色
$[TiO(H_2O_2)]^{2+}$	枯黄色	$[Cr(NH_3)_6]^{3+}$	黄色	$[CoCl(NH_3)_5]^{2+}$	红紫色
$[V(H_2O)_6]^{2+}$	紫色	CrO_2^-	绿色	$[Co(NH_3)_5(H_2O)]^{3+}$	粉红色
$[V(H_2O)_6]^{3+}$	绿色	CrO_4^{2-}	黄色	$[Co(NH_3)_4CO_3]^+$	紫红色
VO^{2+}	蓝色	$Cr_2O_7^{2-}$	橙色	$[Co(CN)_6]^{3-}$	紫色
VO_2^+	浅黄色	$[Mn(H_2O)_6]^{2+}$	肉色	$[Co(SCN)_4]^{2-}$	蓝色
$[VO_2(O_2)_2]^{3-}$	黄色	MnO_4^{2-}	绿色	$[Ni(H_2O)_6]^{2+}$	亮绿色
$[V(O_2)]^{3+}$	深红色	MnO_4^-	紫红色	$[Mn(NH_3)_6]^{2+}$	蓝色
$[Cr(H_2O)_6]^{2+}$	蓝色	$[Fe(H_2O)_6]^{2+}$	浅绿色	I_3^-	浅棕黄色
$[Cr(H_2O)_6]^{3+}$	紫色	$[Fe(H_2O)_6]^{3+}$	淡紫色		
$[Cr(H_2O)_5Cl]^{2+}$	浅绿色	$[Fe(CN)_6]^{4-}$	黄色		

二、化合物

1. 氧化物

化合物	颜色	化合物	颜色	化合物	颜色	化合物	颜色
CuO	黑色	TiO_2	白色	MnO_2	棕褐色	CoO	灰绿色
Cu_2O	暗红色	VO	亮灰色	MoO_2	铅灰色	Co_2O_3	黑色
Ag_2O	暗棕色	V_2O_3	黑色	WO_2	棕红色	NiO	暗绿色
ZnO	白色	VO_2	深蓝色	FeO	黑色	Ni_2O_3	黑色
CdO	棕红色	V_2O_5	红棕色	Fe_2O_3	砖红色	PbO	黄色
Hg_2O	黑褐色	Cr_2O_3	绿色	Fe_3O_4	黑色	Pb_3O_4	红色
HgO	红色或黄色	CrO_3	红色				

2. 溴化物

溴化物	颜色	溴化物	颜色	溴化物	颜色
$AgBr$	淡黄色	$AsBr$	浅黄色	$CuBr_2$	黑紫色

3. 碘化物

碘化物	颜色	碘化物	颜色	碘化物	颜色	碘化物	颜色
AgI	黄色	HgI_2	红色	CuI	白色	BiI_3	绿黑色
Hg_2I_2	黄绿色	PbI_2	黄色	SbI_3	红黄色	TiI_4	暗棕色

4. 卤酸盐

卤酸盐	颜色	卤酸盐	颜色	卤酸盐	颜色	卤酸盐	颜色
$Ba(IO_3)_2$	白色	$AgIO_3$	白色	$KClO_4$	白色	$AgBrO_3$	白色

5. 硫化物

硫化物	颜色	硫化物	颜色	硫化物	颜色	硫化物	颜色
Ag_2S	灰黑色	FeS	棕黑色	SnS	褐色	MnS	肉色
HgS	红色或黑色	Fe_2S_3	黑色	SnS_2	金黄色	ZnS	白色
PbS	黑色	CoS	黑色	CdS	黄色	As_2S_3	黄色
CuS	黑色	NiS	黑色	Sb_2S_3	橙色		
Cu_2S	黑色	Bi_2S_3	黑褐色	Sb_2S_5	橙红色		

6. 氢氧化物

氢氧化物	颜色	氢氧化物	颜色	氢氧化物	颜色	氢氧化物	颜色
$Zn(OH)_2$	白色	$Mn(OH)_2$	白色	$Bi(OH)_3$	白色	$Ni(OH)_3$	黑色
$Pb(OH)_2$	白色	$Fe(OH)_2$	白色或苍绿色	$Sb(OH)_3$	白色	$Co(OH)_2$	粉红色
$Mg(OH)_2$	白色	$Fe(OH)_3$	红棕色	$Cu(OH)_2$	浅蓝色	$Co(OH)_3$	褐棕色
$Sn(OH)_2$	白色	$Cd(OH)_2$	白色	$CuOH$	黄色	$Cr(OH)_3$	灰绿色
$Sn(OH)_4$	白色	$Al(OH)_3$	白色	$Ni(OH)_2$	浅绿色		

7. 氯化物

氯化物	颜色	氯化物	颜色	氯化物	颜色	氯化物	颜色
$AgCl$	白色	$CuCl_2$	棕色	$CoCl_2 \cdot H_2O$	蓝紫色	$TiCl_3 \cdot 6H_2O$	紫色或绿色
Hg_2Cl_2	白色	$CuCl_2 \cdot 2H_2O$	蓝色	$CoCl_2 \cdot 2H_2O$	紫红色	$TiCl_2$	黑色
$PbCl_2$	白色	$Hg(NH_2)Cl$	白色	$CoCl_2 \cdot 6H_2O$	粉红色		
$CuCl$	白色	$CoCl_2$	蓝色	$FeCl_3 \cdot 6H_2O$	黄棕色		

续表

8. 硫酸盐

硫酸盐	颜色	硫酸盐	颜色	硫酸盐	颜色
Ag_2SO_4	白色	$BaSO_4$	白色	$Cu_2(SO_4)_3 \cdot 6H_2O$	绿色
Hg_2SO_4	白色	$[Fe(NO)]SO_4$	深棕色	$Cu_2(SO_4)_3$	蓝色或红色
$PbSO_4$	白色	$Cu_2(OH)_2SO_4$	浅蓝色	$Cu_2(SO_4)_3 \cdot 18H_2O$	蓝紫色
$CaSO_4 \cdot 2H_2O$	白色	$CuSO_4 \cdot 5H_2O$	蓝色	$KCr(SO_4)_2 \cdot 12H_2O$	紫色
$SrSO_4$	白色	$CuSO_4 \cdot 7H_2O$	红色		

9. 碳酸盐

碳酸盐	颜色	碳酸盐	颜色	碳酸盐	颜色	碳酸盐	颜色
Ag_2CO_3	白色	$BaCO_3$	白色	$Zn_2(OH)_2CO_3$	白色	$Co_2(OH)_2CO_3$	白色
$CaCO_3$	白色	$MnCO_3$	白色	$BiOHCO_3$	白色	$Cu_2(OH)_2CO_3$	暗绿色
$SrCO_3$	白色	$CdCO_3$	白色	$Hg_2(OH)_2CO_3$	红褐色	$Ni_2(OH)_2CO_3$	浅绿色

10. 磷酸盐

磷酸盐	颜色	磷酸盐	颜色	磷酸盐	颜色
$Ca_3(PO_4)_2$	白色	$Ba_3(PO_4)_2$	白色	Ag_3PO_4	黄色
$CaHPO_4$	白色	$FePO_4$	浅黄色	NH_4MgPO_4	白色

11. 铬酸盐

铬酸盐	颜色	铬酸盐	颜色	铬酸盐	颜色	铬酸盐	颜色
Ag_2CrO_4	砖红色	$PbCrO_4$	黄色	$BaCrO_4$	黄色	$FeCrO_4 \cdot 2H_2O$	黄色

12. 硅酸盐

硅酸盐	颜色	硅酸盐	颜色	硅酸盐	颜色	硅酸盐	颜色
$BaSiO_3$	白色	$CoSiO_3$	紫色	$MnSiO_3$	肉色	$ZnSiO_3$	白色
$CuSiO_3$	蓝色	$Fe_2(SiO_3)_3$	棕红色	$NiSiO_3$	翠绿色		

13. 草酸盐

草酸盐	颜色	草酸盐	颜色	草酸盐	颜色
CaC_2O_4	白色	$Ag_2C_2O_4$	白色	$FeC_2O_4 \cdot 2H_2O$	黄色

14. 类卤化合物

类卤化合物	颜色	类卤化合物	颜色	类卤化合物	颜色
$AgCN$	白色	$Cu(CN)_2$	浅棕黄色	$AgSCN$	白色
$Ni(CN)_2$	浅绿色	$CuCN$	白色	$Cu(SCN)_2$	黑绿色

15. 其他含氧酸盐

含氧酸盐	颜色	含氧酸盐	颜色	含氧酸盐	颜色
NH_4MgAsO_4	白色	$Ag_2S_2O_3$	白色	$SrSO_3$	白色
Ag_3AsO_4	红褐色	$BaSO_3$	白色		

16. 其他化合物

化合物	颜色	化合物	颜色
$Fe^{III}[Fe^{II}(CN)_6]_3 \cdot 2H_2O$	蓝色	$Ag_3[Fe(CN)_6]$	橙色
$Cu_2[Fe(CN)_6]$	红褐色	$Zn_3[Fe(CN)_6]_2$	黄褐色

化合物	颜色	化合物	颜色
$Co_2[Fe(CN)_6]$	绿色	$Na[Fe(CN)_5NO] \cdot 2H_2O$	红色
$Ag_4[Fe(CN)_6]$	白色	$NaAc \cdot Zn(Ac)_2 \cdot 3[UO_2(Ac)_2] \cdot 9H_2O$	黄色
$Zn_2[Fe(CN)_6]$	白色	$\left[O{<}^{Hg}_{Hg}{>}NH_2\right]I$	红棕色
$K_3[Co(NO_2)_6]$	黄色		
$K_2Na[Co(NO_2)_6]$	黄色	$\left[{}^{I-Hg}_{I-Hg}{>}NH_2\right]I$	深褐色或红棕色
$(NH_4)_2Na[Co(NO_2)_6]$	黄色		
$K_2[PtCl_6]$	黄色		
$KHC_4H_4O_6$	白色	$(NH_4)_2MoS_4$	血红色
$Na[Sb(OH)_6]$	白色		

附录 10　弱电解质的电离常数

一、弱酸电离常数

酸	$t/℃$	级	K_a	pK_a
砷酸(H_3AsO_4)	25	1	5.5×10^{-2}	2.26
	25	2	1.7×10^{-7}	6.76
	25	3	5.1×10^{-12}	11.29
亚砷酸(H_3AsO_3)	25		5.1×10^{-10}	9.29
硼酸(H_3BO_3)	20		5.4×10^{-10}	9.27
碳酸(H_2CO_3)	25	1	4.5×10^{-7}	6.35
	25	2	4.7×10^{-11}	10.33
铬酸(H_2CrO_4)	25	1	1.8×10^{-1}	0.74
	25	2	3.2×10^{-7}	6.49
氢氰酸(HCN)	25		6.2×10^{-10}	9.21
氢氟酸(HF)	25	1	6.3×10^{-4}	3.20
氢硫酸(H_2S)	25	2	8.9×10^{-8}	7.05
	25	1	1×10^{-19}	19
过氧化氢(H_2O_2)	25		2.4×10^{-12}	11.65
次溴酸(HBrO)	18		2.8×10^{-9}	8.55
次氯酸(HClO)	25		2.95×10^{-8}	7.53
次碘酸(HIO)	25		3×10^{-11}	10.5
亚硝酸(HNO_2)			5.6×10^{-4}	3.25
高碘酸(HIO_4)			2.3×10^{-2}	1.64
正磷酸(H_3PO_4)	25	1	6.9×10^{-3}	2.16
	25	2	6.23×10^{-8}	7.21
	25	3	4.8×10^{-13}	12.32
亚磷酸(H_3PO_3)	25	1	5×10^{-2}	1.3
	20	2	2.0×10^{-7}	6.70
焦磷酸($H_4P_2O_7$)	20	1	1.2×10^{-1}	0.91
	25	2	7.9×10^{-3}	2.10
	25	3	2.0×10^{-7}	6.70
	25	4	4.8×10^{-10}	9.32

酸	$t/℃$	级	K_a	pK_a
硒酸(H_2SeO_4)	25	2	$2×10^{-2}$	1.7
亚硒酸(H_2SeO_3)	25	1	$2.4×10^{-3}$	2.62
	25	2	$4.8×10^{-9}$	8.32
硅酸(H_2SiO_3)	30	1	$1×10^{-10}$	9.9
	30	2	$2×10^{-12}$	11.8
硫酸(H_2SO_4)	25	2	$1.0×10^{-2}$	1.99
亚硫酸(H_2SO_3)	25	1	$1.4×10^{-2}$	1.85
	25	2	$6×10^{-8}$	7.2
甲酸(HCOOH)	20		$1.77×10^{-4}$	3.75
醋酸(HAc)	25		$1.76×10^{-5}$	4.75
草酸($H_2C_2O_4$)	25	1	$5.90×10^{-2}$	1.23
	25	2	$6.40×10^{-5}$	4.19

二、弱碱的电离常数

碱	$t/℃$	级	K_b	pK_b
氨水($NH_3·H_2O$)	25		$1.79×10^{-5}$	4.75
氢氧化铍[$Be(OH)_2$]	25	2	$5×10^{-11}$	10.30
氢氧化钙[$Ca(OH)_2$]	25	1	$3.74×10^{-3}$	2.43
	30	2	$4.0×10^{-2}$	1.4
联氨(NH_2NH_2)	20		$1.2×10^{-6}$	5.9
羟胺(NH_2OH)	25		$8.71×10^{-9}$	8.06
氢氧化铅[$Pb(OH)_2$]	25		$9.6×10^{-4}$	3.02
氧化银(AgOH)	25		$1.1×10^{-4}$	3.96
氢氧化锌[$Zn(OH)_2$]	25		$9.6×10^{-4}$	3.02

附录 11　常见沉淀物的 pH 值

一、金属氧化物沉淀物的 pH（包括形成氢氧配离子的大约值）

氢氧化物	开始沉淀时的 pH		沉淀完全时 pH（残留离子浓度 $<10^{-5}mol·L^{-1}$）	沉淀开始溶解的 pH	沉淀完全溶解时的 pH
	初浓度[M^{n+}]				
	$1mol·L^{-1}$	$0.01mol·L^{-1}$			
$Sn(OH)_4$	0	0.5	1	13	15
$TiO(OH)_2$	0	0.5	2.0	—	—
$Sn(OH)_2$	0.9	2.1	4.7	10	13.5
$ZrO(OH)_2$	1.3	2.3	3.8	—	—
HgO	1.3	2.4	5.0	11.5	—
$Fe(OH)_3$	1.5	2.3	4.1	14	—
$Al(OH)_3$	3.3	4.0	5.2	7.8	10.8
$Cr(OH)_3$	4.0	4.9	6.8	12	15

| 氢氧化物 | 开始沉淀时的 pH | | 沉淀完全时 pH（残留离子浓度 $<10^{-5}$ mol·L^{-1}） | 沉淀开始溶解的 pH | 沉淀完全溶解时的 pH |
| | 初浓度[M^{n+}] | | | | |
	1mol·L^{-1}	0.01mol·L^{-1}			
Be(OH)$_2$	5.2	6.2	8.8	—	—
Zn(OH)$_2$	5.4	6.4	8.0	10.5	12～13
Ag$_2$O	6.2	8.2	11.2	12.7	—
Fe(OH)$_2$	6.5	7.5	9.7	13.5	—
Co(OH)$_2$	6.6	7.6	9.2	14.1	—
Ni(OH)$_2$	6.7	7.7	9.5	—	—
Cd(OH)$_2$	7.2	8.2	9.7	—	—
Mn(OH)$_2$	7.8	8.8	10.4	—	—
Mg(OH)$_2$	9.4	10.4	12.4	14	—
Pb(OH)$_2$		7.2	8.7	—	13
Ce(OH)$_4$		0.8	1.2	10	—
Th(OH)$_4$		0.5	—	—	—
Tl(OH)$_3$		约0.6	约1.6	—	—
H$_2$WO$_4$		约0	约0	—	—
H$_2$MoO$_4$				约8	约9
稀土		6.8～8.5	约9.5	—	—
H$_2$UO$_4$		3.6	5.1	—	—

二、沉淀金属硫化物的 pH

pH	被硫化氢所沉淀的金属
1	Cu,Ag,Hg,Pb,Bi,Cd,Rh,Pd,Os,As,Au,Pt,Sb,Ir,Ge,Se,Te,Mo
2～3	Zn,Ti,In,Ga
5～6	Co,Ni
>7	Mn,Fe

三、水溶液中硫化物能沉淀时的最高浓度

硫化物	Ag$_2$S	HgS	CuS	Sb$_2$S$_3$	Bi$_2$S$_3$	SnS$_2$	CdS	PbS	SnS	ZnS	CoS	NiS	FeS	MnS
盐酸浓度/mol·L^{-1}	12	7.5	7.0	3.7	2.5	2.3	0.7	0.35	0.30	0.02	0.001	0.001	0.0001	0.00008

附录 12　常见配离子的稳定常数

配离子	$K_稳$	lg$K_稳$	配离子	$K_稳$	lg$K_稳$
1:1			[CuY]$^{2-}$	6.8×10^{18}	18.79
[NaY]$^{3-}$	5.0×10^1	1.69	[MgY]$^{2-}$	4.9×10^8	8.69
[AgY]$^{3-}$	2.0×10^7	7.30	[CaY]$^{2-}$	3.7×10^{10}	10.56

配离子	$K_稳$	$\lg K_稳$	配离子	$K_稳$	$\lg K_稳$
$[NiY]^-$	4.1×10^{18}	18.61	$[Cd(CN)_3]^-$	1.1×10^4	4.04
$[FeY]^-$	1.2×10^{25}	25.07	$[Ag(CN)_3]^{2-}$	5×10^0	0.69
$[CoY]^-$	1.0×10^{36}	36.00	$[Ni(En)_3]^{2+}$	3.9×10^{18}	18.59
$[GaY]^-$	1.8×10^{20}	20.25	$[Al(C_2O_4)_3]^{3-}$	2.0×10^{16}	16.30
$[InY]^-$	8.9×10^{24}	24.94	$[Fe(C_2O_4)_3]^{3-}$	1.6×10^{20}	20.20
$[SrY]^{2-}$	4.2×10^8	8.62	1∶4		
$[BaY]^{2-}$	6.0×10^7	7.77	$[Cu(NH_3)_4]^{2+}$	4.8×10^{12}	12.68
$[ZnY]^{2-}$	3.1×10^{16}	16.49	$[Zn(NH_3)_4]^{2+}$	5×10^8	8.69
$[CdY]^{2-}$	3.8×10^{16}	16.57	$[Cd(NH_3)_4]^{2+}$	3.6×10^6	6.55
$[HgY]^{2-}$	6.3×10^{21}	21.79	$[Zn(CNS)_4]^{2-}$	2.0×10^1	1.30
$[PbY]^{2-}$	1.0×10^{18}	18.00	$[Zn(CN)_4]^{2-}$	1.0×10^{16}	16.00
$[MnY]^{2-}$	1.0×10^{14}	14.00	$[Cd(SCN)_4]^{2-}$	1.0×10^3	3.00
$[FeY]^-$	2.1×10^{14}	14.32	$[CdCl_4]^{2-}$	3.1×10^2	2.49
$[CoY]^-$	1.6×10^{16}	16.20	$[CdI_4]^{2-}$	3.0×10^6	6.43
$[TlY]^-$	3.2×10^{22}	22.51	$[Cd(CN)_4]^{2-}$	1.3×10^{18}	18.11
$[TlHY]$	1.5×10^{23}	23.17	$[Hg(CN)_4]^{2-}$	3.1×10^{41}	41.51
$[CuOH]^+$	1.0×10^5	5.00	$[Hg(SCN)_4]^{2-}$	7.7×10^{21}	21.88
$[AgNH_3]^+$	2.0×10^3	3.30	$[HgCl_4]^{2-}$	1.6×10^{15}	15.20
1∶2			$[HgI_4]^{2-}$	7.2×10^{29}	29.80
$[Ag(CN)_2]^-$	1.0×10^{21}	21.00	$[Co(NCS)_4]^{2-}$	3.8×10^2	2.58
$[AU(CN)_2]^-$	2×10^{38}	38.30	$[Ni(CN)_4]^{2-}$	1×10^{22}	22.00
$[Cu(en)_2]^{2+}$	4.0×10^{19}	19.60	1∶6		
$[Ag(S_2O_3)_2]^{3-}$	1.6×10^{13}	13.20	$[Cd(NH_3)_6]^{2+}$	1.4×10^6	6.15
$[Cu(NH_3)_2]^+$	7.4×10^{10}	10.87	$[Co(NH_3)_6]^{2+}$	2.4×10^4	1.34
$[Cu(CN)_2]^-$	2.0×10^{38}	38.30	$[Ni(NH_3)_6]^{2+}$	1.1×10^8	8.04
$[Ag(NH_3)_2]^+$	1.7×10^7	7.24	$[Co(NH_3)_6]^{3+}$	1.4×10^{35}	35.15
$[Ag(en)_2]^+$	7.0×10^7	7.84	$[AlF_6]^{3-}$	6.9×10^{19}	19.84
$[Ag(NCS)_2]^-$	4.0×10^8	8.60	$[Fe(CN)_6]^{3-}$	1×10^{24}	24.00
1∶3			$[Fe(CN)_6]^{4-}$	1×10^{35}	35.00
$[Fe(NCS)_3]^0$	2.0×10^3	3.30	$[Co(CN)_6]^{3-}$	1×10^{64}	64.00
$[CdI_3]^-$	1.2×10^1	1.07	$[FeF_6]^{3-}$	1.0×10^{16}	16.00

附录 13 不同温度下水的饱和蒸气压

$(10^2 Pa,273 \sim 312K)$

温度/K	0.0	0.2	0.4	0.6	0.8
273	6.105	6.195	6.286	6.379	6.473
274	6.567	6.663	6.759	6.858	6.958

温度/K	0.0	0.2	0.4	0.6	0.8
275	7.058	7.159	7.262	7.366	7.473
276	7.579	7.687	7.797	7.907	8.019
277	8.134	8.249	8.365	8.483	8.603
278	8.723	8.846	8.970	9.095	9.222
279	9.350	9.481	9.611	9.475	9.881
280	10.017	10.155	10.295	10.436	10.580
281	10.726	10.872	11.022	11.172	11.324
282	11.478	11.635	11.792	11.952	12.114
283	12.278	12.443	12.610	12.779	12.951
284	13.124	13.300	13.478	13.658	13.839
285	14.023	14.210	14.397	14.587	14.779
286	14.973	15.171	15.369	15.572	15.776
287	15.981	16.191	16.401	16.615	16.831
288	17.049	17.269	17.493	17.719	17.947
289	18.117	18.410	18.648	18.886	19.128
290	19.372	19.618	19.869	20.121	20.377
291	20.634	20.896	21.160	21.426	21.694
292	21.968	22.245	22.523	22.805	23.090
293	23.378	23.669	23.963	24.261	24.561
294	24.865	25.171	25.482	25.797	26.114
295	26.434	26.758	27.086	27.418	27.751
296	28.088	28.430	28.775	29.124	29.478
297	29.834	30.195	30.560	30.928	31.299
298	31.672	32.049	32.432	32.820	33.213
299	33.609	34.009	34.413	34.820	35.232
300	35.649	36.070	36.496	36.925	37.358
301	37.796	38.237	38.683	39.135	39.593
302	40.054	40.519	40.990	41.466	41.945
303	42.429	42.918	43.411	43.908	44.412
304	44.923	45.439	45.958	46.482	47.011
305	47.547	48.087	48.632	49.184	49.740
306	50.301	50.869	51.441	52.020	52.605
307	53.193	53.788	54.390	54.997	55.609
308	56.229	56.854	57.485	58.122	58.766
309	59.412	60.067	60.727	61.395	62.070
310	62.751	63.437	64.131	64.831	65.537
311	66.251	66.969	67.693	68.425	69.166
312	69.917	70.673	71.434	72.202	72.977

参 考 文 献

［1］ 郭炳南等编. 无机化学实验. 北京：北京理工大学出版社，1988.

［2］ 北京师范大学无机化学教研室编. 无机化学实验. 北京：高等教育出版社，1989.

［3］ 沈君朴，白主心主编. 实验无机化学. 天津：天津大学出版社，1989.

［4］ 中山大学等校编. 无机化学实验. 北京：高等教育出版社，1993.

［5］ 史启祯主编. 无机化学与化学分析实验. 北京：高等教育出版社，1995.

［6］ 袁书玉主编. 无机化学实验. 北京：清华大学出版社，1996.

［7］ 山东大学与山东师范大学等高校合编. 无机及分析化学实验. 北京：化学工业出版社，2005.

［8］ 魏琴等编. 无机及分析化学实验. 北京：科学出版社，2008.

［9］ 范勇，曲学俭，徐家宁编. 基础化学实验：无机化学实验分册. 第 2 版. 北京：高等教育出版社，2015.

［10］ 北京师范大学，东北师范大学，华中师范大学，南京师范大学编，赵新华主编. 无机化学实验. 第 4 版. 北京：高等教育出版社，2014.

［11］ 华东理工大学无机化学教研组编，李梅君，徐志珍等修订. 无机化学实验. 第 4 版. 北京：高等教育出版社，2007.

［12］ 中山大学等校编. 无机化学实验. 第 3 版. 北京：高等教育出版社，2015.